JN233638

2002年改訂
鋼繊維補強コンクリート設計施工マニュアル
トンネル編
[第2版]

社団法人 **日本鉄鋼連盟**
鋼繊維補強コンクリート設計施工マニュアル
【トンネル編】改訂委員会
編

技報堂出版

改訂にあたって

　鋼繊維補強コンクリート（SFRC）は，コンクリートの持つもろさを改善し，靭性（ねばり強さ）や耐久性を著しく向上させた古くて新しい複合材料である．わが国では，昭和48年頃から，社団法人鋼材倶楽部（現 日本鉄鋼連盟）スチールファイバー委員会が中心となって，SFRCの実用化研究を進めてきた．
　その一環として，平成2年7月にスチールファイバーの健全な普及とSFRCの設計・施工に関する技術水準の向上，さらにはその使用メリットを明確にすることを目的としてSFRC構造設計施工研究会を組織するとともに，下部機構としてその使用目的別に，道路舗装，空港舗装，トンネル，法面吹付け，用途開発の5つのワーキンググループを設置し，調査・研究活動を行った．
　そのうちの一つであるトンネル検討ワーキンググループ（幹事長：小泉　淳・早稲田大学理工学部教授）が，それまでの5か年にわたる調査研究活動の成果として，平成7年に『鋼繊維補強コンクリート設計施工マニュアル（トンネル編）』をとりまとめた．
　その後，6年が経過し，トンネル分野における使用実績が急速に増加するとともに，さらに多くの有用な知見が得られたことと，鋼繊維製造メーカーが繊維形状等の改良を進めた結果，それまでよりも長い繊維（～60 mm程度）の使用事例が蓄積されてきたことに伴い，当時の検討ワーキンググループ関係者はもとより，ユーザー側からも，マニュアル改訂への要望が高まってきた．
　そこで，平成13年4月にスチールファイバー委員会内に新たに鋼繊維補強コンクリート設計施工マニュアル（トンネル編）改訂委員会を設置し，旧マニュアルの改訂作業に着手することとなった．
　とりまとめにあたっては，旧マニュアル刊行時と同様に，小泉淳委員長はじめ関係各機関の第一線の研究者，技術者により内容を見直し，最新の規準・指針類との整合を図りながら，各位の助言によって，加筆修正を行った．
　その内容は山岳トンネル，都市トンネルの両者について，限界状態設計法に基づく引張強度の算定手法等の見直しを行い，SFRCの適用に際して，より実情に即したものとなっている．
　今回の改訂では，試みに断面耐力算定用ソフトを付録としてCD-ROMに収録しており，読者が本マニュアルをより理解し易いものとなるよう配慮している．
　また，施工事例についても最新のものを取り込み，今後，SFRCの採用を検討

する場合の一助になればと考えている．

　本マニュアルが，トンネル技術関係者のSFRC利用の手引書かつ参考書としておおいに活用されることを願う次第である．

　最後に，本マニュアル作成のために多大な尽力をいただいた委員長および委員各位に深く感謝の意を表する．

　　平成 14 年 11 月

社団法人　日本鉄鋼連盟
スチールファイバー委員会
最高顧問　　西松　裕一

まえがき

　現行の「鋼繊維補強コンクリート設計施工マニュアル（トンネル編）」が出版された当時（1995年），鋼繊維の出荷量は，トンネル向けが約3000トンであった．これが2001年度には，約14500トンと4倍強の出荷量になっている．この大きな要因は，第2東名・名神高速道路の建設工事や山岳トンネルにおける覆工のはく落事故発生後にトンネルの二次覆工コンクリートの設計が見直された結果などにあると考えられる．本マニュアルは，それらの設計施工や補強・補修工事に際しても，ある程度の役割を果たしてきたものと考えている．一方では，鋼繊維補強コンクリートの使用実績の増加に伴い，鋼繊維の形状や寸法も変化し，設計や施工法にも新たな進展が見られたこと，土木学会「コンクリート標準示方書」の改訂もあって，性能照査型設計法との整合性に対する要望が多くなってきたことなど，この分野における大きな変化に対応するため，2001年4月に本マニュアルの改訂委員会が立ち上げられ，本格的な改訂作業に入った．

　本マニュアルの改訂にあたっては，従来どおり，各発注機関における指針類との整合を図ること，最近のJIS規格や規準類の動向に合わせSI単位に統一すること，SFの種類や形状寸法を最新のものに改訂すること，安全性の照査において，限界状態IおよびIIの考え方と具体的な照査方法を充実させ，わかりやすくすること，限界状態IIIの考え方とNATMにおける支保部材，覆工コンクリートの具体的な性能の照査方法を明確に記述し，道路トンネルにおける考え方との整合を図ること，覆工の補強・補修工事の例が増加してきていることから，それに用いるSFRCの施工法についての記述を充実させること，対象とする設計施工事例が急速に増加してきていることから，これらの実績を調査し，最新のデータをもとに本文中の記述を改訂し充実させること，などに重点を置いた．とくに，設計編については，かなりの時間を費やして議論を重ねたつもりである．

　また，本マニュアルの使い勝手を考えて，$M-N$性能曲線の描き方など，具体的な計算をプログラム化し，付録CD-ROMとして計算プログラムを添付した．さらに付属資料においても，最近の設計施工事例を追加し，具体的な記述を充実させたこと，設計編で示している内容が複雑であるとの従来からの意見を反映させて，具体的な設計計算の基となる考え方の補足を詳細に記述したこと，また，補強・補修の具体的な事例をまとめて示したこと，などが追加・修正されている．

　これらの改訂作業の結果として，本マニュアルは現在の設計施工の実情を反映

して，かなり使い勝手の良いものになったと自負している．本マニュアルが従前に増して，さらに広く，多くのトンネル技術者に活用されることを期待している．また，トンネル技術の発展に若干なりとも寄与できれば望外の喜びである．

　最後に本マニュアルの改訂作業にあたって，ご尽力をお願いした委員各位，事務局ならびに長期間にわたりご支援いただいた委員の所属される各社に対して，心から感謝申し上げる次第です．

　平成 14 年 11 月

鋼繊維補強コンクリート設計施工マニュアル
（トンネル編）改訂委員会
委員長　小　泉　　淳

スチールファイバー委員会

委 員 長	中島　武典	(株)ブリヂストン	土木・海洋商品販売部 道路資材販売課 課長	
副委員長	守田　孝	神鋼建材工業(株)	海洋製品・構造材部 構造材グループ 担当課長	
最高顧問	西松　裕一	東京大学	名誉教授	
顧　　問	越智　恒男	越智技術士事務所		
委　　員	井上　雅司	日本冶金工業(株)	加工品販売部 チームリーダー	
〃	阪本　尚正	住友金属建材(株)	堺製造所 鋼板技術部 冷延技術グループ長	
〃	笹山　茂	ナスエンジニアリング(株)	川崎事業部 ファイバー部営業課 課長代理	
〃	塩野　太郎	ナスエンジニアリング(株)	川崎事業部 ファイバー部営業課 課長代理	
〃	深津　章文	(株)ブリヂストン	土木・海洋商品販売部 道路資材販売課長	
研究協力者	大久保誠介	東京大学	新領域創成科学研究科 教授	
〃	福井　勝則	東京大学	工学系研究科 地球システム工学専攻 助教授	
〃	田村　博	(財)日本建築総合試験所	材料部 部長	
〃	下澤　和幸	(財)日本建築総合試験所	材料試験室 研究員	

鋼繊維補強コンクリート設計施工マニュアル
（トンネル編）改訂委員会

委員長	小泉 淳	早稲田大学	理工学部 土木工学科 教授
委員	秋田谷 聡	日本高圧コンクリート(株)	技術開発室 次長
〃	歌川 紀之	佐藤工業(株)	中央技術研究所 土木研究グループ チームリーダー
〃	越智 修	日本鉄道建設公団	設計技術室 主任技師
〃	川口 博行	清水建設(株)	土木東京支店 首都高大橋建設所 工事長
〃	木村 定雄	金沢工業大学	環境系 土木工学科 助教授
〃	後藤 徹	清水建設(株)	土木事業本部 技術第二部 担当部長
〃	小西 真治	(財)鉄道総合技術研究所	構造物技術研究部 トンネル研究室長
〃	笹尾 春夫	鉄建建設(株)	エンジニアリング本部 技術部 設計第3グループ 担当課長
〃	城間 博通	日本道路公団	試験研究所 道路研究部 トンネル研究室長
〃	末永 充弘	住鉱コンサルタント(株)	営業管理本部 技師長
〃	楢舘 学	日本シビックコンサルタント(株)	技術本部 山岳グループ
〃	林 英雄	昭和(株)	顧問・東京第三技術センター
〃	深津 章文	(株)ブリヂストン	土木・海洋商品販売部 道路資材販売課長
〃	前田 強司	(株)東急設計コンサルタント	土木設計本部 鉄道技術室リーダー
〃	眞鍋 尚	(株)富士総合研究所	防災・リスク解析研究室 主事研究員
〃	守田 孝	神鋼建材工業(株)	海洋製品・構造材部 構造材グループ 担当課長
〃	渡辺 敬一	ジオスター(株)	技術部 技術開発チームリーダー

目　次

第1編　総　論

第1章　総　則
- 1.1.1　適用範囲 2
- 1.1.2　用語の定義 4

第2章　設計施工一般
- 1.2.1　計　画 5
- 1.2.2　調　査 6
- 1.2.3　設　計 6
- 1.2.4　施　工 8

第3章　材　料
- 1.3.1　基　本 9
- 1.3.2　鋼繊維 9
- 1.3.3　セメント 12
- 1.3.4　水 13
- 1.3.5　骨　材 14
- 1.3.6　混和材 17
- 1.3.7　混和剤 19

第2編　設　計

第1章　設計の基本
- 2.1.1　設計の基本 22
- 2.1.2　設計断面力および変形量 24
- 2.1.3　設計断面耐力および限界変形量 24
- 2.1.4　安全係数と修正係数 25

第2章　材料の設計用値
- 2.2.1　一　般 28
- 2.2.2　材料の強度 29
- 2.2.3　応力-ひずみ曲線 30
- 2.2.4　ヤング係数 31

第3章　限界状態
- 2.3.1　限界状態の種類 32
- 2.3.2　覆工体の構造種別と限界状態の選定 35
- 2.3.3　限界状態Ⅰ 36
- 2.3.4　限界状態Ⅱ 38
- 2.3.5　限界状態Ⅲ 49

第4章　材料の試験
- 2.4.1　圧縮試験 52
- 2.4.2　曲げ試験 52
- 2.4.3　その他の試験 56

第3編　打込みコンクリート

第1章　適用範囲	3.1.1　適用範囲	58
第2章　設　　　計	3.2.1　設　　　計	60
第3章　配　　　合	3.3.1　基　　　本	61
	3.3.2　配合強度	66
	3.3.3　鋼繊維混入率	67
	3.3.4　水セメント比	69
	3.3.5　単位水量	71
	3.3.6　粗骨材の最大寸法	72
	3.3.7　細骨材率	73
	3.3.8　コンシステンシー	74
	3.3.9　現場配合	75
	3.3.10　配合の表し方	77
第4章　施　　　工	3.4.1　施工一般	78
	3.4.2　製造設備	79
	3.4.3　計量および練混ぜ	80
	3.4.4　運　　　搬	82
	3.4.5　打込み	83
	3.4.6　品質管理および検査	84
第5章　補強・補修	3.5.1　基　　　本	86
	3.5.2　設計・施工	87

第4編　吹付コンクリート

第1章　適用範囲	4.1.1　適用範囲	90
	4.1.2　地山条件と周辺環境条件	91
	4.1.3　支保効果の確認	92
第2章　設　　　計	4.2.1　設　　　計	95
第3章　配　　　合	4.3.1　基　　　本	96
	4.3.2　配合強度	97
	4.3.3　配合設計	100
	4.3.4　鋼繊維混入率	102
	4.3.5　水セメント比	105
	4.3.6　単位水量	107
	4.3.7　粗骨材の最大寸法	107
	4.3.8　細骨材率	108

第4章 施　工	4.3.9	コンシステンシー	109
	4.3.10	配合の表し方	111
	4.4.1	施工一般	112
	4.4.2	施工設備	113
	4.4.3	計量および練混ぜ	114
	4.4.4	運　搬	116
	4.4.5	吹付け作業	117
	4.4.6	品質管理および検査	119
	4.4.7	安全衛生	121
第5章 補強・補修	4.5.1	基　本	122
	4.5.2	設計・施工	123

第5編　プレキャストコンクリート

第1章 適用範囲	5.1.1	適用範囲	128
	5.1.2	一　般	128
第2章 設　計	5.2.1	設　計	130
第3章 配　合	5.3.1	基　本	131
	5.3.2	鋼繊維混入率	131
	5.3.3	水セメント比	132
	5.3.4	単位水量	132
	5.3.5	粗骨材の最大寸法	133
	5.3.6	細骨材率	133
	5.3.7	コンシステンシー	134
第4章 製　造	5.4.1	練混ぜ	135
	5.4.2	型　枠	135
	5.4.3	成形および表面仕上げ	136
	5.4.4	養　生	137
	5.4.5	脱　型	138
第5章 品質管理および検査	5.5.1	製　造	139
	5.5.2	品質管理	139
	5.5.3	工場製品の検査	140
第6章 取扱い，運搬および貯蔵	5.6.1	取扱いおよび運搬	142
	5.6.2	貯　蔵	142
第7章 補強・補修	5.7.1	基　本	143
	5.7.2	設計・施工	144

付属資料

付属資料1　本マニュアルにおける設計計算例 149
  1.1　設計フロー 150
  1.2　限界状態Ⅰの設計計算例 152
  1.3　限界状態Ⅱの設計計算例 165
  1.4　限界状態Ⅲの設計計算例 171

付属資料2　$M-N$ 性能曲線の作成方法　他 173
  2.1　設計断面力が作用した場合のひび割れ幅の算定方法 174
  2.2　曲げ試験結果から引張強度を求める近似式の誘導 179
  2.3　引張強度算出用荷重 P_t と $P_{0.25\,mm}$, $P_{0.86\,mm}$ との関係 181
  2.4　$M-N$ 性能曲線 183
  2.5　$M-N$ 性能曲線についての補足 189

付属資料3　鋼繊維補強コンクリート関連試験法 193
  3.1　品質規格 194
  3.2　鋼繊維補強コンクリートに関する試験方法 198

付属資料4　SFRC ライニングに関する実績調査 211
  4.1　SFRC ライニングに関する実績調査 212

付属資料5　設計施工事例 227
  5.1　上信越自動車道　日暮山トンネル（一期線）工事 229
  5.2　北多摩一号東幹線工事 234
  5.3　九州新幹線　第二今泉トンネル工事 240
  5.4　上信越自動車道 上今井トンネル工事（二期線） 244
  5.5　第二東名高速道路 清水第一トンネル工事 246
  5.6　奥只見発電所増設放水路トンネル工事 248
  5.7　神戸送水路1工区トンネル工事 253
  5.8　SFRC 吹付けコンクリートによる補強・補修事例 259

付属資料6　覆工厚を低減する場合の簡便な考え方 267
  6.1　覆工厚を低減する場合の簡便な考え方 268

付属資料7　SF 投入設備の例 271
  7.1　SF 自動供給装置（アジテータ車用） 272

```
7.2   SF自動供給装置（プラント用） ........................ 275
7.3   特殊分散投入機および特殊強制練りミキサの例 ........... 277
```

付属資料8　ドイツにおける設計の考え方 279
```
8.1   鋼繊維コンクリートトンネル建設のための設計根拠に
      対する示方書 ............................................ 280
8.2   鋼繊維吹付けコンクリートのトンネル覆工への適用性 ..... 300
```

付録 CD-ROM
付属資料9　SFRCライニングに関するアンケート調査(旧資料) ... 309
```
9.1   SFRCライニングに関するアンケート調査（その1） ...... 310
9.2   SFRCライニングに関するアンケート調査（その2） ...... 321
```

SFRC・LS計算プログラム

第 1 編
総　論

第1章　総　則
- 1.1.1　適用範囲 2
- 1.1.2　用語の定義 4

第2章　設計施工一般
- 1.2.1　計　画 5
- 1.2.2　調　査 6
- 1.2.3　設　計 6
- 1.2.4　施　工 8

第3章　材　料
- 1.3.1　基　本 9
- 1.3.2　鋼繊維 9
- 1.3.3　セメント 12
- 1.3.4　水 13
- 1.3.5　骨　材 14
- 1.3.6　混和材 17
- 1.3.7　混和剤 19

第1章 総　　則

1.1.1 適用範囲
　本設計施工マニュアルは，トンネル工事に用いる鋼繊維補強コンクリートの設計・施工について，一般的な原則を示したものである．

【解説】
　本マニュアルは，とくにトンネル覆工に鋼繊維補強コンクリート (Steel Fiber Reinforced Concrete：以下，解説文中ではSFRCと略称する) を適用する際の計画，調査，設計，施工，施工管理等の基本的な事項について述べたものである．したがって，本マニュアルに述べられていない，より具体的な事項や詳細については，十分な経験を有する責任技術者の判断に委ねることとする．
　また，一般的なSFRCに関する事項やトンネル工事一般に関する事項については下記に示す示方書ならびに指針類によるものとする．

1) (社)土木学会『鋼繊維補強コンクリート設計施工指針（案）』昭和58年
2) (社)日本トンネル技術協会『スチールファイバーコンクリートに関する調査・研究報告書─SFRCの設計施工指針』昭和55年
3) (社)土木学会『トンネル標準示方書（山岳工法編）・同解説』平成8年7月
4) (社)土木学会『トンネル標準示方書（シールド工法編）・同解説』平成8年7月
5) (社)土木学会『トンネル標準示方書（開削工法編）・同解説』平成8年7月
6) (社)土木学会『コンクリート標準示方書（維持管理編）』2001年制定
7) (社)土木学会『コンクリート標準示方書（構造性能照査編）』2002年制定
8) (社)土木学会『コンクリート標準示方書（施工編）』2002年制定
9) (社)土木学会『コンクリート標準示方書（規準編）』2002年制定
10) 土木学会コンクリートライブラリー『トンネルコンクリート施工指針（案）』平成12年
11) 日本鉄道建設公団『併進工法設計施工指針（案）（都市トンネル編）』平成4年
12) 日本鉄道建設公団『NATM設計施工指針』平成8年
13) (財)鉄道総合技術研究所『トンネル補強補修マニュアル』平成2年
14) (財)鉄道総合技術研究所『建造物保守管理の標準・同解説，コンクリート構

造』平成 3 年
15) (財)鉄道総合技術研究所『トンネル保守マニュアル（案）』平成 12 年
16) (財)鉄道総合技術研究所『変状トンネル対策工設計マニュアル』平成 10 年
17) (財)鉄道総合技術研究所『鉄道構造物等設計標準・同解説　都市部山岳工法トンネル』平成 14 年
18) 日本道路公団『設計要領第三集トンネル本体工建設編』平成 10 年 10 月
19) 日本道路公団『設計要領第三集トンネル本体工建設編（第二東名・名神高速道路編)』平成 13 年 1 月
20) 日本道路公団『設計要領第三集トンネル本体工保全編（変状対策)』平成 9 年 9 月

1.1.2 用語の定義

本マニュアルでは，次のように用語を定義する．

(1) 鋼繊維
    鋼材を原料とし，不連続の繊維状に加工されたコンクリートまたはモルタルの補強材をいう．
(2) 鋼繊維補強コンクリート，鋼繊維補強モルタル
    鋼繊維を混入したコンクリートまたはモルタルをいう．
(3) アスペクト比
    鋼繊維の直径または換算直径に対する長さの比をいう．
(4) 鋼繊維混入率
    鋼繊維補強コンクリート $1 \mathrm{m}^3$ 中に占める鋼繊維の容積百分率をいう．
(5) 鋼繊維の配向
    コンクリート中に分散している鋼繊維のある特定方向への傾きをいう．
(6) 打込み鋼繊維補強コンクリート
    鋼繊維補強コンクリートを打込みコンクリートとして用いる場合をいう．
(7) 吹付け鋼繊維補強コンクリート
    鋼繊維補強コンクリートを吹付けコンクリートとして用いる場合をいう．
(8) ベースコンクリート
    鋼繊維を混入する前のフレッシュコンクリートをいう．
(9) 覆工体
    トンネルの支保工，覆工等の総称をいう．
(10) SFRC 覆工体
    鋼繊維補強コンクリートを用いた覆工体をいう．
(11) タフネス（じん性）
    所定寸法の鋼繊維補強コンクリートを所定量だけ変形させるのに必要なエネルギーをいう．

【解説】

本マニュアルで使用する用語を定義したものである．
なお，その他の用語については，1.1.1 の解説に掲げた各示方書ならびに指針類等に準拠するものとする．

第2章　設計施工一般

1.2.1　計　　画
　鋼繊維補強コンクリートをトンネル工事に用いる場合は，その構造特性や施工性はもとより，トンネルの機能，地盤条件，工事の安全性，周辺環境に与える影響および経済性等を十分に考慮して計画を立てなければならない．

【解説】

　SFRCは無筋コンクリートに比べ，曲げ強度，引張強度，せん断強度等の強度特性が改善され，また変形性能やタフネスが向上するため，これをトンネル覆工に適用すると，覆工厚の減少が期待できるばかりでなく，完成後のトンネルの品質や長期にわたる耐久性の向上等も期待できる．このため，トンネル周辺の地盤が比較的軟弱な場合，偏土圧が作用する場合，偏平断面をもつトンネルの場合，または供用中のトンネルでトンネル内空の確保が困難な場合等には，SFRCの有する強度特性が有効に活用でき，トンネル周辺の地山に大きな塑性変形が発生する場合には，その強度特性ばかりでなくSFRCの有する変形性能やタフネスが有効である．また，はく落防止を目的としてトンネルアーチ部に鉄筋コンクリート（以下，解説文中ではRCと略称する）を使用する場合には，これをSFRCに代えることにより，はく落防止効果が向上するばかりでなく，その施工性，防水性およびトンネルの長期耐久性が格段に改善される．さらに，RCによるトンネルインバート部の施工等も，それが力学的に代替可能であれば，SFRCを用いることによって施工性の改善が大いに期待できると考えられる．もちろん，トンネル覆工の部分的な補強・補修等にもSFRCが効果的に活用できることはいうまでもない．また，SFRCは水密性，耐摩耗性，化学抵抗性，耐火性などにすぐれた耐久性能を有するため，トンネルの二次覆工にも適している．

　一方，SFRCを用いる場合，無筋コンクリートに比べて材料費が高くなること，コンクリートの配合や運搬，打込み方法等，施工上配慮が必要な事項もある．しかし現状のSFRCの施工を見ると，従来のSFRCとは異なり，配合や運搬，打込み方法等に関して格段の進歩が見られ，特殊な知識や技能を必要としないばかりか，その施工においても特別な機器を用いないでよいようになってきている．また，従来より問題とされたファイバーボール等の発生は，鋼繊維（以下，解説文中ではSFと略称する）の形状，製造方法等の改良によってほとんど見られな

くなり，その信頼性が顕著に向上している．とくに最近，コンクリート用混和材料の性能が向上したことによって，ポンプ圧送，吹付け等にかかわるワーカビリティーの改善はめざましく，施工上の問題もほとんどない．

SFRCのトンネル工事への適用にあたっては，これらのことを勘案した上で，経済的かつ合理的な計画を立てるべきである．

1.2.2 調　　査

新設のトンネル構築にあたっては，その設計・施工およびトンネル完成後の維持管理のために必要な基礎資料を得ることを目的として，また既設トンネルの補強・補修にあたっては，そのトンネルの履歴および現状を把握し，完成時にトンネルが有した機能を回復し，またはさらにそれを向上させることを目的として，必要にして十分な調査を行わなければならない．

【解説】

トンネルの設計・施工は，地盤条件，立地条件等の影響を強く受けるので，諸般の調査を行って，工期・工費の算定，覆工構造および施工法の決定，安全性の確保，将来の維持および補修のための十分な基礎資料を得ておかなければならない．

SFRCのトンネル覆工体への適用にあたっては，これらを勘案した上で，無筋コンクリートやRCとの比較も念頭において，十分な調査を行う必要がある．

また，既設トンネルの補強・補修にSFRCを適用する場合には，そのトンネルの設計時および施工時の資料はもとより，トンネル完成後から現在までのトンネルの供用状況，補修の履歴と補修箇所の実状，トンネル周辺の環境条件等できる限り詳細にわたって十分な調査を実施することが必要である．

1.2.3 設　　計

鋼繊維補強コンクリートをトンネル覆工体に適用する場合の設計は，適切な施工が行われることを前提として，限界状態設計法の概念により行うことを基本とする．設計にあたってはトンネルの用途，設計条件等を十分に勘案して検討する．この場合，施工性，維持管理等についても考慮するものとする．

【解説】

一般に土中または岩盤中に構築されるトンネル覆工体は地山と一体化した挙動を示すとともに，周辺地山の拘束により軸力が卓越した応力状態になるものと考

えられる．しかしながら，その状態は地山条件や施工条件によって相当に異なり，これをあらかじめ明確にすることは困難である．したがって，トンネル覆工体の極限状態を一義的に定めるのは現状では不可能であるといわざるを得ない．

　山岳トンネルにおいて覆工体に作用する荷重は，潜在地圧，地山の応力解放によって生じる土圧，および水圧等が考えられるが，岩盤の不連続性等により，その定量的な把握が非常に困難な状況にある．現在，山岳トンネルの大部分はNATMにより施工されており，その設計は施工実績を基にあらかじめ標準支保パターンを設定し，施工時に観察や計測を行い，地山支保機能を最大限に活用して最適な支保工を得るように行うのが一般的である．したがって，覆工体をモデル化し適切な荷重を推定した上で力学的検討を行ういわゆる解析的手法を用いた設計は，特殊断面のトンネル，土被りの小さいトンネルや都市部におけるNATM，近接施工または特異地質等の特別な条件の場合に限られている．

　一方，都市トンネルでは，都市部という環境条件を念頭におき，適切と判断される解析手法を用いて安全性を重視した設計を行っている．この場合，許容応力度設計法によるのが一般的である．しかしながら，現在，トンネルを除くコンクリート構造物，鋼構造物，基礎構造物など他の分野においては限界状態設計法か性能照査型設計法に移行するかまたはその途上にある．上述のように対象とする地盤の評価等が難しいトンネル分野においては，現状では許容応力度設計法を採用せざるを得ない状況にあるが，諸外国におけるトンネル覆工の設計には限界状態設計法を採用するケースも多く見られ，わが国においても限界状態設計法に移行する方向にある．

　本マニュアルでは，各種実験結果や文献等の検討から，SFRCをトンネルの支保部材または覆工部材として使用する場合に，この材料が有するひび割れ発生後の曲げタフネス等の力学的特性を考慮すれば，一定の制約のもとに覆工部材のひび割れを許容した設計が可能であるものと判断した．

　また，膨張性地山など変位の大きな地山にNATMを適用すると，支保部材の一部が破壊状態に達するケースが見られるが，通常このような場合には増し吹付け，増しボルト，増し支保工など補強工で対処することにより，結果としてトンネル覆工体やトンネルを含む周辺地山が，直ちに破壊に至らず，なお支保耐力を有していることも体験している．さらに，SFRC円環覆工体の破壊実験の検討結果等を総合的に判断して，本マニュアルはここに示す規準に則った施工が行われること，必要に応じて安全性確保のため直ちに補強工の対応が可能な状態であること，などを前提として限界状態設計法を採用し，設計編に定める具体的な照査方法によって，部材に要求される性能を確保することでトンネルの安全性を確保

できるものと考えた．

なお，設計にあたっては，施工の容易さ，維持管理の容易さ等にも配慮することが肝要である．

1.2.4 施　　工

鋼繊維補強コンクリートをトンネル覆工体に適用するにあたっては，その施工法を十分に検討するとともに，これに伴う施工管理，品質管理，安全管理が適切に行われるよう努めなければならない．

【解説】

SFRCの施工性は，格段と向上し，現在では特殊な知識や技術を必要としないばかりでなく，施工機械もとくにSFRC専用のものを用意する必要はない．例えば，ベースコンクリートのコンシステンシー，SFの形状寸法，混入量等を十分に検討することにより，アジテータ車（ミキサー車）中のベースコンクリートにSFを直接投入して撹拌するだけで所要のSFRCが製造できる．

このように現在ではSFRCは普通コンクリートとほとんど同じ感覚で使用できるが，SFの混入により，ワーカビリティーは低下する．このため，混和材料を併用するなど，ワーカビリティーを改善するための対策が必要となる．所要のワーカビリティーが得られなければ，ポンプ圧送や吹付け作業に困難をきたすばかりでなく，できあがったSFRC覆工体に所要の性能が付与されずSFRCを用いた利点が減殺される可能性も生じる．

SFRCを用いたプレキャスト部材は一般に工場で製作されるため各種の管理が容易であるが，打込みSFRCや吹付けSFRC等，現場で施工するSFRCの場合には，事前に十分な試験練りを行い，現場配合についても慎重な配慮が必要となる．

また，吹付けSFRCの場合には，高い圧力で地山にSFRCを吹付けるため，これを直接人体で受ければ事故につながり，そうでなくてもリバウンドがノズルマン等を傷つける可能性も考えられないわけではない．また，コンクリート表面に突き出したSFやリバウンドによって下方に堆積したSF等も，ひっかき傷を負うなどの原因となり得る．したがって，吹付けSFRCの場合にはとくにこれらのことを十分に考慮した安全管理が要求される．

第3章 材　　料

> **1.3.1　基　　本**
> 材料は，品質の確かめられたものを用いなければならない．

【解説】
　適切な材料を用いることは，所要の性能を有するSFRCを経済的につくるために必要不可欠である．材料の適否は，試験あるいは既往の使用例等によって判断することができる．

> **1.3.2　鋼　繊　維**
> (1) 鋼繊維は『コンクリート用鋼繊維品質規格』(JSCE–E 101–2001) に適合したものを標準とする．
> (2) (1) 以外の鋼繊維を用いる場合には，その品質を確かめ，その使用方法を十分に検討しなければならない．

【解説】
　SFは，一般に長さが20～60 mm，直径が0.4～0.9 mm程度（ただし，断面が円形以外のものにあっては厚さ0.25～0.6 mm，幅0.5～1.0 mm）で，アスペクト比が35～80程度のものが用いられている．『コンクリート用鋼繊維品質規格』には，SFの質量，長さ，素材の引張強度等の許容差が示されている．SFの長さが30 mm以下のものは打込み，吹付けSFRC両者に用いられている．
　SFRCの補強効果は，SFの長さが粗骨材最大寸法の約2倍のときに最大となるので，打込みSFRCには長さが30 mm以上のSFを用いる場合が多い．
　近年，SFの長さが40～60 mmのものを用いる事例が増加しており，配合，練混ぜ，打込み，締固め等について十分検討し，所要の品質が得られることを確認しておくことが大切である．
　なお，溶鋼抽出法によるステンレス鋼繊維もあり，所要の品質を確認した上で，使用してもよい．
　解説表 1.3.1 に，わが国で製造され使用されている代表的なSFの諸元を示す．

解説表 1.3.1 代表的な鋼繊維の諸元

メーカー	商品名	寸法 厚さ	寸法 幅	寸法 長さ	素材	製造方法	形状
日本鋼管(株)	テスサ	0.5	0.5	20, 25, 30, 40	JIS G 3141 SPCC	薄板切断法	インデント型
	テスサ HT	0.6	0.7	30	SPCC 相当高強度材		
		0.6	1.0	50			
	チャレンジ AC	0.5	1.0	50	SPCC 相当高強度材		端部インデント付き
神鋼建材工業(株)	シンコーファイバー	ϕ 0.6		25, 30, 35	JIS G 3532 SWM-B	伸線切断法	インデント型
		ϕ 0.7		40, 50			
		ϕ 0.8		30, 45, 50			
住友金属建材(株)	IS ファイバー	0.25	0.5	25	JIS G 3141 SPCC	薄板切断法	波型
		0.5	0.5	25, 30			
		0.5	1.0	30, 50			
東京製綱(株)	ダイパック II	ϕ 0.7*		50	JIS G 3532 SWM-B	伸線切断法	波型
日鐵建材工業(株)	スティーバー	0.5	0.5	20, 25, 30, 40, 50	JIS G 3141 SPCC	薄板切断法	波型
(株)ブリヂストン	タフグリップ	ϕ 0.6		30	JIS G 3532 SWM-B	伸線切断法	両端フック付き結束
		ϕ 0.75		43			
		ϕ 0.8		43, 30, 60			
		ϕ 0.85		43			
日本冶金工業(株) ステンレスのみ	RC-DB ファイバー	ϕ 0.6*		22, 25, 30, 35	JIS G 4303 SUS431 相当	溶鋼抽出法	ドッグボーン型 断面

(注 1) 上表に掲げたものはいずれも各社の代表的なものである．
(注 2) *は換算直径：公称断面積に基づいて求めた円断面換算の直径である．

第 3 章 材　　料　11

テスサ（日本鋼管(株)） 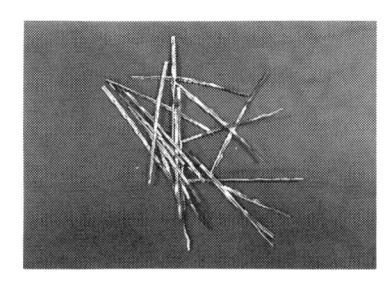　　　　　　スティーバー（日鐵建材工業(株)）

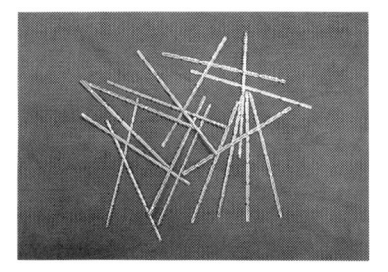

シンコーファイバー（神鋼建材工業(株)） 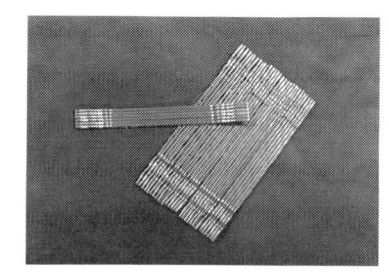　　　タフグリップ（(株)ブリヂストン）

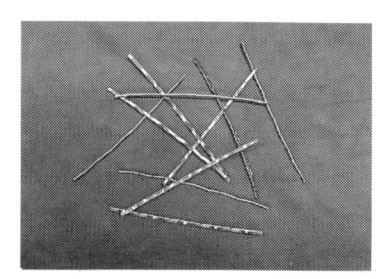

IS ファイバー（住友金属建材(株)） 　　　RC-DB ファイバー（日本冶金工業(株)）

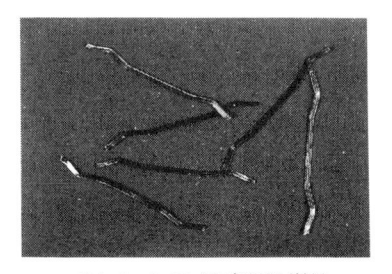

ダイパック II（東京製綱(株)）
解説写真 1.3.1 代表的な鋼繊維の外観

1.3.3 セメント

(1) セメントは JIS R 5210，JIS R 5211，JIS R 5212 および JIS R 5213 に適合したものを標準とする．

(2) 寒中コンクリートにおいては，初期材齢における強度発現性を考慮して選定するのがよい．

(3) 暑中コンクリートにおいては，低発熱型セメントの選定を検討するのがよい．

【解説】

<u>(1) について</u>　トンネルの用途，断面形状，地山状況，坑内環境，工事の時期，工期，および施工方法等によって，所要の品質が安定して経済的に得られるようなセメントを選ぶ必要がある．

主に土木工事に用いられるセメントには JIS に規定されているもののほかに，特殊な性能をもつ次のようなセメントがある．

　a) 超速硬セメント：速硬性のものおよび緊急工事に適するもの
　b) 超微粉末セメント：岩盤，地盤等の注入に用いるもの
　c) 低発熱型セメント：主にマスコンクリートに用いるもの

低発熱型セメントとして，混合材の混合率が混合セメント C 種の範囲を越えたセメントや混合セメントに別の混合材を添加した3成分（多成分）セメント，さらにはビーライト（C_2S）の含有率を高めたセメントも使用されるようになってきている．その他の特殊なセメントとして油井セメント，地熱セメント，アルミナセメントなどがある．これらの特殊なセメントの使用にあたっては，個々の工事例をよく調査し，十分な試験を行った上で選定するのがよい．

<u>(2) について</u>　一般に普通・早強ポルトランドセメントを用いると，低温養生した際の初期材齢における強度発現の遅延程度が小さく，コンクリートが凍害を受けるおそれを少なくできる．

中庸熱・低熱ポルトランドセメント，混合セメント B 種などの水和熱の低いセメントを用いる場合には，とくに十分な保温養生が条件となる．

<u>(3) について</u>　マスコンクリートでは，水和熱の高いセメントを用いると，コンクリートの温度上昇が大きくなり，その後の温度降下による体積変化のためにひび割れが生じる可能性が大きいので，低発熱型のセメントを使用することが望ましい．

詳細については，『コンクリート標準示方書（施工編）』6.2.2 を参照のこと．

1.3.4 水

(1) 練混ぜ水は，コンクリートの凝結硬化，強度の発現，体積変化，ワーカビリティー等の品質に悪影響を与えたり鋼材を腐食させるような物質を有害量含んでいてはならない．

(2) 練混ぜ水は，上水道水，JSCE-B 101「コンクリート用練混ぜ水の品質規格（案）」または JIS A 5308 付属書9「レディーミクストコンクリートの練混ぜに用いる水」に適合したものを標準とする．

(3) 海水は一般に練混ぜ水として使用できない．

(4) 上澄み水は，コンクリートの強度，ワーカビリティー等に影響がないことを確かめれば，これを練混ぜ水として使用してよい．

(5) スラッジ水は，コンクリートに悪影響がないことを確かめたうえで，懸濁濃度，懸濁物質の単位セメント量に対する割合等を十分に管理できるものであれば，この水を練混ぜ水として使用してよい．

【解説】

<u>(1) および (2) について</u>　練混ぜ水としては上水道水，河川水，湖沼水，地下水，工業用水などが使用される．練混ぜ水に上水道水以外の水を用いる場合には，各種有害物質が含まれていることがあるため，水質試験を行って有害物の含有量を調べ，JSCE-B 101「コンクリート用練混ぜ水の品質規格（案）」または JIS A 5308 付属書9「レディーミクストコンクリートの練混ぜに用いる水」の規定に適合するか確認することとした．

<u>(3) について</u>　SF の腐食を考慮して，海水は練混ぜ水として使用できないこととした．

<u>(4) および (5) について</u>　回収水については，JIS A 5308 付属書9「レディーミクストコンクリートの練混ぜに用いる水」に規定されている品質を満足していれば，(4)，(5) の条件を満足すると考えてよい．

詳細については，『コンクリート標準示方書（施工編）』6.2.3 を参照のこと．

1.3.5 骨　　材

(1) 細骨材は，清浄，堅硬，耐久的で，適当な粒度をもち，ごみ，どろ，有機不純物，塩化物等を有害量含まないものを標準とする．
(2) 粗骨材は，清浄，堅硬，耐久的で，適切な粒度をもち，薄い石片，細長い石片，有機不純物，塩化物等を有害量含まないものを標準とする．とくに耐火性を必要とする場合には，耐火的な粗骨材を用いるのを標準とする．

【解説】

(1) について

a) 細骨材に要求される物理的性質は，乾燥密度が $2.5\,\mathrm{g/cm^3}$ 以上，吸水率が 3.5% 以下，耐凍害性が要求される場合には JIS A 1122 安定性試験における操作を 5 回繰り返したときの損失質量が 10% 以下のものを標準とする．
b) 細骨材の粒度は，大小粒が適度に混合しているもので，**解説表 1.3.2** の範囲を標準とする．ふるい分け試験は JIS A 1102 によるものとする．
c) 細骨材に含まれる有害物含有量の限度は，**解説表 1.3.3** の値を標準とする．粘土塊の試験は JIS A 1137 に準じて行い，微粒分量試験は JIS A 1103，石炭，亜炭などで密度 $1.95\,\mathrm{g/cm^3}$ の液体に浮くものの試験は JIS A 5308 の付属書 2，塩化物含有量の試験は JSCE-C 502 による．
d) 細骨材に含まれる有機不純物は，JIS A 1105 によって試験するものとする．
e) 細骨材は，化学的あるいは物理的に安定なものを標準とする．化学的安定性に関してはアルカリ骨材反応がある．

解説表 1.3.2 細骨材の粒度の標準

ふるいの呼び寸法 (mm)	ふるいを通るものの質量百分率	ふるいの呼び寸法 (mm)	ふるいを通るものの質量百分率
10.0	100	0.6	25～65
5.0	90～100	0.3	10～35
2.5	80～100	0.15	2～10[1]
1.2	50～90		

1) 砕砂あるいは高炉スラグ細骨材を単独に用いる場合には，2～15% にしてよい．混合使用する場合で，0.15 mm 通過分の大半が砕砂あるいは高炉スラグ細骨材である場合には 15% としてよい．
2) 連続した 2 つのふるいの間の量は 45% を超えないのが望ましい．
3) 空気量が 3% 以上で単位セメント量が $250\,\mathrm{kg/m^3}$ 以上のコンクリートの場合，良質の鉱物質微粉末を用いて微粒の不足分を補う場合等に 0.3 mm ふるいおよび 0.15 mm ふるいを通るものの質量百分率の最小値をそれぞれ 5 および 0 に減らしてよい．

解説表 1.3.3 細骨材の有害物含有量の限度の標準（質量百分率）

種　　類	最　大　値
粘土塊	$1.0^{1)}$
微粒分量試験で失われるもの	
コンクリートの表面がすりへり作用を受ける場合	$3.0^{2)}$
その他の場合	$5.0^{2)}$
石炭，亜炭などで密度 $1.95\,\mathrm{g/cm^3}$ の液体に浮くもの	
コンクリートの外観が重要な場合	$0.5^{3)}$
その他の場合	$1.0^{3)}$
塩化物（塩化物イオン量）	$0.04^{4)}$

1) 材料は，JIS A 1103 による骨材の微粒分量試験を行った後にふるいに残存したものを用いる．
2) 砕砂および高炉スラグ細骨材の場合で，微粒分量試験で失われるものが石粉であり，粘土，シルト等を含まないときは，最大値を各々 5% および 7% にしてよい．
3) スラグ細骨材には適用しない．
4) 細骨材の絶乾質量に対する百分率であり，NaCl に換算した値で示す．

f) 海砂は，コンクリートの品質に悪影響を与えない品質のものを標準とする．
g) 砕砂は，JIS A 5005 に適合したものを標準とする．
h) 高炉スラグ細骨材は，JIS A 5011-1 に適合したものを標準とする．
i) フェロニッケルスラグ細骨材は，JIS A 5011-2 に適合したものを標準とする．
j) 銅スラグ細骨材は，JIS A 5011-3 に適合したものを標準とする．

詳細については，『コンクリート標準示方書（施工編）』6.2.4 細骨材を参照のこと．

(2) について

a) 粗骨材に要求される物理的性質は，乾燥密度が $2.5\,\mathrm{g/cm^3}$ 以上，吸水率が 3.0% 以下，耐凍害性が要求される場合には JIS A 1122 安定性試験における操作を 5 回繰り返したときの損失質量が 12% 以下のものを標準とする．
b) 粗骨材の粒度は，大小粒が適度に混合しているもので，**解説表 1.3.4** の範囲を標準とする．ふるい分け試験は JIS A 1102 によるものとする．
c) 粗骨材の有害物含有量の限度は**解説表 1.3.5** の値を標準とする．粘土塊の試験は JIS A 1137 に準じて行い，微粒分量試験は JIS A 1103，石炭，亜炭などで密度 $1.95\,\mathrm{g/cm^3}$ の液体に浮くものの試験は JIS A 5308 の付属書 2 による．
d) 粗骨材は，化学的あるいは物理的に安定なものを標準とする．
e) 砕石は，JIS A 5005 に適合したものを標準とする．
f) 高炉スラグ粗骨材は，JIS A 5011-1 に適合したものを標準とする．

解説表 1.3.4 粗骨材の粒度の標準

ふるいの呼び寸法 (mm) 粗骨材の大きさ (mm)	60	50	40	30	25	20	15	10	5	2.5
50~5	100	95-100			35-70		10-30		0-5	
40~5		100	95-100			35-70		10-30	0-5	
30~5			100	95-100		40-75		10-35	0-10	0-5
25~5				100	95-100		25-60		0-10	0-5
20~5					100	90-100		20-55	0-10	0-5
15~5						100	90-100	40-70	0-15	0-5
10~5							100	90-100	0-40	0-10
50~25[1]	100	95-100	35-70		0-15		0-5			
40~20[1]			100	90-100		20-55		0-5		
30~15[1]				90-100		20-55	0-15	0-10		

[1] これらの粗骨材は，骨材の分離を防ぐために，粒の大きさ別に分けて計量する場合に用いるものであって，単独に用いるものではない．

解説表 1.3.5 粗骨材の有害物含有量の限度の標準（質量百分率）

種　類	最　大　値
粘土塊	0.25[1]
微分分量試験で失われるもの	1.0[2]
石炭，亜炭などで密度 1.95 g/cm³ の液体に浮くもの	
コンクリートの外観が重要な場合	0.5[3]
その他の場合	1.0[3]

[1] 材料は，JIS A 1103 による骨材の微分分量試験を行った後にふるいに残存したものから採取する．
[2] 砕石の場合で，微分分量試験で失われるものが砕石粉であるときは，最大値を 1.5％にしてもよい．また，高炉スラグ粗骨材の場合は，最大を 5％としてよい．
[3] 高炉スラグ細骨材には適用しない．

詳細については，『コンクリート標準示方書（施工編）』6.2.5 粗骨材を参照のこと．

1.3.6 混和材

(1) 混和材として用いるフライアッシュは，JIS A 6201 に適合したものを標準とする．
(2) 混和材として用いるコンクリート用膨張材は，JIS A 6202 に適合したものを標準とする．
(3) 混和材として用いる高炉スラグ微粉末は，JIS A 6206 に適合したものを標準とする．
(4) 混和材として用いるシリカフュームは，JIS A 6207 に適合したものを標準とする．
(5) (1), (2), (3) および (4) 以外の混和材については，その品質を確かめ，その使用方法を十分に検討しなければならない．

【解説】
主な混和材として，フライアッシュ，膨張材，高炉スラグ微粉末，シリカフューム，石灰石微粉末等がある．各々の特徴を簡単に述べる．

a) フライアッシュ
品質のすぐれたフライアッシュは，これを適切に用いることにより，コンクリートに以下のような効果が得られる．
① ワーカビリティーの改善，単位水量の低減
② 長期材齢における強度の増進
③ 水和熱による温度上昇の抑制
④ 乾燥収縮の低減
⑤ 水密性や化学的侵食に対する耐久性の改善
⑥ アルカリ骨材反応の抑制

しかし，初期強度発現に劣るため，吹付けコンクリートには用いないのが一般的である．

b) 膨張材
膨張コンクリートを造ることにより，以下のような効果が得られる．
① 乾燥収縮や硬化収縮などに起因するひび割れ発生の低減
② ケミカルプレストレスの導入によるひび割れ耐力の向上

c) 高炉スラグ微粉末
適切に粉砕して造った良質の高炉スラグ微粉末は，これを適切に用いることにより，コンクリートに以下のような効果が得られる．

①長期材齢における強度の増進
②水和熱の発生速度の遅延
③水密的で，塩化物イオン等の浸透を抑制
④硫酸塩や海水に対する化学的抵抗性の改善
⑤アルカリ骨材反応の抑制

しかし，湿潤養生の期間の影響を受けやすいので，養生を適切に行わなければ強度不足のおそれがあること，中性化による劣化が早くなるおそれがあることなど，注意が必要である．

d) シリカフューム

シリカフュームをセメントの一部と置換した場合，以下のような効果が得られる．
①材料分離抵抗性の向上
②ブリーディングの減少
③強度増加
④水密性や化学抵抗性の向上

しかし，単位水量の増加とそれに伴う乾燥収縮の増加が考えられる．したがって，使用にあたっては，高性能減水剤を併用するなどの配慮が必要である．

e) 石灰石微粉末

石灰石微粉末は，これを適切に用いることにより，コンクリートに以下のような効果が得られる．
①流動性を高めたコンクリートの材料分離抵抗性の向上
②ブリーディングの減少

しかし，コンクリート用材料としての明確な品質の規格がなく，使用方法もさまざまであるので，その使用にあたっては，品質の確認と使用方法の検討とを行うことが望ましい．

詳細については，『コンクリート標準示方書（施工編）』6.2.6 混和材料 6.2.6.2 混和材を参照のこと．

1.3.7 混　和　剤

(1) 混和剤として用いる AE 剤，減水剤，AE 減水剤および高性能 AE 減水剤は，JIS A 6204「コンクリート用化学混和剤」に適合したものを標準とする．
(2) 混和剤として用いる流動化剤は，JSCE-D 101「コンクリート用流動化剤品質規格」に適合したものを標準とする．
(3) 混和剤として用いる鉄筋コンクリート用防せい剤は，JIS A 6205 に適合したものを標準とする．
(4) 混和剤として用いる急結剤は，JSCE-D 102「吹付けコンクリート用急結剤品質規格」に適合したものを標準とする．また急結剤の使用にあたっては，これを用いる前にその性能を確認しなければならない．
(5) (1), (2), (3) および (4) 以外の混和剤については，その品質を確かめ，その使用方法を十分に検討しなければならない．

【解説】
　SFRC は，所要のコンシステンシーを得るためには，一般に単位水量が多くなる．したがって SFRC の場合には，所要の品質を満足する範囲内で単位水量をできるだけ少なくすることがとくに重要であり，このため AE 剤，減水剤，AE 減水剤および高性能 AE 減水剤等を用いる場合が多い．
　主な混和剤について，その種類と特性を**解説表 1.3.6** に示す．
　詳細については，『コンクリート標準示方書（施工編）』6.2.6 混和材料 6.2.6.3 混和剤を参照のこと．

表 1.3.6　混和剤の種類と特性

種　類		機　能	効　果
AE 剤		界面張力の低下とセメントの疎水化により安定微細空気を連行する	ワーカビリティー改善，材料分離低減，耐凍結融解性改善，フィニッシャビリティー改善
減水剤		セメント表面に吸着し，セメントを分散させ凝集を防止	単位水量を低減し，強度・耐久性を向上し，またはセメント量の低減が可能で，水和熱による収縮ひび割れ防止
AE 減水剤	標準形	減水剤と AE 剤の両機能	減水剤と AE 剤の両機能
	遅延形	減水剤，AE 剤と遅延剤の 3 機能	減水剤，AE 剤と遅延剤の 3 機能
	促進形	減水剤，AE 剤と促進剤の 3 機能	減水剤，AE 剤と促進剤の 3 機能
高性能減水剤		減水剤と同じ．使用増による効果増大	大幅に単位水量を低減，高強度コンクリートの製造
高性能 AE 減水剤	標準形	AE 減水剤の機能向上または高性能減水剤のスランプ保持	大幅に単位水量を低減，高強度コンクリート，高耐久コンクリートの製造
	遅延形		
流動化剤	標準形	減水剤，AE 減水剤の後添加による性能向上	単位水量同一でスランプ増大
	遅延形		
急結剤		1) 間隙水中の水酸化カルシウムと反応して不溶性化合物を析出 2) 水と急速に反応して硬化	凝結時間を数秒～数分に短縮
鉄筋防せい剤		鉄のイオン化抑制	鉄筋の腐食防止
凝結調整剤	促進剤	セメントと水との反応促進	早期強度増大，寒中コンクリート，早期脱型
	遅延剤	セメントと水との反応遅延	打設可能時間拡大，コールドジョイント防止，暑中コンクリート，マスコンの初期水和熱低減
増粘剤・分離低減剤		水の増粘による粒子間の粘着凝集力と保水性向上	プラスチシティー増大，材料分離低減
防水剤		1) 吸水性の低減， 2) 毛間空隙の充塡， 3) 不透水層の形成， 4) 水和反応促進（ゲル生成）	コンクリートの吸水・透水性の低減
防凍（耐寒）剤		凍結温度の低下，低温時におけるセメントの水和促進	低温時の強度発現
乾燥収縮低減剤		水の表面張力の大幅低下	乾燥収縮の低減
水和熱低減剤		セメントと水との反応を抑制	コンクリートの水和熱の低減
発泡剤		セメントから溶出するアルカリと反応して水素ガスを発生	セメントペースト膨張による充塡性向上，発泡コンクリートの製造
粉塵抑制剤		水の増粘による粒子間の粘着凝集力を向上	吹付けコンクリートの粉塵を抑制

第 2 編

設　　計

第1章 設計の基本	2.1.1	設計の基本	22
	2.1.2	設計断面力および変形量	24
	2.1.3	設計断面耐力および限界変形量	24
	2.1.4	安全係数と修正係数	25
第2章 材料の設計用値	2.2.1	一　般	28
	2.2.2	材料の強度	29
	2.2.3	応力−ひずみ曲線	30
	2.2.4	ヤング係数	31
第3章 限界状態	2.3.1	限界状態の種類	32
	2.3.2	覆工体の構造種別と限界状態の選定	35
	2.3.3	限界状態 I	36
	2.3.4	限界状態 II	38
	2.3.5	限界状態 III	49
第4章 材料の試験	2.4.1	圧縮試験	52
	2.4.2	曲げ試験	52
	2.4.3	その他の試験	56

# 第2編 設計

第1章 設計の基本

> **2.1.1 設計の基本**
> (1) 鋼繊維補強コンクリートをトンネル覆工体に適用する場合の設計は，限界状態設計法の概念によることを基本とする．
> (2) 鋼繊維補強コンクリートをトンネルの覆工体に適用する場合，トンネルの用途および設計条件等を勘案して覆工構造を検討し，覆工体に要求される性能を満足するとともにその安全性を確認することを基本とする．

【解説】

<u>(1) について</u>　トンネルの極限状態はあまりにも複雑で，現状ではこれを一義的に定めることは不可能である．一方，トンネルに作用する荷重に関しては，その定量的な把握が非常に困難な状況にある．このため，山岳トンネルにおいては，実績を基に，吹付け厚や覆工厚を定めたり，トンネル周辺地盤を分類し，当初設計時のトンネル支保パターンを決め，施工時の地山状況および計測結果に応じて対応する等，いわゆるパターン設計が一般的である．覆工体をモデル化し，それに作用する荷重を推定した上で力学的な検討を加え，しかる後にトンネル覆工体の詳細かつ具体的な設計を行うケースは特殊条件下のトンネルに限られている．

一方，都市トンネルにおいては，地盤の把握が山岳トンネルに比べ容易であることから，荷重系や覆工体をモデル化し，これに経験や実績を加味した上で詳細な設計を行っているのが一般的である．都市トンネルでは，それが構築される都市部という環境条件を念頭におき，とくに安全性を旨とした設計がなされている．また，大深度を対象とした荷重については水圧と施工時荷重が主な対象となることがわかってきたが，これを設計に取り入れるには，今後さらに詳細な研究が必要である．

トンネル覆工体に対する両者の設計の立場をみると，比較的地盤の強固な山岳トンネルでは，地盤をトンネル覆工構造の一部として積極的にとり入れようとする立場を採用しているのに対して，都市トンネルでは，その地盤条件や環境条件から，施工中を含めてトンネルに作用するあらゆる荷重を覆工体で支持するとした立場に立っている．このような立場の違いは，採用すべき設計法を定めるにあたって，支配的な影響を与える要因となる．都市トンネルの設計において，現在

採用されている設計法は許容応力度設計法であるが，この設計法は長い実績を有し，安全性の照査基準が明確である上に，限界状態に対する設計者個々の判断を必要としないことなどの利点を有する．トンネル工学それ自体が経験や実績に基づく経験工学的要素が強い現状では，他の方法に比べ設計結果にばらつきが少なく安心感が得られることが，その採用理由と考えられる．しかしながら，限界状態設計法，性能照査型設計法，信頼性に基づく設計法への移行は世界的な流れであり，わが国においても，『コンクリート標準示方書』が昭和61年に限界状態設計法に，平成14年には性能照査型設計法に移行してきている．また，不確定要素が大きい地盤を対象とする地中構造物においても，「鉄道構造物等設計標準・同解説 基礎構造物・抗土圧構造物編 平成9年」，「鉄道構造物等設計標準・同解説 耐震設計編 平成11年」，「鉄道構造物等設計標準・同解説 開削トンネル編 平成13年」等で限界状態設計法が導入されている．トンネルに関しては，土木学会から「トンネルへの限界状態設計法の適用（トンネルライブラリー第11号，平成13年）」が出版され，トンネル標準示方書改訂へ向けての考え方が示された．また，平成14年には「鉄道構造物等設計標準・同解説 都市部山岳工法トンネル編 平成14年」で都市部における鉄道トンネルの二次覆工の設計に限界状態設計法が導入されている．

　本マニュアルはSFRCをトンネル覆工体に用いる場合の基本的な考え方や取扱い方を述べたものであり，山岳トンネルばかりでなく都市トンネルもその対象としている．したがって，両者を共通に取り扱うことができる設計法でかつ時代の趨勢を考慮し，またSFRCの有する特性をより合理的に反映するために，設計の基本的理念として限界状態設計法を採用することとした．なお，本マニュアルで定義した限界状態は『コンクリート標準示方書』等で定義される鉄筋コンクリート構造物の限界状態とは必ずしも一致するものではなく，SFRCを適用するトンネル覆工体の構造状態を念頭において定義づけしたものである．ただし，トンネルに作用する荷重については，現時点では十分には把握できていないという現状を踏まえ，限界状態設計法において照査の対象となる設計断面力と変形量の算定方法については明示せず，このマニュアルのユーザーの判断に任せることとした．

　(2)について　　トンネルにSFRCを適用する場合には，その用途，適用する構造部位，地盤条件，地下水，トンネル周辺の環境等の設計条件，掘削方法，覆工方法等の施工条件等により，覆工体に要求する性能を十分考慮して適切な検討を行う必要がある．また，SFRC覆工体の安全性の確認は，設計時はもとより施工中，供用時においても十分に行われるべきである．

　なお，過去の経験や実績から無筋コンクリートによる覆工（支保工）が可能と

判断される地山であっても SFRC を使うことにより覆工厚の低減を図りたい場合や，補強・補修等でトンネル内空断面等の制約から覆工厚を低減せざるを得ない場合等で，とくに構造計算によらず，その所要の覆工厚を定めたいときは，付属資料 6 に示す方法が参考になる．この方法では，SFRC を採用することにより覆工厚は無筋コンクリートによる場合の 2/3 に低減できるとしている．ただし，この方法は覆工に作用する曲げに対する剛性についてのみ考慮したものであるから，とくに大きな軸力やせん断力が作用すると考えられる場合には，十分な注意が必要である．

2.1.2　設計断面力および変形量

　　鋼繊維補強コンクリート部材の設計断面力および変形量は，適切な荷重系，構造系および設計計算方法などを選定し，算出することを原則とする．

【解説】

　本編は，SFRC をトンネル覆工部材に適用して，その力学的性能を明確に設計する場合の断面性能，変形性能を照査する方法について述べている．

　この場合，SFRC を適用するトンネルの設計条件，適用箇所および構造系の力学的取扱方法等により，SFRC 覆工体に要求する諸性能が異なるため，これらを一義的に定めることは困難である．

　したがって，設計断面力および変形量等の設計用値は個々の条件に応じて適切と評価し得る荷重系および構造系のモデルを用いて算出することを原則とするが，実状を考慮して，責任技術者の判断に基づき，適切な方法でこれを定めることとした．

　なお，都市部における ECL 工法で荷重系や構造系がある程度明確に評価できる場合は，『併進工法設計施工指針（案）（都市トンネル編）』を参考にして設計断面力や変形量を求めるのも一つの有効な方法である．また設計断面力を求めるにあたって用いる SFRC の単位重量は $24\,\mathrm{kN/m^3}$ とする．

2.1.3　設計断面耐力および限界変形量

　　設計断面耐力および限界変形量を求めるにあたって使用する材料の特性値は，圧縮試験および曲げ試験を行って定めることを原則とする．

【解説】
　設計断面耐力は，使用する材料の設計強度に所定の断面諸量を乗じて求める．これに用いる材料の設計強度は，原則として 2.4.1 に定める圧縮試験および 2.4.2 に定める曲げ試験を行い，その結果として得られる材料強度の特性値に試験修正係数を乗じたものとする．また，限界変形量を定めるにあたっても設計断面耐力の場合と同様に圧縮試験および曲げ試験を行うことを原則とする．

　なお，過去の経験や実績に基づく規格値や公称値を用いる場合には，これに適切な材料修正係数を乗じて，材料強度の特性値を定めてもよいが，SFRC の実績は現在までのところ十分に多いとはいえず，また最近の SFRC の品質の向上はめざましく，目的に応じて様々な鋼繊維の長さや配合が用いられるようになっており，過去の経験がそのまま適用しにくいことなどを合せ考えると，材料強度の特性値はできる限り圧縮試験ならびに曲げ試験を基に定めるのがよい．

2.1.4　安全係数と修正係数

(1) 鋼繊維補強コンクリートの設計断面耐力を求める上での安全係数は，材料係数 γ_m および部材係数 γ_b とし，安全性の照査に用いる安全係数は構造物係数 γ_i とする．

(2) 材料係数 γ_m は，材料強度の特性値から望ましくない方向への変動，材料特性が限界状態に与える影響，材料特性の経時変化等を考慮して定めるものとする．

(3) 部材係数 γ_b は，部材耐力の算定上の不確定性，部材寸法のばらつきの影響など，対象とする部材がある限界状態に達したときの構造物全体に与える影響を考慮して定めるものとする．

(4) 構造物係数 γ_i は，トンネルの重要度，経済性および限界状態に達したときの社会的影響等を考慮して定めるものとする．

(5) 鋼繊維補強コンクリートの設計断面耐力を求める上での修正係数は，材料修正係数 ρ_m および試験修正係数 k_{tf} とする．

(6) 材料修正係数 ρ_m は，材料強度の規格値 f_n がその特性値とは別に定められている場合に用いる修正係数であり，規格値 f_n に材料修正係数 ρ_m を乗じて材料強度の特性値 f_k とするものである．

【解説】
　<u>(1) について</u>　　材料強度から設計断面耐力を求める過程で材料係数 γ_m と部材

係数 γ_b の2つの安全係数を設定し，さらに，設計断面力と設計断面耐力を比較する段階で構造物係数 γ_i を設定した．

(2) について　SFRC の強度に対しては以下のような変動要因があり，材料係数を用いて安全性を確保することになる．

a) 打込みまたは吹付けられた SFRC の不均一性
b) 養生の相異による影響
c) 現場練りによる品質管理の変動
d) 打込み条件または吹付け条件に基づく変動

SFRC の強度は，無筋コンクリートに比して，上述の a) および c) に挙げた変動要因の影響を受けやすい傾向にある．しかしながら，無筋コンクリートに比して，圧縮タフネスや曲げタフネスに優れていることから，SFRC の材料係数は，圧縮や曲げに対して無筋コンクリートのそれと同様に $\gamma_m = 1.3$ を標準値とした．なお，吹付け SFRC の場合には，この標準値が必ずしも適切な値であるとは言えないため，責任技術者の判断に基づき，これを適宜定める必要がある．

(3) について　トンネルのような構造物は，最大曲げ応力の発生位置で過大なひび割れが生じても，力の再配分が行われるため破壊に至らず，構造全体としての耐力は大きくきわめて安全性が高い．また，覆工厚は一般に設計で決まる最小寸法より大きくなることなどから，曲げと軸圧縮力を受ける部材としての安全性の検討は『コンクリート標準示方書（構造性能照査編）』に準じて，圧縮の場合に $\gamma_b = 1.3$，曲げの場合に $\gamma_b = 1.15$ を標準値とした．

(4) について　構造物係数は **2.3.3** に述べる限界状態 I に対しては $\gamma_i = 1.1$，**2.3.4** に述べる限界状態 II に対しては $\gamma_i = 1.0$ を標準値とした．

(5) について　SFRC の設計断面耐力を求める際の修正係数は，規格値または公称値を用いて特性値を定める場合の材料修正係数と，試験値を用いて特性値を定める場合の供試体寸法の影響を評価する試験修正係数の2つを設定した．なお，曲げ試験に対する試験修正係数 k_{tf} は，**2.4.2**「曲げ試験」による．

(6) について　材料強度に関する特性値を定めるにあたって，個々の試験値に依らずに別の体系の規格値または公称値を用いる場合に使用する修正係数である．一般に試験値は規格値または公称値に比べて大きな値となることから，材料修正係数は $\rho_m = 1.0$ を標準値とした．

解説表 **2.1.1** は，安全係数と修正係数の標準値を示したものである．表中，限界状態 I, II, III とあるのは，設計の対象とする状態を示したもので，第3章に詳述される．これらの値は，あくまでも標準的な値を示したものであるから，ト

ンネル個々の状況に応じて責任技術者の判断により適切と思われる値を用いてもよい．

また**解説図 2.1.1** は，設計における一般的な安全性の検討フローを示したものである．

解説表 2.1.1 安全係数と修正係数（標準値）

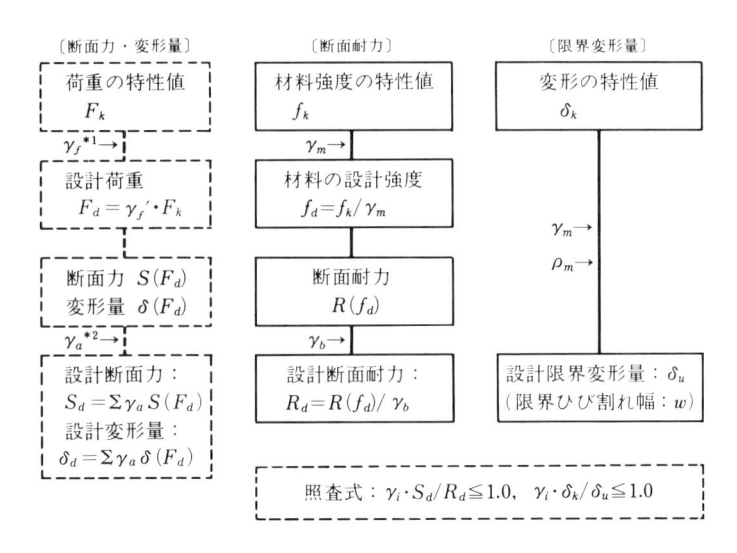

		限界状態 I	限界状態 II	限界状態 III
材料係数 γ_m	圧縮	1.3	1.3	1.0
	曲げ	1.3	1.3	1.0
部材係数 γ_b	圧縮	1.3	1.3	1.0
	曲げ	1.15	1.15	1.0
構造物係数 γ_i		1.1	1.0	1.0
材料修正係数 ρ_m		1.0	1.0	1.0

注）限界状態 I，限界状態 II，限界状態 III については第 3 章 2.3.1 を参照

〔断面力・変形量〕

荷重の特性値 F_k

γ_f *1 →

設計荷重 $F_d = \gamma_f' \cdot F_k$

断面力 $S(F_d)$
変形量 $\delta(F_d)$

γ_a *2 →

設計断面力： $S_d = \Sigma \gamma_a S(F_d)$
設計変形量： $\delta_d = \Sigma \gamma_a \delta(F_d)$

〔断面耐力〕

材料強度の特性値 f_k

γ_m →

材料の設計強度 $f_d = f_k / \gamma_m$

断面耐力 $R(f_d)$

γ_b →

設計断面耐力： $R_d = R(f_d) / \gamma_b$

〔限界変形量〕

変形の特性値 δ_k

γ_m →
ρ_m →

設計限界変形量： δ_u
（限界ひび割れ幅： w）

照査式： $\gamma_i \cdot S_d / R_d \leq 1.0$, $\gamma_i \cdot \delta_k / \delta_u \leq 1.0$

注）*1　γ_f：荷重係数
　　*2　γ_a：構造解析係数
　　*3　実線枠は限界状態設計法を用いるものである．ただし，トンネルに作用する荷重については，現時点では十分には把握できていないという現状を踏まえ，照査の対象となる設計断面力，変形量の算定方法については取扱いを明示せずこのマニュアルのユーザーの判断に任せることとして破線枠で示している．

解説図 2.1.1 設計における安全性の検討フロー

第 2 章　材料の設計用値

2.2.1　一　　般
(1) 鋼繊維補強コンクリートの性能は，設計上の必要性に応じて圧縮強度，曲げ強度，引張強度などの強度特性，あるいはヤング係数，タフネス，その他の変形特性によって表される．
(2) 材料強度の特性値 f_k は試験値のばらつきを想定した上で，大部分の試験値がその値を下回らないことが保証される値とする．
(3) 材料の設計強度 f_d は材料強度の特性値 f_k を材料係数 γ_m で除した値とする．
(4) 材料強度の規格値 f_n がその特性値とは別に定められている場合には，材料強度の特性値 f_k はその規格値 f_n に材料修正係数 ρ_m を乗じた値とする．

【解説】

<u>(1), (2), (3), (4) について</u>　　SFRC の品質は，使用材料や配合条件ばかりでなく，施工条件や使用環境条件によっても大きく影響される場合がある．

これらの条件が多様であるため，本マニュアルでは通常の設計段階で用いられる諸特性の一般的な値として，通常の環境下にあるコンクリートを対象としたものを示す．

解説表 2.1.1 に示した値は一つの標準値であり，この中には諸条件の変化に対して変動の範囲が大きなものもある．このため，実際の使用材料，配合，施工，使用環境条件下での信頼できる値が得られるならば，ここに示した値ではなく実際に即した値を用いる方が望ましい．

2.2.2 材料の強度

鋼繊維補強コンクリートの強度の特性値は原則として材齢 28 日における試験強度に基づいて定めるものとする．ただし，その使用目的，主要な荷重の作用する時期および施工計画等に応じて，適切な材齢における試験強度に基づいて特性値を定めてもよい．
(1) 圧縮試験は，**2.4.1**「圧縮試験」による．
(2) 曲げ試験は，**2.4.2**「曲げ試験」による．
(3) その他の試験は，**2.4.3**「その他の試験」による．

【解説】
　SFRC が適切に養生されている場合，その圧縮強度は材齢とともに増加し，標準養生を行った供試体の材齢 28 日における圧縮強度と同等となることが期待できる．この点を考慮して，コンクリートの強度特性は，標準養生を行った SFRC 供試体の材齢 28 日における試験強度に基づいて定めることを原則とした．なお，若材齢 SFRC の強度は，使用するセメントの種類，混和材料の種類，骨材の種類，SF の混入率および形状寸法，水セメント比，温度履歴，材齢等の影響を受けるので，あらかじめ試験によって定めるのが望ましい．

① 圧縮強度は，普通コンクリートと同等またはそれ以上となることが期待できる．
② 曲げ試験では，曲げ強度，曲げタフネスを定めるのと同時に，耐力算定に用いる曲げ引張強度 f_{tf}（p.42 参照）を定める．

2.2.3 応力-ひずみ曲線

(1) 鋼繊維補強コンクリートの応力-ひずみ曲線は，普通コンクリートの応力-ひずみ曲線に準ずるものとする．

(2) 曲げモーメントまたは曲げモーメントと軸圧縮力を受ける部材の断面破壊の終局限界状態においては，図 2.2.1 に示した応力-ひずみ曲線を用いることを原則とする．

$\varepsilon'_{cu} = 0.0035$
$k_1 = 0.85$
$\sigma'_c = k_1 \cdot f'_{cd}$

$\sigma'_c = k_1 \cdot f'_{cd} \times \dfrac{\varepsilon'_c}{0.002} \times \left(2 - \dfrac{\varepsilon'_c}{0.002}\right)$

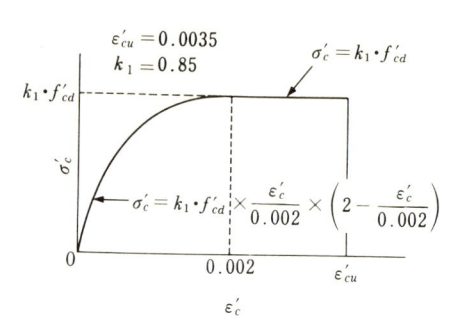

図 2.2.1 鋼繊維補強コンクリートのモデル化された応力-ひずみ曲線

【解説】

<u>(1), (2) について</u>　SFRC の応力-ひずみ曲線は，その検討に応じて適切な曲線を仮定するのが望ましい．普通コンクリートの場合でもコンクリートの種類，材齢，作用する応力状態，載荷速度および載荷経路等によって応力-ひずみ曲線は異なる．しかしながら，部材の断面終局耐力を求めるような場合には，応力-ひずみ曲線の相違がその結果に大きな影響を与えない．したがって，本マニュアルでは『コンクリート標準示方書（構造性能照査編）』3.2.3 を参考に，一般的な SFRC では，普通コンクリート（設計基準強度 $50\,\mathrm{N/mm^2}$ 以下）に対する応力-ひずみ曲線，高強度の SFRC（設計基準強度 $50\,\mathrm{N/mm^2}$ 以上）では，k_1 および終局ひずみ ε'_{cu} を強度に依存させて小さくした応力-ひずみ曲線を用いることとした．

2.2.4 ヤング係数

(1) 鋼繊維補強コンクリートのヤング係数は，原則として，『コンクリートの静弾性係数試験方法（JIS A 1149-2001）』によって試験を行い，応力-ひずみ曲線を求め，圧縮強度の 1/3 の点とひずみが 50×10^{-6} の点とを結ぶ割線弾性係数の試験値の平均値を用いるものとする．

(2) 若材齢コンクリートについては，セメントの種類，水セメント比，養生条件，材齢等を考慮した適切な値を用いるものとする．

【解説】

(1) について　SFRC のヤング係数を求める試験方法や定め方は，普通コンクリートと同じであり，『コンクリートの静弾性係数試験方法（JIS A 1149-2001）』により行う．

なお，設計計算に用いる SFRC のヤング係数は，一般的に使用する SF 混入率 2% 以下程度では SF の影響をほとんど受けず，**解説表 2.2.2** に示す普通コンクリートと同一の値を用いてもよい．引張に対するヤング係数と圧縮に対するヤング係数は必ずしも等しくないが，設計計算においては同じ値としてよい．

解説表 2.2.2 鋼繊維補強コンクリートのヤング係数

f'_{ck} (N/mm^2)	18	24	30	40	50	60
E_c (kN/mm^2)	22	25	28	31	33	35

(2) について　ヤング係数は強度に伴って逐次増大する．また，配合によっても影響されると同時に若材齢時においては，コンクリートのクリープあるいはリラクゼーションが考えられる．SFRC の場合，クリープやリラクゼーションは普通コンクリートに比べて小さいと考えられるが，これに関連する資料は現在のところ非常に少ない．そこで，本マニュアルでは普通コンクリートの若材齢時のヤング係数の算定式 (2.2.2) を用いることとした．なお，SFRC の若材齢時における有効ヤング係数は普通コンクリートのそれと比して同等かそれ以上の値となる傾向がある．

$$E_e(t) = \Phi(t) \times 4.7 \times 10^3 \times \sqrt{f'_c(t)} \qquad (2.2.2)$$

ここに，$E_e(t)$ は材齢 t（日）における有効ヤング係数 (N/mm^2)，$\Phi(t)$ は温度上昇におけるクリープの影響が大きいことによるヤング係数の補正係数で，材齢 3 日までは $\Phi = 0.73$，材齢 5 日以降 $\Phi = 1.0$，$f'_c(t)$ は材齢 t（日）における圧縮強度 (N/mm^2) である．なお，材齢 3 日から 5 日までは，直線補完してよい．

第3章 限界状態

2.3.1 限界状態の種類

トンネル覆工体の設計にあたって，採用すべき限界状態は，SFRC部材の「部材としての限界状態」であり，次の3種類を考える．
(1) 限界状態Iは，対象となる覆工体の長期にわたる耐久性を確保する観点から定めた限界状態である．
(2) 限界状態IIは，軸圧縮力と曲げを受ける部材の所要の部材耐力を確保すると同時に，SFRCの変形特性を評価する観点から定めた限界状態である．
(3) 限界状態IIIは，覆工体が地山の大変形に追従できるSFRC部材の変形特性を評価する観点から定めた限界状態である．

【解説】

トンネル覆工体に発生する断面力は，一般に軸圧縮力，曲げモーメントおよびせん断力であるが，閉合されたトンネル覆工体の局部破壊は，このうち軸圧縮力と曲げモーメントが支配的要因となって生じるケースが多い．すなわち，トンネル覆工体の一部が曲げ引張応力または曲げ圧縮応力によって塑性化し，その部分に塑性ヒンジが形成される．地上の環状構造物では3箇所まではヒンジができても安定構造であるため，荷重系がある程度明確であれば，この塑性設計法（極限設計法）を適用することが可能である．

しかしながら，地中の環状構造物は，その周辺に地山があることを考えれば4箇所以上にヒンジが形成されても，地山が強固で構造物の変形を十分に拘束する状況であるならば，トンネル覆工体の全体破壊は発生しない．

解説図2.3.1は，その状況を概念的に示したものである．図中(c)は環状構造物の不安定状態を示したもので，発生した相隣れる3つの塑性ヒンジのうち，中央のものが飛び移り現象を生じ，これがトンネル覆工体の全体破壊を引き起こす原因となることを表している．

しかし，トンネル覆工体の全体破壊は発生しないとしても，大きな変形等が発生し，これがトンネルの機能を著しく阻害したり，場合によってはその機能を失わせる状況であれば，トンネルの限界状態の一つとして考慮しなければならない制約となる．たとえば，変形量の増加によって所要のトンネル内空断面が確保で

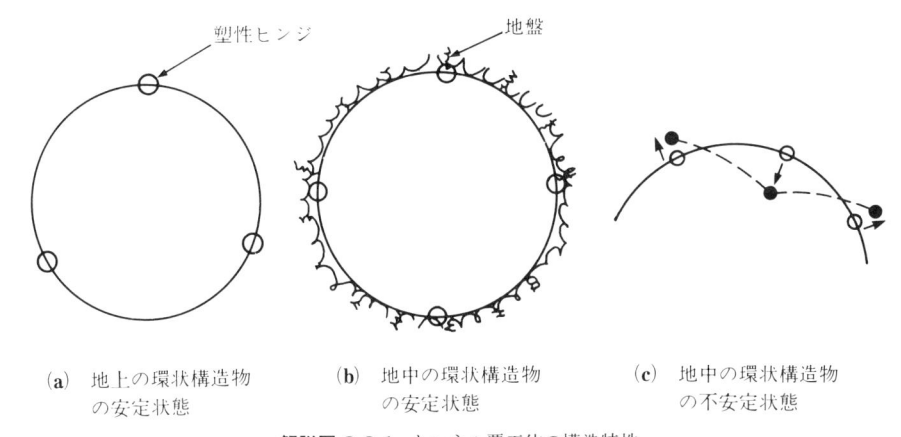

第 3 章 限界状態　33

(a) 地上の環状構造物の安定状態　(b) 地中の環状構造物の安定状態　(c) 地中の環状構造物の不安定状態

解説図 2.3.1　トンネル覆工体の構造特性

きなかったり，漏水によりトンネルの機能が維持できない，またはトンネルの変形等が周辺環境に影響を与え，管理基準値を満足できない等の状態である．

　このような状況から，トンネルの終局耐力に対する力学的な検討ができたとしても，変形に対する制約条件がそれ以上に明確にされない限り，トンネル覆工体の極限の状態を定めるのは困難である．さらにまた，トンネルに作用する荷重は，その地盤条件によって千差万別であるうえに，トンネルの掘削に伴う覆工背面地盤のゆるみやトンネルの変形に伴い新たに発生する荷重も考えられ，その状況は非常に複雑である．

　一方また，完全に閉合されていないトンネルの覆工体においては，上述した軸圧縮力および曲げモーメントに起因する破壊状態のほかに，偏圧などによるせん断破壊も考えられる．しかし，トンネルに作用する荷重は分布荷重とみなせる場合がほとんどであり，集中的なせん断力は考えにくいため，ある程度の覆工厚が確保されれば，せん断破壊は基本的な問題とはならないようである．なお，閉合されたトンネル覆工体のせん断破壊は，急激な全体破壊をもたらすが，地震に伴う断層の滑動など，トンネル周辺地盤の大きな変動によってのみ発生すると考えられるため，きわめて稀なケースであり，本マニュアルの対象外としている．

　以上のことから，本マニュアルは，トンネル覆工体の全体としての限界状態を論ずることは，現状において非常に困難であるため，覆工体の強度特性を十分考慮したうえで，**2.1.1 (1)** の「設計の基本」に述べたように，安全の確認を基本理念として，SFRC 部材の部材としての限界状態をその設計対象として定めている．

　本マニュアルで提示した限界状態は，SFRC のトンネルへの適用を前提として，とくにトンネル覆工体の変形特性に重点をおいて定義したものである．

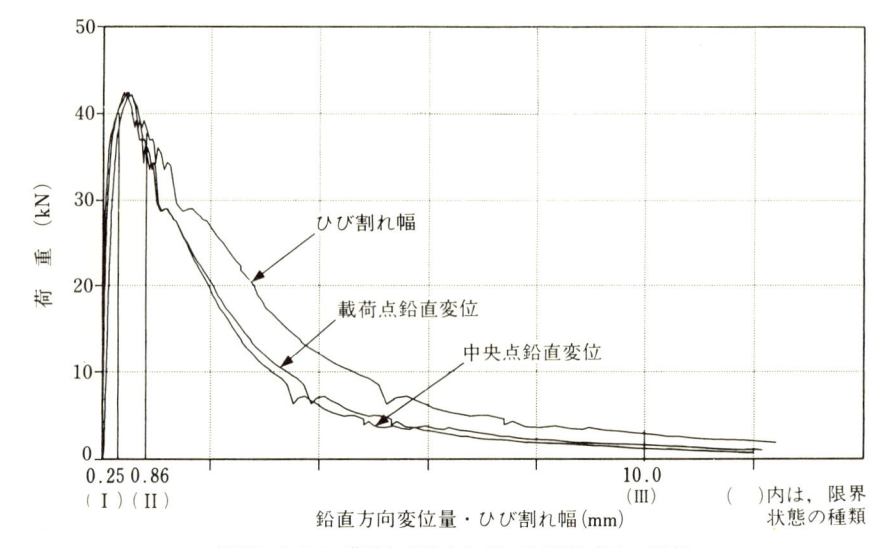

解説図 2.3.2 荷重と変位ならびにひび割れ幅との関係

(1), (2), (3) について　SFRC 部材の曲げ試験結果によれば，荷重と載荷点 (2点) の平均的な鉛直変位，中央点の鉛直変位および純曲げ区間に発生するひび割れ幅との関係は，**解説図 2.3.2** に示すとおりである．

この図から，ひび割れ発生後の鉛直変位のうち，部材の弾性変形量が占める割合は微小であり，ひび割れ発生面の開口に伴うものがほとんどである．したがって，ひび割れ幅とたわみ量とは強い相関がある．

無筋コンクリートであれば，最大荷重に達した直後に破壊が生じるのに対して，SFRC は，その後も荷重は減少しながらも変形が増大し，荷重がゼロ近傍になっても部材が破断されないという特徴を有している．この特徴を有効に利用するためには，このひずみエネルギーを設計に活用することが望ましいが，現状ではその方法が不明である．

したがって，本マニュアルでは，使用する SFRC 部材の力学的要求性能などに応じて，限界状態 I は，対象となる覆工体の長期にわたる耐久性を確保する場合，限界状態 II は，軸圧縮力と曲げを受ける部材の所要の部材耐力を確保すると同時に，SFRC 部材の変形特性を評価する場合，限界状態 III は，覆工体が地山の大変形に追従できる SFRC 部材の変形特性を評価する場合とに分け，それぞれ SFRC 部材の特性を生かせるように要求性能を定めた．

したがって，これらの限界状態は，一般に用いられる鉄筋コンクリート構造の使用限界状態や終局限界状態とは直接的に対応したものではない．

2.3.2　覆工体の構造種別と限界状態の選定

　SFRCをトンネル覆工体に適用するにあたって，その施工方法および構築部位等を考慮して，設計上の取扱い方を明確にするために，覆工体の構造種別を構造部材，非構造部材および構造部材の一部に区分し，適用すべき限界状態を選定するものとする．

【解説】

　一般に，SFRC部材を用いて覆工体を構築する場合，その施工方法により覆工体の性能が異なる．すなわち，ECL工法における直打ちコンクリートやNATMの二次覆工コンクリートのように通常ポンプ打設によって施工される覆工体と，吹付けコンクリートにより施工される覆工体とでは，異なった性能の覆工体が形成される．このため，その施工方法および構築部位等を考慮して，設計上の取扱い方を明確にするために，覆工体の構造種別を構造部材，非構造部材および構造部材の一部に区分する．ここでいう構造部材とは，一般に適切と思われる荷重系および構造系を定め，これにより構造計算を行い，その力学的性能を評価する部材をいう．また，非構造部材とは，具体的な構造計算をせず，その力学的性能の評価も基本的に行わない部材をいう．なお，その部材のみでは構造部材として十分ではないが，構造計算により力学的性能評価を行った上で，覆工体の一部とする部材を構造部材の一部という．

　参考として，SFRC覆工体をその施工方法および構築部位により具体的に構造種別の区分に適用すると，**解説表 2.3.1** のようになる．

　また，設計上の取扱い方に関して，SFRC覆工体のその施工方法および構築部位による構造種別とそれに適用する限界状態との基本的な組合せを示すと**解説表 2.3.2** のようになる．

　なお，この組合せ表は参考として示したものであり，構築物に求められる必要な性能により，これ以外の設計上の取扱いも可能と考えられ，その場合は責任技術者の判断による．また，表中I，IIおよびIIIは，**2.3.1** の「限界状態の種類」で述べた限界状態を表している．

解説表 2.3.1 SFRC覆工体の構造種別区分の例

覆工体の構造種別	施工方法	構築部位
構造部材 (構造計算を行い，その力学的性能を評価する部材)	NATMの吹付けSFRC 打込みSFRC	一次支保の吹付けコンクリート 二次覆工コンクリート
	シールド工法の打込みSFRC	二次覆工コンクリート
	ECL工法の打込みSFRC	一次覆工コンクリート 二次覆工コンクリート
	TBM工法の打込みSFRC プレキャストSFRC	二次覆工コンクリート SFRCライナー
	プレキャストSFRC	SFRC天井板 SFRC床版
構造部材の一部 (構造計算により力学的性能評価を行った上で，覆工体の一部とする部材)	NATMの吹付けSFRC	一次支保の吹付けコンクリート
	ECL工法の打込みSFRC	一次覆工コンクリート
	TBM工法のプレキャストSFRC	SFRCライナー
非構造部材 (具体的な構造計算をせず，その力学的性能の評価も基本的に行わない部材)	NATMの吹付けSFRC 打込みSFRC	一次支保の吹付けコンクリート 二次覆工コンクリート
	シールド工法の打込みSFRC	二次覆工コンクリート
	プレキャストSFRC	SFRC化粧板

解説表 2.3.2 SFRC覆工体の構造種別とそれに適用する限界状態の例

施工方法	構築部位	構造種別		
		構造部材	構造部材の一部	非構造部材
打込みSFRC	一次覆工	I	II	III
	二次覆工	I	I	I
吹付けSFRC	一次覆工	I	II	III
	二次覆工	I	I	I
プレキャストSFRC	天井板，床版，化粧板，ライナー，etc.	I	I	I

2.3.3 限界状態 I

(1) 限界状態 I は，原則として限界ひび割れ幅 W_I で照査する．

(2) 限界ひび割れ幅 W_I は，構造物の機能，重要度，使用目的，使用期間，構造物がおかれる環境条件および荷重条件等を考慮して定める．

【解説】

(1) について　限界状態 I は，トンネル覆工体に対する長期にわたる耐久性を確保する観点から定めた限界状態である．

限界状態 I は，限界ひび割れ幅 W_I で照査することを原則とするが，SFRCを構造部材として用いる場合で，設計断面力が評価可能な場合は，これに加えて構

造物の安全性についても照査することができる．その場合の設計曲げ引張強度の算定方法および断面耐力の評価方法は 2.3.4「限界状態Ⅱ」に準拠する．設計断面力が作用した場合の部材のひび割れ幅の算定方法は，付属資料 2「ひび割れ幅の算定方法」を参照のこと．

また，作用荷重が不明確である場合や非構造部材として取扱う場合には，限界ひび割れ幅 W_I はこれを適切な材料係数で除することによって，当該部材の施工管理値として用いることができる．

(2) について　限界ひび割れ幅 W_I は，構造物の機能，重要度，使用目的，使用期間，構造物がおかれる環境条件および荷重条件等を考慮して定める必要があるが，耐久性に関する明確な資料が必ずしも十分とはいえない現状から，これを一律に定めることは困難である．しかしながら，設計の便宜をはかるために，本マニュアルでは，限界ひび割れ幅 W_I を暫定的に 0.25 mm (1/100 in) とした（**解説表 2.3.3**）．この値は，暫定的に定めた値であるから，実験等に基づく詳細な検討を行う場合には，責任技術者の判断により，適切な値を定め，それを用いてよい．

解説表 2.3.3　限界状態Ⅰの評価方法の例

使用目的	限界ひび割れ幅 (mm)	耐力の評価
非構造部材	原則として 0.25 mm	限界状態Ⅱに準拠
構造部材		
構造部材の一部		

『コンクリート標準示方書（構造性能照査編）』では，水密性に対するひび割れ発生制御および許容ひび割れ幅の目安として 0.2 mm が与えられているが，SFRC によるトンネル覆工体では SF の効果により貫通ひび割れが起こりにくいこと，さらに，耐力を評価する場合には 3 割の圧縮領域を残すこと（限界状態Ⅱ参照）から限界ひび割れ幅 W_I を 0.25 mm としたものである．

なお，このひび割れ幅は，『コンクリート標準示方書（構造性能照査編）』では，鉄筋コンクリートにおける「一般の環境」の場合で鉄筋かぶり 5 cm に相当する値である．また，鉄筋コンクリートの耐久性において，鉄筋の腐食に対する環境条件が厳しくない場合において，補修を必要としないひび割れ幅にほぼ相当するものである．

一方，一般的に SFRC は RC に比べ，補強材が分散して配置されているので，表面の鋼繊維が腐食し始めても腐食はその鋼繊維に限定されること，鋼繊維は断面が小さいので腐食に伴う膨張圧も小さく，また，ひび割れそのものを拘束する機能を持っていることなどから耐久性について有利であると考えられている．し

かしながら，現状では定量的な判断ができるところまでの十分なデータが整っていないため，今後，実験データを蓄積して，この限界ひび割れ幅 W_I を再評価することが望ましい．

2.3.4 限界状態II

(1) 限界状態IIは，限界ひび割れ幅 W_{II} を基に算出される設計断面耐力で照査するものである．
(2) 限界状態IIにおける設計断面耐力は，$M-N$ 性能曲線で表す．
(3) $M-N$ 性能曲線を導くのに必要な設計曲げ引張強度の算定は，以下の①～③の仮定に基づいて行う．
　① 断面の応力分布は，図 2.3.1 に示すものとする．
　② 繊ひずみは，圧縮断面において中立軸からの距離に比例する．
　③ 曲げ終局状態の中立軸は，ひび割れ先端の位置とし，ひび割れ深さは部材厚の7割の位置とする．すなわち，部材厚の3割を圧縮断面，7割を引張断面とする．

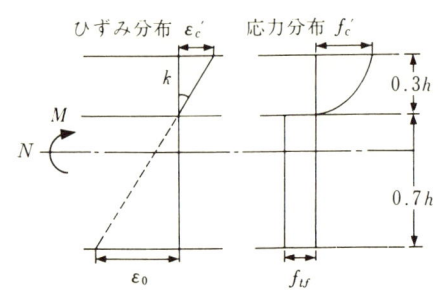

図 2.3.1　ひずみ分布と応力分布

【解説】

限界状態IIは，SFRC覆工体の部材性能として，曲げ引張に対する抵抗性能を曲げ試験から評価し，曲げおよび軸圧縮力を受ける部材の耐力を定めて，これを照査するものである．

曲げ試験から求まる曲げ引張強度はSFによる引張抵抗力を表し，以降，引張強度 f_{tf} と呼ぶこととする．

なお，限界ひび割れ幅 W_{II} は，これを適切な材料係数で除することによって当該部材のひび割れに対する施工管理値として用いることができる．

(1) について 限界状態 II は **2.4.2**「曲げ試験」に示される試験を行い、限界状態 II に対応するひび割れ幅の荷重状態および変形状態から定義づけたものであり、このときの応力状態から引張強度を求め、M–N 性能曲線を導いて断面耐力の照査を行うものである．

限界ひび割れ幅 W_{II} は**解説図 2.3.3** に示すような SFRC 部材の曲げ試験結果における B 点で定義した．B 点のひび割れ幅は式 (2.3.1) により表されるものとした．

$$W_{II} = 0.0035 \times \frac{0.7}{0.3} l_s \tag{2.3.1}$$

ここで、0.0035 は圧縮縁の限界ひずみ、0.7 および 0.3 はそれぞれ部材厚に対する引張断面および圧縮断面高さの比率である．また、l_s は影響範囲であり、その厳密な値は、今のところ明確にすることが困難であるが、種々の曲げ試験結果より、その範囲は $0.7h$〜$1.0h$ 程度であると考えられる．

本マニュアルでは『併進工法設計施工指針（案）（都市トンネル編）』および本研究会が行った吹付け SFRC の試験結果を参考にし、l_s を $0.7h$ とした．したがって、限界ひび割れ幅 W_{II} は、部材厚が 150 mm の場合に 0.86 mm となる．

部材厚が 150 mm と異なる場合の限界ひび割れ幅も式 (2.3.1) を用いて求めてよいが、この場合は、式 (2.3.1) により求めた限界ひび割れ幅が部材の寸法効果、または用いる SF の形状寸法等により、ここで示した限界状態 II と等価な応力状態、変形状態を確保できるとは限らない．このため、部材厚が 150 mm と異なる

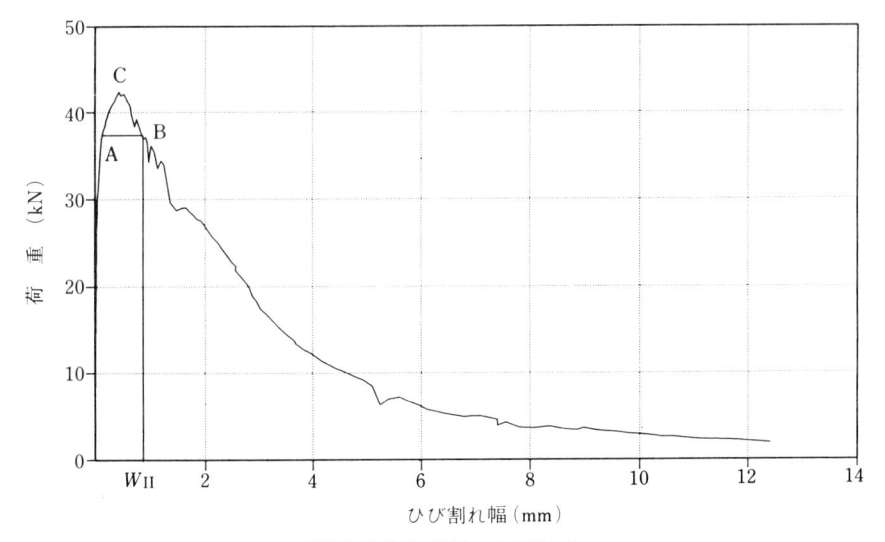

解説図 2.3.3 荷重とひび割れ幅

場合には，実際の部材厚の曲げ試験を行い，式 (2.3.1) から得られる限界ひび割れ幅に対応する引張強度を確認することが望ましい．

なお，上述の『併進工法設計施工指針（案）（都市トンネル編）』によれば，部材厚が 400 mm までは，式 (2.3.1) により求めた限界ひび割れ幅を断面耐力の評価および変形性能の評価に用いてよいことが確認されている．

(2), (3) について　　SFRC は，ひび割れ発生後の抵抗力がすぐれており，SF 混入率を増すとともに，また，混入率が同じであれば SF の長さが長くなるとともに引張強度は大きくなる．さらに，ひび割れを横切っている SF に引張力が伝達されて力のつり合いが保たれるので，ひび割れ幅が増大しても耐荷力が残存するような特性を示す．このような特長から，覆工体の一部断面でひび割れが生じても，SF の受け持つ引張応力を期待した設計が可能となる．

以下には，引張伝達応力とひび割れ幅との関係，曲げ引張強度と M-N 性能曲線との関係，曲げ試験結果から引張強度算出用荷重を求める方法について詳述する．

a) 引張伝達応力とひび割れ幅

一般に，ひび割れ面において SF が伝達できる力はひび割れ幅に関係し，**解説図 2.3.4** (a) に示すように，ひび割れ発生直後に応力が急激に低下する領域とひび割れ幅の増加に伴って応力が緩やかに低下する領域に分けられる．この引張軟化特性の考え方は『コンクリート標準示方書（構造性能照査編）』3.2.4「引張軟化特性」にも示されているが，SFRC 部材の設計への適用が明確に示されているとはいいがたい．したがって，応力が急激に低下する領域は小さい範囲であることからこれを無視し，**解説図 2.3.4** (b) の①に示すように引張伝達応力とひび割れ幅の関係を一本の直線でモデル化することも行われている．ここではさらに設計上の簡便さを考慮し，SF が受け持つひび割れ面での引張応力 f_{tf} を，**解説図 2.3.4** (b) の②のようにひび割れ深さに対し，一様に分布するものとした．

解説図 2.3.5 に**解説図 2.3.4** (b) の①および②の場合の応力分布を示す．

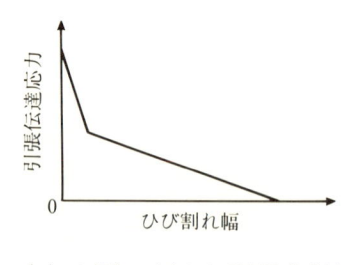

(a) 二直線で示された引張軟化曲線 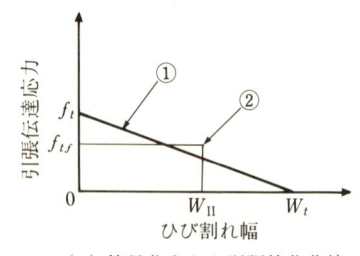　　(b) 簡易化された引張軟化曲線

解説図 2.3.4　引張伝達応力とひび割れ幅

第 3 章　限界状態　41

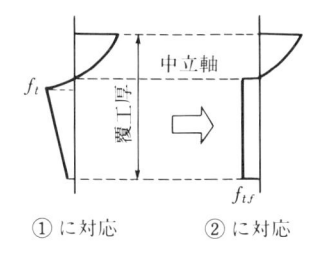

f_t　中立軸　覆工厚　f_{tf}

① に対応　　② に対応

解説図 2.3.5　応力分布

解説表 2.3.6　曲げ破壊の進行に伴うひび割れ深さの例（SF 長さ 25 mm）

(SF 混入率) 試験ケース	最大荷重手前 (A 点) (ひび割れ幅 0.86 mm と同荷重)			最大荷重時 (C 点)			ひび割れ幅 0.86 mm 時 (B 点)		
	荷重 (kN)	ひび割れ幅 (mm)	ひび割れ深さ	荷重 (kN)	ひび割れ幅 (mm)	ひび割れ深さ	荷重 (kN)	ひび割れ幅 (mm)	ひび割れ深さ
打込み 0.5%-1	18.5	0.03	$0.67h$	22.3	0.14	$0.76h$	18.5	0.86	$1.00h$
打込み 1.0%-1	31.6	0.12	$0.73h$	36.7	0.36	$0.85h$	31.6	0.86	$0.98h$
打込み 1.0%-2	33.7	0.23	$0.76h$	36.9	0.41	$0.80h$	33.7	0.86	$0.87h$
打込み 1.5%-1	37.8	0.17	$0.69h$	42.4	0.47	$0.79h$	37.8	0.86	$0.84h$
打込み 1.5%-2	46.0	0.20	$0.70h$	51.1	0.48	$0.78h$	46.0	0.86	$0.83h$
打込み SFRC 平均	—	—	$0.71h$	—	—	$0.80h$	—	—	$0.90h$

　解説表 2.3.6 は部材厚 150 mm の供試体を用いた曲げ試験において A, B, C 各点（**解説図 2.3.3**）のひび割れ深さを示した例である．SFRC 部材の曲げ試験における曲げ最大荷重時（C 点）は SF 混入量にかかわらず，ひび割れ深さが部材厚の 8 割程度に達したときである．すなわち，SFRC 部材は純曲げに対して圧縮断面高さが部材厚の 2 割となる状態が最も耐荷力がある状態となっている．

　一方，覆工体は主に軸圧縮力と曲げとを受ける構造体であることから，断面耐力の算定に用いる圧縮断面を極端に小さくすることは，急激な部材の曲げ圧縮破壊を考えると望ましくない．

　以上のことを勘案して，曲げ耐力を評価する荷重状態は，ひび割れ深さが部材厚の 7 割に達した A 点の状態とし，それと同等の曲げ耐力を有し，SFRC の変形性能を勘案した B 点の状態から，引張強度 f_{tf} を算定して限界状態 II における断面耐力を求めるとともに，B 点のひび割れ幅を変形に対する限界値として定めた．

　実際の曲げ試験では，SF の配向，長さおよび混入率などにより，必ずしも**解説図 2.3.3** に示されるような A 点, B 点, C 点の関係が得られないことがある．そこで引張強度の算出の基になる，具体的な B 点に相当する曲げ荷重の決定方法を後述する．

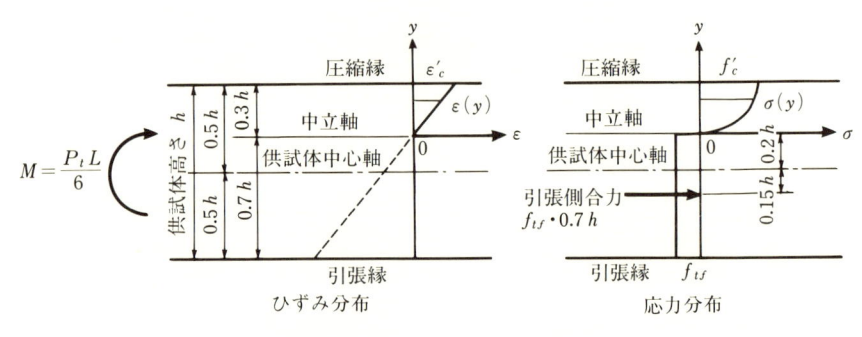

解説図 2.3.6 ひずみ分布と応力分布

b) 曲げ引張強度と M–N 性能曲線

限界状態 II における SFRC 部材の引張強度 f_{tf} は，**解説図 2.3.6** のひずみ分布および応力分布を仮定し，曲げ試験から得られる曲げモーメント $M = P_t L/6$ および軸圧縮力 $N = 0$ の釣合い式，式 (2.3.2) および式 (2.3.3) を連立させて求める．

$$M = \frac{P_t L}{6} = f_{tf} \cdot 0.7h \cdot 0.15h \cdot b + b\int_0^{0.3h} \sigma(y)(y + 0.2h)\,dy \tag{2.3.2}$$

$$N = f_{tf} \cdot 0.7h \cdot b - b\int_0^{0.3h} \sigma(y)\,dy = 0 \tag{2.3.3}$$

ここに，

$$\sigma(y) = k_1 \cdot f_c' \cdot \left(2 - \frac{\varepsilon(y)}{0.002}\right)$$

$$\varepsilon(y) = \frac{\varepsilon_c}{0.3h} \cdot y$$

であり，また P_t は曲げ引張強度算出用荷重 (**c**) 参照)，L は曲げ試験の供試体スパン長，b, h は供試体の幅と高さである．引張強度 f_{tf} の近似値は，コンクリートの圧縮側縁ひずみが 0.002 以下の範囲で，式 (2.3.4) により求めてよい（付属資料 2.2「曲げ試験結果から引張強度を求める近似式の誘導」参照）．

$$f_{tf} = 0.44\frac{P_t L}{bh^2} \tag{2.3.4}$$

なお，$150 \times 150 \times 530\,\text{mm}$ の供試体を用いた場合には，引張強度 f_{tf} を求める場合は，式 (2.3.5) となる．

$$f_{tf} \approx \frac{1}{17\,000}P_t \quad \text{N/mm}^2 \tag{2.3.5}$$

以上の考え方を基に，引張強度 f_{tf} の具体的な求め方を示せば以下のとおりである．

① $150 \times 150 \times 530\,\mathrm{mm}$ の供試体の曲げ試験より，**解説図 2.4.4** に示すような荷重と鉛直変位量の関係を求める．

② 式 (2.4.2) に示す鉛直変位量とひび割れ幅との関係から，$W_{\mathrm{II}} = 0.86\,\mathrm{mm}$ に対応する荷重 P を求める．c) を参照して荷重 P_t を求める．

③ c) を参照して，求めた荷重 P と計算から求めた P–W 曲線を用いて曲げ引張強度算出用荷重 P_t を求める．

④ 荷重 P_t を式 (2.3.4) に代入して f_{tf} を求める．

なお，覆工厚が 15 cm と異なる場合で，$150 \times 150 \times 530\,\mathrm{mm}$ の供試体の曲げ試験から引張強度を求める場合は，部材の寸法効果の影響を考慮して，**2.4.2「曲げ試験」**に示した補正を行う．

一方，曲げモーメントと軸圧縮力とを受ける覆工体の耐力評価（M–N 性能曲線）は，式 (2.3.2) および式 (2.3.6) に f'_c と f_{tf} の設計用値（f'_{cd}, f_{tfd}）を代入して算出する．その際，圧縮側の限界ひずみは **2.2.3「応力–ひずみ曲線」**に示した終局限界状態に対する限界ひずみ 0.0035 を用いる．

$$N = f_{tf} \cdot 0.7h \cdot b - b \int_0^{0.3h} \sigma(y)\,dy \qquad (2.3.6)$$

M–N 性能曲線の具体的な求め方は，付属資料 2.4 を参照されたい．なお，付属の計算ソフトを用いれば M–N 性能曲線が簡単に求められる．またこの限界状態 II に相当するドイツにおける考え方を付属資料 8 に示しておく．

c) 曲げ引張強度算出用荷重 P_t

次に，曲げ試験結果から曲げ引張強度を算出する際の基となる荷重 P_t を決定する方法を述べる．

限界状態 II を満足する覆工体に生ずる最大ひび割れ幅は，覆工体の厚さに応じて異なるが，供試体寸法が $150 \times 150 \times 530\,\mathrm{mm}$ の場合は，前述の考え方から限界ひび割れ幅 W_{II} は 0.86 mm である．

解説図 2.3.7 は試験による荷重–ひび割れ幅曲線（以降，P–W 曲線という）と設計で想定している P–W 曲線の概念と用語の説明を示したものである．計算に用いる P–W 曲線は引張強度算出用荷重 P_t から定まる引張強度 f_{tf} に基づいて計算によって求められる．なお，付属の計算ソフトを用いれば P–W 曲線が簡単に求められる．

解説図 **2.3.7** において，計算による P–W 曲線がひび割れ幅の増大とともに単純増加をしており，試験による P–W 曲線の傾向と異なるのは，解説図 **2.3.4** (b) の②で示されるように，引張強度 f_{tf} がひび割れ幅に無関係に，一定の値をとるものとしたためである．

現在までの試験結果から，設計で想定している P–W 曲線の引張強度算出用荷重 P_t と $P_{0.86\,\mathrm{mm}}$，$P_{0.25\,\mathrm{mm}}$ には式 (2.3.7) および式 (2.3.8) の直線関係がある（付属資料 2.3「引張強度算出用荷重 P_t と $P_{0.86\,\mathrm{mm}}$，$P_{0.25\,\mathrm{mm}}$ の関係」参照）．

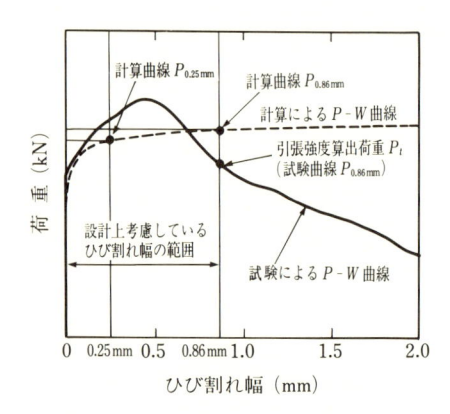

解説図 **2.3.7** 試験および計算から求まる P–W 曲線と用語の定義

解説表 **2.3.7** 検討する限界状態のケース

限界状態	限界状態 II		限界状態 I	
	II-A	II-B[注]	I-A	I-B
検討ケース	ひび割れ幅の制限を遵守して耐力の検討を行う場合	耐力の検討を行うが，ひび割れ幅の制限を緩和する場合	耐久性の検討のみを行う場合	耐久性と耐力の検討を行う場合

注：近年，SFRC のコンクリート強度が増加しているとともに，SF 長が長くなってきていることから，曲げ試験において P–W 曲線のピーク荷重を生ずるひび割れ幅が 0.86 mm を超えるケースが多くなってきている．

$$P_{0.86\,\mathrm{mm}} = 1.5 + 1.12 P_t \quad (2.3.7)$$

$$P_{0.25\,\mathrm{mm}} = 1.9 + 1.04 P_t \quad (2.3.8)$$

ただし，P_t は $20\,\mathrm{kN} \leqq P_t \leqq 80\,\mathrm{kN}$ である．

曲げ試験による P–W 曲線において採用する引張強度算出用荷重 P_t は，それから計算される P–W 曲線における $P_{0.86\,\mathrm{mm}}$ ないし $P_{0.25\,\mathrm{mm}}$ の曲げ荷重を確保することを基本として，安全性を照査することとした．

解説表 **2.3.7** は限界状態に対応するケースを示したものであり，まず，この中から，行おうとする検討ケースを選択する．

次に，各々の検討する限界状態のケースに応じた引張強度算出用荷重の求め方を示す（150 × 150 × 530 mm 供試体の曲げ試験の場合）．

1) II-A のケース

手順①：試験による P–W 曲線でひび割れ幅 $0.86\,\mathrm{mm}$ のときの曲げ荷重を求める．

手順②：この曲げ荷重を P_t とした場合に式 (2.3.7) により求まる $P_{0.86\,\mathrm{mm}}$ の値以上の曲げ荷重が，ひび割れ幅 $0.86\,\mathrm{mm}$ 以内に出現すれば手順①で求めた曲げ荷重を引張強度算出用荷重 P_t とする．

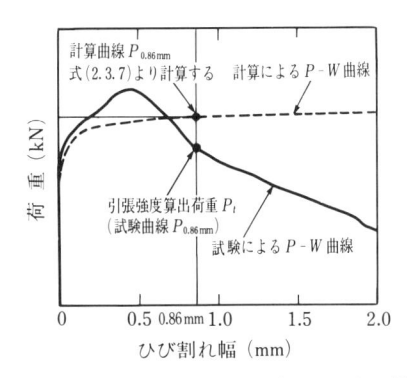

解説図 2.3.8　ケース II-A の検討手順②の例

手順③：式 (2.3.7) により求まる $P_{0.86\,\mathrm{mm}}$ の値以上の曲げ荷重が，ひび割れ幅 $0.86\,\mathrm{mm}$ 以内に出現しないときは，ひび割れ幅 $0.86\,\mathrm{mm}$ 以内の最大曲げ荷重を式 (2.3.7) の $P_{0.86\,\mathrm{mm}}$ として，式 (2.3.7) から逆算して求まる P_t を引張強度算出用荷重とする．

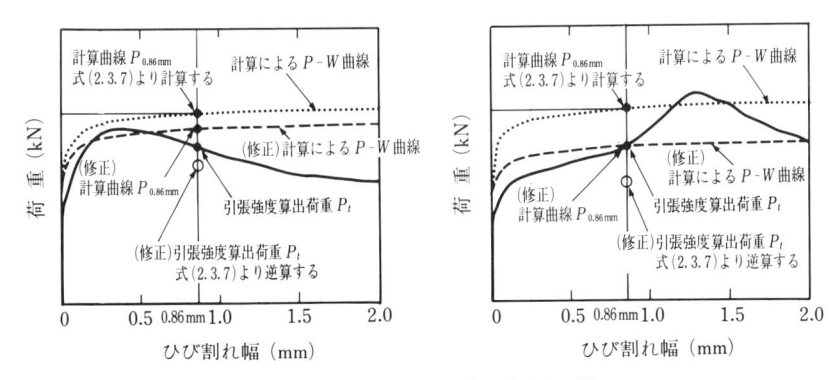

解説図 2.3.9　ケース II-A の検討手順③の例

2) II-B のケース

手順①：試験による $P\text{–}W$ 曲線でひび割れ幅 $0.86\,\text{mm}$ のときの曲げ荷重を求める．
手順②：この曲げ荷重を P_t とした場合に式 (2.3.7) により求まる $P_{0.86\,\text{mm}}$ の値以上の曲げ荷重が，ひび割れ幅 $0.86\,\text{mm}$ 以内，以上にかかわらず出現すれば手順①で求めた曲げ荷重を引張強度算出用荷重 P_t とする．

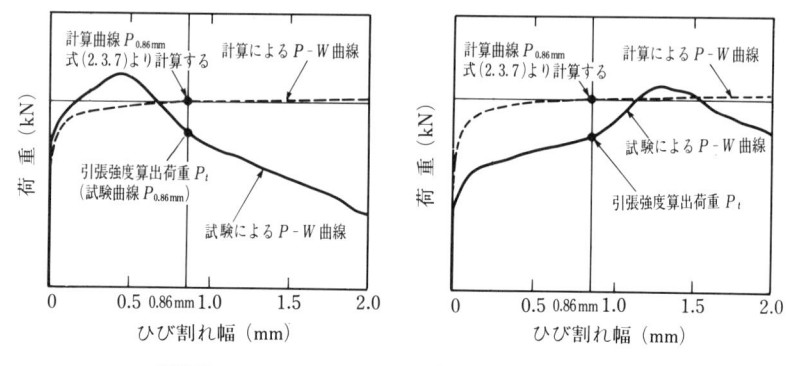

解説図 2.3.10 ケース II-B の検討手順②の例

手順③：式 (2.3.7) により求まる $P_{0.86\,\text{mm}}$ の値以上の曲げ荷重が出現しないときは，ピーク時の曲げ荷重を式 (2.3.7) の $P_{0.86\,\text{mm}}$ として，式 (2.3.7) から逆算して求まる P_t を引張強度算出用荷重とする．

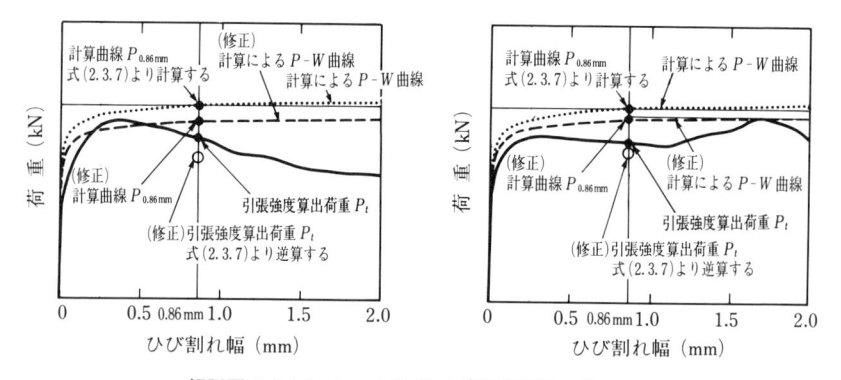

解説図 2.3.11 ケース II-B の検討手順③の例

3) I-A のケース

手順①：試験による P–W 曲線でひび割れ幅 $0.86\,\text{mm}$ のときの曲げ荷重を求める．

手順②：この曲げ荷重を P_t とした場合に式 (2.3.8) により求まる $P_{0.25\,\text{mm}}$ の値以上の曲げ荷重が，ひび割れ幅 $0.25\,\text{mm}$ 以内に出現すれば手順①で求めた曲げ荷重を引張強度算出用荷重 P_t とする．

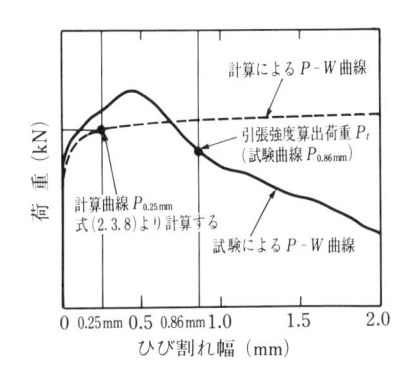

解説図 2.3.12 ケース I-A の検討手順②の例

手順③：式 (2.3.8) により求まる $P_{0.25\,\text{mm}}$ の値以上の曲げ荷重が，ひび割れ幅 $0.25\,\text{mm}$ 以内に出現しないときは，ひび割れ幅 $0.25\,\text{mm}$ 以内の最大曲げ荷重を式 (2.3.8) の $P_{0.25\,\text{mm}}$ として，式 (2.3.8) から逆算して求まる P_t を引張強度算出用荷重 P_t とする．

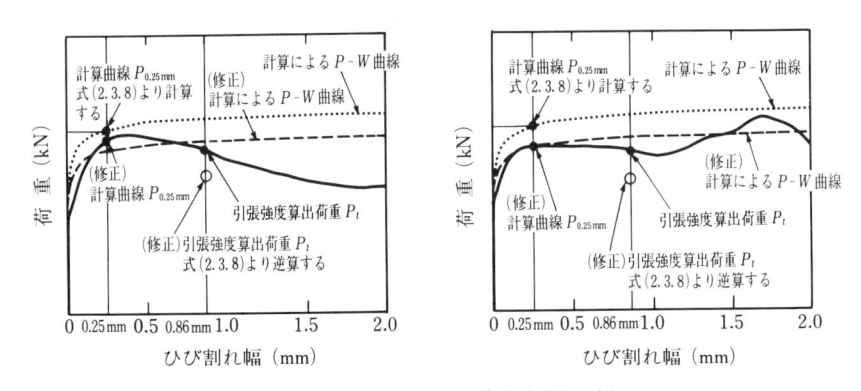

解説図 2.3.13 ケース I-A の検討手順③の例

4) I-B のケース

上記の I-A のケースに次の手順を加える．

手順④：手順①で求めた曲げ荷重を P_t とした場合に式 (2.3.7) により求まる $P_{0.86\,\mathrm{mm}}$ の値以上の曲げ荷重が，ひび割れ幅 0.86 mm 以内に出現すれば手順①で求めた曲げ荷重を引張強度算出用荷重 P_t' とする．

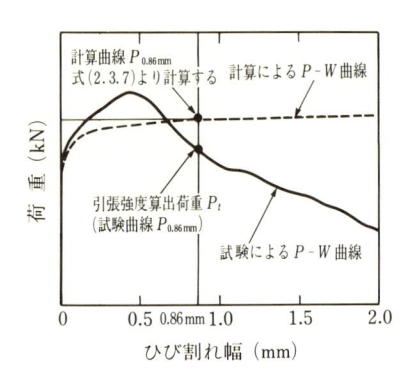

解説図 2.3.14 ケース I-B の検討手順④の例

手順⑤：式 (2.3.7) により求まる $P_{0.86\,\mathrm{mm}}$ の値以上の曲げ荷重が，ひび割れ幅 0.86 mm 以内に出現しないときは，ひび割れ幅 0.86 mm 以内の最大曲げ荷重を式 (2.3.7) の $P_{0.86\,\mathrm{mm}}$ として，式 (2.3.7) から逆算して求まる P_t を引張強度算出用荷重 P_t' とする．

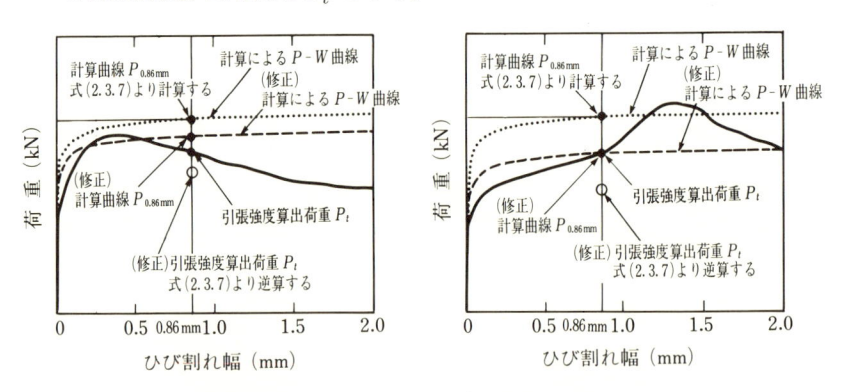

解説図 2.3.15 ケース I-B の検討手順⑤の例

手順⑥：手順③で求めた P_t と手順④または手順⑤で求めた P_t' を比べ，小さい方を引張強度算出用荷重 P_t とする．

2.3.5 限界状態 III

(1) 限界状態 III は，限界ひび割れ幅 W_{III} あるいは曲げ試験による限界状態 II 以降の曲げ荷重とひび割れ幅（または鉛直方向変位量）との関係で照査する．

(2) 一次覆工において，限界ひび割れ幅 W_{III} で照査する場合は，施工中の鋼繊維補強コンクリート部材の破断や，それに伴うはく落に対する安全性およびトンネル支保としての機能を保持できる限界を考慮して，限界ひび割れ幅を定めるものとする．

(3) 一次覆工および二次覆工で，限界状態 II 以降の曲げ荷重とひび割れ幅（または鉛直方向変位量）との関係で照査する場合は，部材に要求される曲げじん性係数あるいはそれにより示される基準線を用いて定めるものとする．

【解説】

(1) について　限界状態 III は，SFRC のひび割れ発生後の変形特性に着目するものであり，曲げに対する耐力は大きく期待していない（**解説図 2.3.16**）．

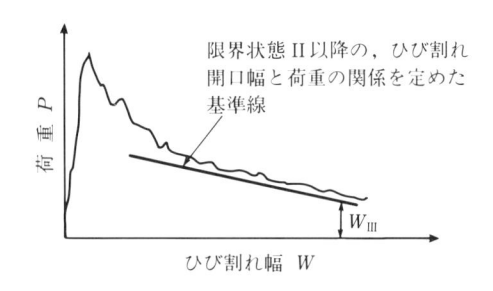

解説図 2.3.16　限界状態 III の概念図（荷重-ひび割れ幅の関係）

吹付けコンクリートによる支保工などでは，ひび割れを許容しないことが設計上望ましいが，大変形を起こす地山では変形に伴い，吹付けコンクリートにひび割れが発生する場合がある．この場合，コンクリートにはく落を生じさせない範囲で，ひび割れの発生をある程度許さざるを得ないのが実状である．また，中硬岩の亀裂性地山で鋼製支保工を用いない場合では，岩塊の挙動により節理面に沿ったひび割れが発生し，吹付けコンクリートが脆性破壊を起こすことも考えられる．このような場合に，吹付け SFRC を用いれば地山の変形に対する追随性は相当に改善され，脆性破壊を抑制し，かなり大きなひび割れが生じてもはく落や岩塊の

抜け落ちを抑制できるものと考えられる．したがって，じん性が要求される部材では，このSFRCの特性を十分に発揮できるよう，その変形性能に着目して照査することとした．

(2)について　これまでの曲げ試験結果の実績から供試体厚さ150 mm，SF長25 mmの場合の曲げ試験によると，ひび割れ幅が10 mmを越えても部材は破断しないことが確認されている．そのため，一次覆工の150 mmの部材厚における限界ひび割れ幅 W_{III} は10 mm程度と推定できる．部材厚150 mmの場合のひび割れ幅10 mmに対応する部材回転角を限界状態IIIにおける限界部材回転角 ϕ_{III} とすれば，部材厚が異なる場合においても限界部材回転角 ϕ_{III} に部材厚を乗じることにより限界ひび割れ幅の目安を計算できるものと考えられる．

一方，この限界ひび割れ幅 W_{III} は，適切な材料係数で除することによって一次覆工の安定性の目安値として用いることもできる．断面の最終的な破断に対しては，SFの形状寸法や覆工の自重の影響が大きいと考えられる．したがって，150 mmを越える部材厚に対して限界ひび割れ幅を定める場合にはこれらのことを十分に考慮する必要がある．

また，変形に追随する性能が向上することにより無筋コンクリートに比較して設計巻き厚を低減することも考えられる．その場合には地山条件，荷重条件，部材に作用する軸力等を十分に考慮して検討する必要がある．

発生したひび割れが限界ひび割れ幅 W_{III} に到達した時点では，ひび割れ幅は背面まで達しているものと考えられる．一断面中に多数のひび割れを許容することは軸力の伝達が不連続になり部分的に応力集中をきたし，覆工体が支保部材としての機能を喪失する恐れもあるため，トンネルの安定上好ましくない．限界ひび割れ幅 W_{III} は，このようなことも考慮して適切に定めることが重要である．

(3)について　一次覆工や二次覆工にSFRCを使用した場合，曲げタフネスが向上するため脆性破壊を抑制できる．比較的良好な岩盤に吹付けSFRCをロックボルトの縫付け効果とともに適用した場合，小規模の岩塊の落下荷重に対して曲げやせん断により抵抗し突発的な岩塊の抜け落ちを防ぐことが可能であり，鋼製支保工の削減が期待できる．

また，一般の山岳トンネルでは，二次覆工は主に無筋コンクリート構造であるため，コンクリートの材料的な性質から乾燥収縮等によるひび割れが発生する場合がある．このひび割れが微細なひび割れであれば，覆工がアーチ構造であることなどから，そのひび割れの存在が覆工の耐荷力に影響するとは考え難いが，一方で長期的にはひび割れの進展に伴うコンクリートの部分的なはく落へ結びつくことも考えられる．このため，ひび割れの抑制やひび割れが進展した場合のはく

落に対する方策として，SFRC が用いられる場合がある．

　限界状態 II 以降の曲げ荷重とひび割れ幅（または鉛直変位量）の関係は，適用する一次覆工や二次覆工に要求する性能によりその曲げじん性係数を定め，適用する SFRC の性能を室内での曲げ試験により確認する必要がある．これら性能の設計仕様や品質管理を行う手法として，曲げ試験から得られる曲げ荷重とひび割れ幅（または鉛直変位量）との関係の基準線を定める方法もある．

　第二東名・名神の大断面トンネルの吹付け SFRC では，地山条件が良く，鋼製支保工を用いずに吹付け SFRC とロックボルトで支保を構築できる場合に，抜け落ちが想定される規模の岩塊の模擬載荷試験から支保に適用される吹付け SFRC の荷重-ひび割れ（たわみ）基準線を定め，曲げ試験からその仕様を満足する吹付け SFRC を適用するように定めている[1]．

　また，山岳トンネルの覆工コンクリートのはく落対策として，はく落規模を想定して，ひび割れ発生後三次元的に閉合しても，ある限界ひび割れ幅までは，コンクリートに混入された繊維がはく落塊を保持する理論的な基準線を定めている例もある[2]．

　限界状態 III は，いずれも SFRC の持つひび割れ発生後の変形特性に着目したものであり，個々の構造物の使用条件や使用状態において，その構造物のもつ機能が喪失しないように定められたものである．そのため，限界ひび割れ幅に達するまでに何らかの処置を必要とすることを前提としていることを忘れてはならない．

第4章 材料の試験

2.4.1 圧縮試験

圧縮試験は，鋼繊維補強コンクリートの設計圧縮強度を定める目的で，土木学会規準『鋼繊維補強コンクリートの圧縮強度および圧縮タフネス試験方法 (JSCE-G551-1999)』に準拠した方法により行うことを原則とする．

【解説】
SFRCの実績は現在までのところ十分に多いとはいえず，また最近のSFRCの品質の向上はめざましく，過去の経験がそのまま適用しにくいことなどを合せ考えると，材料強度の特性値はできる限り試験を基に定めることが望ましい．

2.4.2 曲げ試験

曲げ試験は，鋼繊維補強コンクリートの設計曲げ強度および限界変形量を定める目的で，土木学会規準『鋼繊維補強コンクリートの曲げ強度および曲げタフネス試験方法 (JSCE-G552-1999)』に準拠した方法により行うことを原則とする．

【解説】
曲げ試験は，曲げ強度，曲げタフネスに加え，限界状態 II の設計における引張強度を決定するために必要となる，限界状態における変形（発生するひび割れ幅）と荷重との関係を正確に測定しなければならない．そのため，曲げ試験は**解説図 2.4.1** に示すような2点載荷で行い，はり部材の中央点および載荷点の鉛直方向変位量を測定する．これに加えて変位計およびひずみゲージを用いてひび割れ幅および純曲げ区間の圧縮縁ひずみを測定しておくことが望ましい．

曲げ試験に用いる供試体の形状寸法は，本マニュアルでは $150 \times 150 \times 530$ mm を基本としているが，覆工厚が 150 mm を超える場合には実際の覆工厚と同じ寸法の供試体を用いて試験を行うことが望ましい．なお，やむを得ず覆工厚が 150 mm

解説表 2.4.1　試験修正係数

設計覆工厚さ h (m)	0.15 以下	0.30	0.35	0.40
k_{tf}	1.00	0.79	0.75	0.72

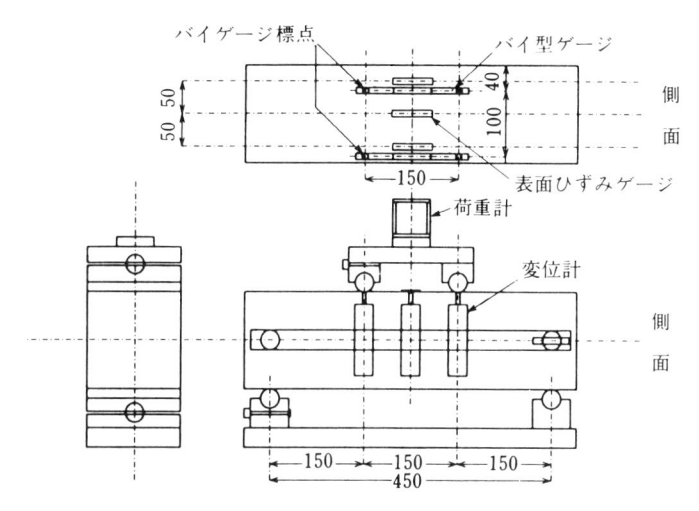

解説図 2.4.1 曲げ試験の概要

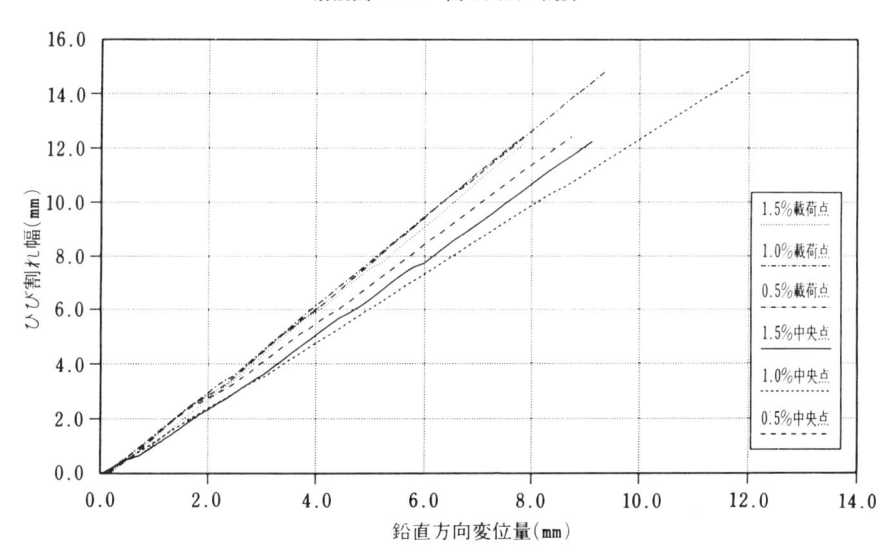

解説図 2.4.2 鉛直方向変位量とひび割れ幅の関係（SF 長さ 25 mm）

を越える際に 150 × 150 × 530 mm の供試体を用いる場合には，得られた引張強度に対して，式 (2.4.1) により算定される試験修正係数[3]を乗じることにより評価する．

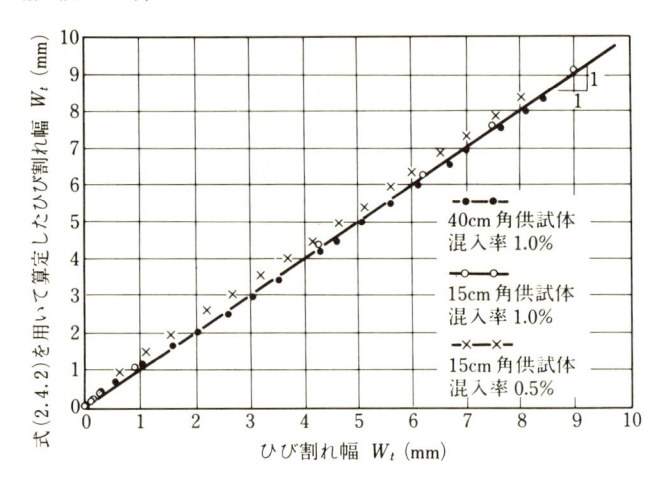

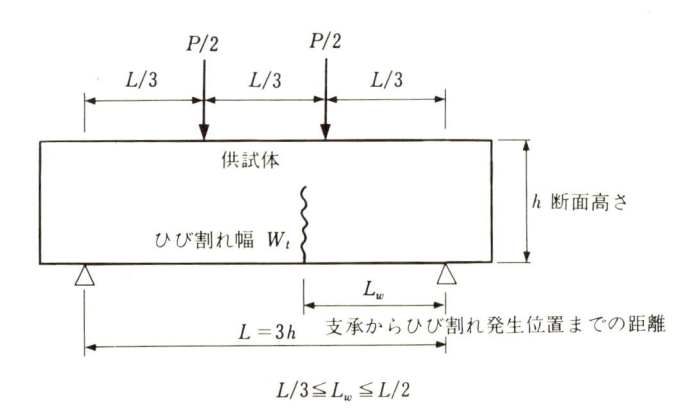

解説図 2.4.3 ひび割れ幅と鉛直方向変位量の関係

$$k_{tf} = \frac{0.53}{h^{1/3}} \qquad (2.4.1)$$

ここに，h は設計覆工厚さ (m) である．

以下に発生ひび割れ幅の簡易的な推定方法と載荷方法などについて述べる．

a) 発生ひび割れ幅の簡易な推定方法

発生ひび割れ幅は，パイゲージやひずみゲージなどを用い測定することが望ましいが，水平方向や鉛直方向の変位計から簡易的に推定することも可能である．

ひび割れ幅の測定はひび割れ幅と載荷点間の水平方向変位量とがほぼ一致することから，載荷点間を標点とした水平方向変位量を測定することで確認できる．

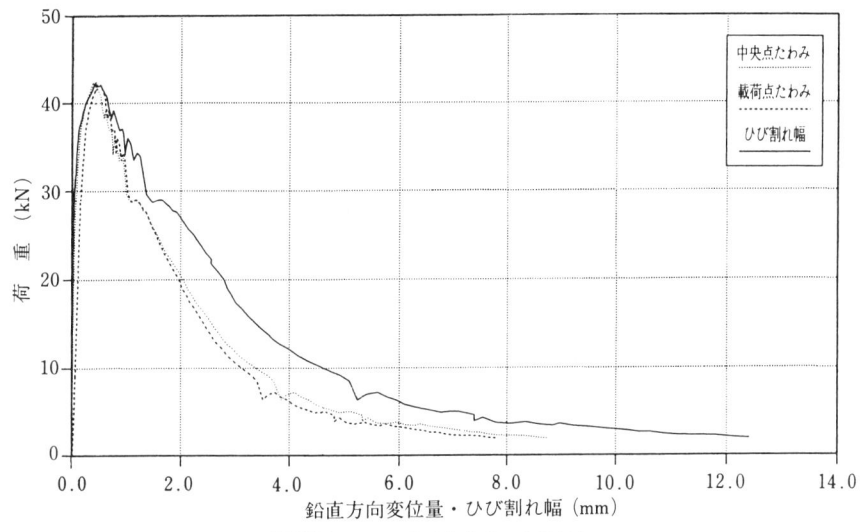

解説図 2.4.4 曲げ載荷時の変位制御

また，**解説図 2.4.2** に示すように載荷点における鉛直方向変位量とひび割れ幅とは強い相関が確認されている．これは，SFRC の弾性変形量がひび割れによる変形量と比較して非常に小さいことを意味している．したがって，鉛直方向変位量を測定することにより式 (2.4.2) からひび割れ幅を推定できる（**解説図 2.4.3** 参照）．

$$W_t = \frac{2h}{L_w} \cdot \delta \qquad (2.4.2)$$

ここに，W_t は載荷点間におけるひび割れ幅，δ は載荷点における鉛直方向変位量，h は断面高さ，L_w はひび割れに近い方の支承からひび割れ発生位置までの距離である．

b) 載荷方法

SFRC の大きな特長は，無筋コンクリートと異なりひび割れが生じて断面力が最大値に達した後，断面耐力が急激に減少せず，断面力が漸減しながら大きな変形量に至ることである．したがって，曲げ試験の載荷は，ひび割れ発生後の破壊進展に追従した供試体の挙動を明確に把握するために，**解説図 2.4.4** に示すような載荷速度 (0.15～0.30 mm/min) を考慮した変位制御により行い，ひび割れ幅が 10 mm 以上になるまで実施することが望ましい．ただし，限界状態 III における限界ひび割れ幅のみを測定する場合は，荷重制御によることができる．

2.4.3 その他の試験
その他の試験を行う場合は，土木学会規準に定められた方法および日本工業規格などに定められた方法に準拠するものとする．

【解説】
その他の試験として「せん断強度試験 (JSCE-G553-1999)」,「鋼繊維混入率試験 (JSCE-F554-1999, JSCE-F555-1999)」,「凍結融解試験 (JIS A 1148-2001)」,「すりへり抵抗試験」などがある．

なお，SFRC に関する主な試験方法を付属資料3に示す．

［参考文献］
1) トンネル施工管理要領（第二東名・名神高速道路編）平成13年1月 日本道路公団
2) トンネル施工管理要領（繊維補強覆工コンクリート編）平成14年9月 日本道路公団
3) 併進工法設計施工法（都市トンネル編）平成4年8月 日本鉄道建設公団

第 3 編

打込みコンクリート

第1章 適用範囲	
第2章 設 計	
第3章 配 合	

3.1.1	適用範囲	58
3.2.1	設　計	60
3.3.1	基　本	61
3.3.2	配合強度	66
3.3.3	鋼繊維混入率	67
3.3.4	水セメント比	69
3.3.5	単位水量	71
3.3.6	粗骨材の最大寸法	72
3.3.7	細骨材率	73
3.3.8	コンシステンシー	74
3.3.9	現場配合	75
3.3.10	配合の表し方	77

第4章 施　工

3.4.1	施工一般	78
3.4.2	製造設備	79
3.4.3	計量および練混ぜ	80
3.4.4	運　搬	82
3.4.5	打込み	83
3.4.6	品質管理および検査	84

第5章 補強・補修

3.5.1	基　本	86
3.5.2	設計・施工	87

第1章 適用範囲

> **3.1.1 適用範囲**
> 打込み鋼繊維補強コンクリートを使用して，トンネルの新設，補強・補修を行う場合の設計，施工上の一般的な標準について示すものである．

【解説】

SFRCは，普通コンクリートに比べ，練混ぜ，運搬，打設時における材料分離や，施工性の低下が生じやすいため，使用に際してはコンクリートの配合，製造設備および施工方法等の十分な検討が必要である．

トンネル工事に使用される打込みコンクリートの主な対象は，
① 二次覆工コンクリート（インバートコンクリートを含む）
② ECL工法における直打ちコンクリート
③ 既設トンネルの補強・補修コンクリート（モルタルを含む）
④ 仮巻きコンクリート（変状抑制等）
⑤ 舗装用コンクリート

である．これら打込みコンクリートのいずれに対してもSFRCは適用対象となるが，本編においては舗装コンクリートを除く①～④を対象とする．

SFRCは，無筋コンクリートに比較して
① 曲げ強度，引張強度，およびせん断強度などの強度特性が改善される
② 最大強度以降の残留強度が高い
③ 変形能力が大きい
④ タフネスが大きく，ひび割れ発生後も引張力を伝達できる

等の特長を有しており，
a) RC覆工の代替として使用する場合
b) 補強工（強度・剛性）として使用する場合
c) 覆工コンクリートにタフネスを期待する場合
d) 覆工コンクリートの耐久性の向上を期待する場合
e) 既設トンネルの補強・補修において内空断面をできるだけ大きく確保したい場合

などにSFRCは有効である．また，トンネルの二次覆工材料として，無筋コンクリートが多く用いられるが，SFRCを使用し，コンクリートの強度特性を改善す

ることにより，使用箇所によっては巻厚を低減した施工事例もある．

参考に，最近の施工実績（**解説表 3.3.1**）における SFRC の二次覆工コンクリートへの使用目的について整理したものを**解説図 3.1.1** に示す．

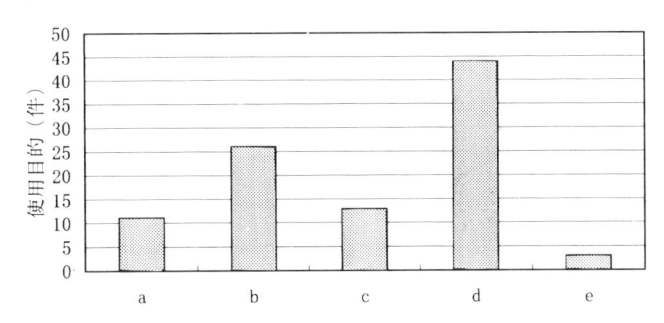

a) RC 構造の代替（施工性改善）
b) 補強工として使用（強度・剛性）
c) 膨張性地山対策等（タフネス向上）
d) 耐久性向上
e) 補修・補強（内空断面確保）

* b) の補強工としての使用例については，使用目的を「巻厚不足」として計上されているものも含めた．施工途中における巻厚不足については種々の原因が考えられ，対応策についても縫い返し等を含め，現地の地山状況，変状状況を考慮して適切に対応することが要求される．このようなケースでは，SFRC により設計巻厚に相当する覆工体としての部材強度が確保されていることが条件である．

* c) の二次覆工コンクリートに変形能力の向上を期待する場合については，膨張性地山における場合のように変位がほぼ収束段階にあるが，なお将来にわたって塑性変形が懸念されるにもかかわらず，全体工期に制約がある等，やむなく二次覆工コンクリートを施工しているような場合がある．この場合には，長期的な荷重を想定して構造部材として設計しているのが通例であり，通常の二次覆工とは要求性能を異にしている．巻末に施工例を示している．

* d) の「耐久性向上」の件数が多いのは，無筋コンクリートである覆工コンクリートのはく落事故等の発生により，コンクリートのひび割れやはく落抵抗性を向上させることにより，覆工コンクリートの長期耐久性を考慮して設計に取り入れた事例が多いためである．

解説図 3.1.1 SFRC の使用目的

第 2 章 設　　計

> **3.2.1 設　　計**
> (1) 設計の適用は，限界状態 I および II を基本とする．
> (2) 限界状態 III に対する適用は，責任技術者の判断に基づいて行うものとする．

【解説】

<u>**(1) について**</u>　　打込みに SFRC を適用する場合，対象とする限界状態は，**2.3.2**「覆工体の構造種別と限界状態の選定」に述べたように，限界状態 I, II および III であるが，本マニュアルでは打込み SFRC の設計上の適用は，限界状態 I および II を基本とした．

限界状態 I の適用は，トンネルの二次覆工を主として想定している．

限界状態 II の適用は，ECL 工法による一次覆工がその代表的なものと考えた．

なお，設計の具体的な方法は，**2.3.3**「限界状態 I」および **2.3.4**「限界状態 II」を参照されたい．

<u>**(2) について**</u>　　打込み SFRC の限界状態 III の適用は，一次覆工における非構造部材の場合，非構造部材であるが SFRC の持つ変形特性に基づき二次覆工に耐久性を期待する場合があげられる．これらの場合の使用方法は，あらかじめタフネスカーブを性能指定して曲げ供試体強度により照査する方法によっている．限界状態 III を想定して覆工体に打込み SFRC を適用する場合は，対象とする構造物の機能等を十分に考慮して，責任技術者の判断に基づいて行うものとした．

第3章 配　　合

> **3.3.1 基　　本**
> (1) 鋼繊維補強コンクリートの配合は，所要の強度，タフネス，耐久性，水密性および作業に適するワーカビリティーをもつ範囲内で，単位水量をできるだけ少なくするようにこれを定めなければならない．
> (2) 鋼繊維補強コンクリートの配合は，練混ぜ，運搬，打込み，締固め等の施工性を考慮してこれを定めなければならない．

【解説】

(1), (2)について　　SFRCの配合も，普通コンクリートと同様に所要の性能をもつ範囲内で単位水量をできるだけ少なくすることがきわめて大切である．SFRCでは圧縮強度だけではその性能を規定することができないので，曲げ強度およびタフネスも考慮して配合を定める．

作業に適するワーカビリティーとは，SFRCの練混ぜ，運搬，打込み，締固めが容易で，かつ作業中に材料の分離を生じることなく，所要の流動性を保持できることである．

練混ぜ後のSFRCの性状は，SFの形状寸法はもちろんのこと，ミキサ，分散投入機の性能の影響も受ける．またSFRCの要求性能は，運搬，打込み，締固め方法等により異なってくる．したがって，SFRCの配合決定にあたっては，力学的な条件と施工面からの条件を満足させなければならない．

また最近では，覆工コンクリートの品質，耐久性の向上を目的としてシリカフュームや高炉スラグ，石灰石微粉末等を混和材料として用いた施工例も見られる．このような場合にSFを混入するときは，普通コンクリートの粘性抵抗が従来のそれより大きくなる傾向があるため，SFRCの配合，製造設備および施工方法等を十分に考慮して適切なコンシステンシーについて検討することが大切である．

最近の施工による打込みSFRCの配合実績と強度特性値の例を**解説表3.3.1**に示す．

解説表 3.3.1 (a)　最近の施工に

No.	施工期間 初	施工期間 終	SFの使用目的	打設方法	セメント種類	鋼繊維混入率 (%)	水セメント比 W/C (%)	細骨材率 S/a (%)	鋼繊維の形状・寸法 換算直径 (mm)	長さ (mm)	アスペクト比
1	90	91	補強工として使用（強度・剛性）	打込み	普通	0.75	47.5	48.5	0.8	60	75
2	91	91	補強工として使用（強度・剛性）	打込み	普通	1.00	49.0	61.1	0.8	60	75
3	92	96	膨張性地山対策等（タフネス向上）	打込み	普通	1.00	45	60	0.7	50	71
4	93	93	RC構造の代替（施工性改善）	打込み	普通	1.00	55.0	62.0	0.7	50	71
5	93	93	RC構造の代替（施工性改善）	打込み	BB	0.50	54.3	50.0	0.7	50	71
6	93	94	補強工として使用（強度・剛性）	打込み	普通	0.60	62.6	49.8	0.8	60	75
7	93	93	補強工として使用（強度・剛性）	打込み	普通	0.50	55.0	48.0	0.8	60	75
8	94	94	膨張性地山対策等（タフネス向上）	打込み	BB	0.75	46.5	55.0	0.7	50	71
9	94	94	膨張性地山対策等（タフネス向上）	打込み	BB	0.50	55	47.3	0.6	30	50
10	94	94	補強工として使用（強度・剛性）	打込み	高B	0.50	59.0	46.8	0.8	60	75
11	94	94	補強工として使用（強度・剛性）	打込み	高B	0.50	57.8	48.4	0.8	60	75
12	95	96	膨張性地山対策等（タフネス向上）	打込み	普通	0.75	55.0	55.7	0.7	45	64
13	95	95	膨張性地山対策等（タフネス向上）	打込み	BB	1.00	55.0	50.8	0.6	30	50
14	95	95	膨張性地山対策等（タフネス向上）	打込み	BB	0.75	46.5	51.2	0.7	50	71
15	95	95	RC構造の代替（施工性改善）	打込み	BB	0.75	47.0	49.0	0.7	50	71
16	95	96	補強工として使用（強度・剛性）	打込み	BB	0.75	50	52.4	0.7	50	71
17	95	95	耐久性向上	打込み	BB	0.50	52	55.5	0.7	50	71
18	95	95	RC構造の代替（施工性改善）	打込み	高B	0.50	52.0	55.5	0.8	60	75
19	95	95	補強工として使用（強度・剛性）	打込み	高B	0.75	47.0	49.5	0.8	60	75
20	95	95	補強工として使用（強度・剛性）	打込み	高B	1.00	57.0	53.9	0.8	60	75
21	95	95	補強工として使用（強度・剛性）	打込み	高B	0.50	55.0	50.8	0.6	30	50
22	95	95	RC構造の代替（施工性改善）	打込み	普通	0.50	55.0	52.4	0.8	60	75
23	95	95	膨張性地山対策等（タフネス向上）	打込み	高B	0.75	46.5	48.6	0.8	60	75
24	95	95	補強工として使用（強度・剛性）	打込み	普通	1.00	45.0	60.0	0.8	30/60	38/75
25	95	95	補強工として使用（強度・剛性）	打込み	普通	0.50	53.5	49.8	0.8	60	75
26	95	95	補強工として使用（強度・剛性）	打込み	普通	0.50	52.0	49.0	0.8	60	75
27	96	97	補修・補強，内空断面確保	打込み	普通	1.00	54	56.8	0.6	30	50
28	96	00	耐久性向上	打込み	早強	1.00	38	68	0.6	25	42
29	96	97	膨張性地山対策等（タフネス向上）	打込み	普通	0.50	53	53	0.6	30	50
30	96	96	膨張性地山対策等（タフネス向上）	打込み	高B	0.75	50.0	52.6	0.8	60	75
31	96	96	補修・補強，内空断面確保	打込み	普通	0.50	52.0	56.1	0.8	60	75
32	96	96	補強工として使用（強度・剛性）	打込み	普通	1.00	55.0	52.9	0.8	30	38
33	96	96	補強工として使用（強度・剛性）	打込み	高B	0.75	50.7	56.2	0.8	60	75
34	97	97	RC構造の代替（施工性改善）	打込み	普通	0.625	50	50.4	0.7	50	71
35	97	97	補強工として使用（強度・剛性）	打込み	BB	0.660	55	53.2	0.7	50	71
36	98	98	補強工として使用（強度・剛性）	打込み	普通	1.00	55	49.3	0.6	30	50
37	98	98	補強工として使用（強度・剛性）	打込み	高B	0.75	50.2	53.3	0.8	60	75
38	98	98	膨張性地山対策等（タフネス向上）	打込み	高B	0.75	50.2	52.2	0.8	60	75
39	98	98	補強工として使用（強度・剛性）	打込み	高B	0.75	51.9	54.2	0.8	60	75
40	98	98	膨張性地山対策等（タフネス向上）	打込み	高B	0.75	51.9	54.1	0.8	60	75
41	98	98	補強工として使用（強度・剛性）	打込み	高B	0.60	49.0	49.9	0.8	60	75
42	99	99	RC構造の代替（施工性改善）	打込み	普通	0.56	55	50.1	0.7	50	71
43	99	99	RC構造の代替（施工性改善）	打込み	BB	0.625	52.5	51.2	0.7	50	71
44	99	00	RC構造の代替（施工性改善）	打込み	BB	0.68	42.1	51.6	0.7	50	71
45	99	00	補強工として使用（強度・剛性）	打込み	BB	0.50	49.8	46.9	0.7	50	71
46	99	99	補強工として使用（強度・剛性）	打込み	BB	0.75	49.5	51.7	0.7	50	71
47	99	99	RC構造の代替（施工性改善）	打込み	BB	0.57	55	50.1	0.7	50	71
48	99	99	補強工として使用（強度・剛性）	打込み	普通	0.75	54	52.8	0.6	30	50
49	99	00	耐久性向上	打込み	BB	0.50	54.9	54	0.7	50	71
50	99	～	膨張性地山対策等（タフネス向上）	打込み	普通	1.00	39.9	56.0	0.8	30/60	38/75

第 3 章 配　　合　　**63**

おける配合例（打込み SFRC）

粗骨材最大寸法 (mm)	スランプ (cm)	空気量 (%)	鋼繊維 SF	水 W	セメント C	細骨材 S	粗骨材 G	混和材 AE減水	混和材 高性能	混和材 急結材	圧縮強度 28d	圧縮強度 7d	圧縮強度 3d	圧縮強度 1d	曲げ強度 28d	曲げ強度 7d	設計方法	場所
20	12	4.5	60	174	366	844	906	0.92	/	/	37.5				8.1		許容	長野
20	18	4.5	80	209	427	978	636	1.06	/	/	31.9				7.5		限界	岩手
40	15	4.0	80	220	489	898	622	1.83	/	/	37	28.8			6.83		限界	熊本
25	15	4.5	80	219	398	971	606	/	/	3.91	28.8				5.93		限界	群馬
25	15	4.5	40	190	350	850	860	0.88	/	/	29.9	19.9			4.37		許容	佐賀
40	15	4.5	50	187	299	961	884	0.75	/	/	30				4.8		不明	長野
25	15	4.5	40	186	338	809	910	0.85	/	/	31.5	19.4			8.3		許容	佐賀
25	15	4.5	60	202	435	865	720	0.87	/	/	40.1	23.2			6.61	5	許容	京都
20	12	4.5	40	187	340	779	840	0.85	/	/		23.3	11.6			5.02	限界	大阪
40	12	4.5	40	186	315	798	930	0.79	/	/	38.7	19.6			5.53	3.17	許容	京都
40	15	4.5	40	194	336	856	884	0.84	/	/		56.1		25.9		8.9	不明	岡山
25	15	4.5	60	202	367	914	751	/	4.04	/	37				6.84		許容	岩手
20	15	4.5	80	214	389	796	785	0.97	/	/	33.6	23.3			4.63		限界	岩手
20	15	4.5	60	211	454	783	758	1.14	/	/	29.2	16.9			4.91	3.44	許容	高知
25	15	4.5	60	201	428	772	816	1.07	/	/	43.3				7.92		許容	大阪
20	15	4.5	60	215	430	794	753	1.08	/	/	32.1				7.32		許容	愛媛
20	15	4.5	40	185	356	934	762	/	5.34	/							許容	徳島
20	15	4.5	40	185	356	934	762	0.89	/	/					7.33	6.17	許容	富山
25	15	4.5	40	204	439	769	803	1.1	/	/	37.2				7.55		許容	岐阜
20	12	4.5	80	196	344	895	805	0.69	/	/							許容	京都
20	15	4.5	80	214	389	796	785	0.97	/	/	34.8	19.3			8.27		限界	鹿児島
25	15	4.5	40	160	291	960	888	/	3.49	/	40.6				6.51		限界	鹿児島
20	12	4.5	60	196	421	793	845	1.05	/	/	42.2				6.67		許容	徳島
25	15	4.5	20/60	220	489	898	622	1.22	/	/	35.7	20.5			5.63	5.53	限界	京都
25	15	4.5	40	190	356	825	849	0.71	/	/					5.96		限界	富山
25	15	4.5	40	194	373	813	853	0.93	/	/	33	24.8			5.2		許容	岩手
25	15	4.5	80	175	322	989	908	/	2.58	/	40.6				6.42		限界	高知
15	2		78.5	190	500	1159	532	/	1.8	/					6.32		限界	愛媛
25	15	4.5	40	197	372	906	869	0.93	/	/					6.09		限界	高知
20	15	4.5	60	215	430	796	751	0.86	/	/	33.8				6.09		限界	愛媛
25	21	4.5	40	187	360	958	761	0.9	/	/					7.08		限界	香川
25	15	4.5	80	185	337	938	846	1.01	/	/	41.8	30.2			5.1		限界	長野
20	15	4.5	60	197	389	907	737	0.97	/	/	36.7				5.56		限界	秋田
20	15	4.5	50	195	390	825	825	/	3.9	/					4.97		限界	宮城
25	15	4.5	52	194	353	862	764	/	3.53	/					7.4		限界	山形
25	15	4.5	80	200	364	799	836	0.91	/	/	33.6				6.64		限界	愛媛
20	15	4.5	60	215	428	810	725	1.07	/	/	34.0				5.15		限界	岡山
20	8	4.5	60	197	392	833	783	0.98	/	/	30.7				4.86		限界	岡山
20	15	4.5	60	200	385	892	825	0.96	/	/	32.0	17.2			5.81		限界	岡山
20	8	4.5	60	186	358	924	857	0.9	/	/	45.9	24.8			7.6		−	静岡
20	15	4.5	50	206	420	774	817	1.05	/	/	35.8				10.1			神奈川
20	15	4.5	45	224	407	−	−	/	/	/	22.5	10.2			5.46		許容	鹿児島
20	15	4.5	50	200	381	823	803	0.13	/	/	36.9	16.9			6.5	3.74	−	長野
20	15	4.5	55	180	427	795	833	/	1.128	/					4.7		許容	熊本
20	15	4.5	40	192	386	742	880	1.93	/	/					6.35	3.56	許容	熊本
20	15	4.5	60	214	432	791	762	1.08	/	/	41.1	20.1			6.38	4.64	許容	京都
20	15	5	45	210	407	770	775	1.19	/	/	36.4	21.2			7.73	5.76	−	京都
25	12	4.5	60	196	363	883	810	1.45	/	/	28.1	12.6			11.4	5.3	/	鳥取
25	15	4.5	40	173	315	959	828	/	3.94	/	30.5	20.2			6.28	4.56	−	長崎
25	15	4.5	30/50	217	544	834	663	/	3.81	/					6.44		許容	静岡

解説表 3.3.1 (b) 最近の施工に

No.	施工期間 初	施工期間 終	SFの使用目的	打設方法	セメント種類	鋼繊維混入率(%)	水セメント比W/C(%)	細骨材率S/a(%)	鋼繊維の形状寸法 換算直径(mm)	鋼繊維の形状寸法 長さ(mm)	鋼繊維の形状寸法 アスペクト比
51	99	～	膨張性地山対策等（タフネス向上）	打込み	普通	1.00	39.9	53.0	0.8	60	75
52	99	99	補強工として使用（強度・剛性）	打込み	高B	0.60	38.3	47.5	0.8	60	75
53	99	99	RC構造の代替（施工性改善）	打込み	高B	0.50	54.2	51.8	0.8	60	75
54	99	99	補強工として使用（強度・剛性）	打込み	普通	0.75	52.0	49.4	0.8	60	75
55	00	00	補修・補強，内空断面確保	打込み	BB	0.50	54	52.8	0.7	50	71
56	00	00	補強工として使用（強度・剛性）	打込み	BB	0.50	55	49.3	0.7	50	71
57	00	00	耐久性向上	打込み	BB	0.50	54.9	55.1	0.7	50	71
58	00	00	耐久性向上	打込み	BB	0.50	54.9	53.4	0.7	50	71
59	00	00	耐久性向上	打込み	BB	0.50	54.9	53	0.7	50	71
60	00	00	耐久性向上	打込み	BB	0.50	55	54	0.7	50	71
61	00	01	耐久性向上	打込み	普通	0.50	53.2	51	0.8	50	63
62	00	00	耐久性向上	打込み	普通	0.50	55	54	0.8	50	63
63	00	01	耐久性向上	打込み	普通	0.50	53.8	52	0.8	50	63
64	00	01	耐久性向上	打込み	普通	0.50	53	54.6	0.8	50	63
65	00	01	耐久性向上	打込み	BB	0.50	54.9	50.6	0.8	50	63
66	00	01	耐久性向上	打込み	BB	0.50	54.8	55	0.9	50	56
67	00	01	耐久性向上	打込み	BB	0.50	55	54.6	0.9	50	56
68	00	01	耐久性向上	打込み	BB	0.50	57	53.7	0.6/0.8	30/50	50/71
69	00	00	耐久性向上	打込み	普通	0.50	44.5	53.2	0.8	30/60	38/75
70	00	00	耐久性向上	打込み	高B	0.50	60.7	53.0	0.8	30/60	38/75
71	00	00	耐久性向上	打込み	高B	0.50	56.7	51.0	0.8	30/60	38/75
72	00	00	耐久性向上	打込み	高B	0.50	58.0	48.5	0.8	30/60	38/75
73	00	00	耐久性向上	打込み	高B	0.50	54.9	55.7	0.8	30/60	38/75
74	00	00	耐久性向上	打込み	高B	0.50	55.2	54.0	0.8	30/60	38/75
75	00	00	耐久性向上	打込み	高B	0.50	58.0	49.6	0.8	30/60	38/75
76	00	00	耐久性向上	打込み	高B	0.50	55.1	47.0	0.8	30/60	38/75
77	00	00	耐久性向上	打込み	高B	0.50	58.3	52.0	0.8	30/60	38/75
78	00	00	耐久性向上	打込み	高B	0.50	53.1	54.0	0.8	30/60	38/75
79	00	00	耐久性向上	打込み	高B	0.50	56.1	55.6	0.8	30/60	38/75
80	00	00	耐久性向上	打込み	高B	0.50	52.1	51.0	0.8	30/60	38/75
81	00	00	耐久性向上	打込み	普通	0.50	53.2	51.0	0.8	30/60	38/75
82	00	00	耐久性向上	打込み	高B	0.50	53.1	52.0	0.8	30/60	38/75
83	00	00	耐久性向上	打込み	普通	0.50	56.3	53.0	0.8	30/60	38/75
84	00	00	耐久性向上	打込み	普通	0.50	49.4	53.0	0.8	30/60	38/75
85	00	00	耐久性向上	打込み	普通	0.50	53.1	50.0	0.8	30/60	38/75
86	00	00	耐久性向上	打込み	高B	0.50	54.9	52.9	0.8	30/60	38/75
87	00	00	耐久性向上	打込み	普通	0.50	55.0	45.7	0.8	30/60	38/75
88	00	00	耐久性向上	打込み	普通	0.50	54.7	53.0	0.8	30/60	38/75
89	00	00	耐久性向上	打込み	普通	0.50	54.9	55.2	0.8	30/60	38/75
90	00	00	耐久性向上	打込み	普通	0.50	50.7	54.2	0.8	30/60	38/75
91	00	00	耐久性向上	打込み	普通	0.50	54.7	54.0	0.8	30/60	38/75
92	00	00	耐久性向上	打込み	普通	0.50	53.0	52.0	0.8	30/60	38/75
93	00	00	耐久性向上	打込み	普通	0.50	53.1	52.0	0.8	30/60	38/75
94	00	00	耐久性向上	打込み	高B	0.50	55.8	57.0	0.8	30/60	38/75
95	00	00	耐久性向上	打込み	高B	0.50	52.5	48.2	0.8	30/60	38/75
96	00	00	耐久性向上	打込み	普通	0.50	49.0	53.0	0.75	43	57
97	00	00	耐久性向上	打込み	高B	0.50	55.0	47.0	0.75	43	57

注 1）混和材（剤）欄の「/」は使用していないことを示す．注 2）配合欄の「－」は詳細なデータがないため

第 3 章　配　　合

おける配合例（打込み SFRC）

粗骨材最大寸法 (mm)	スランプ (cm)	空気量 (%)	単位量 (kg/m³)							圧縮強度				曲げ強度		設計方法	場所
			鋼繊維 SF	水 W	セメント C	細骨材 S	粗骨材 G	混和材									
								AE減水	高性能	急結材		28d	7d	3d	1d	28d	7d		
25	10	4.5	80	201	504	828	744	/	3.52	/	40.3	24.9			7.31	5.64	許容	
20	15	4.5	50	206	538	696	795	1.34	/	/					8.67	−		長野
20	15	4.5	40	198	365	855	842	0.91	/	/	42.1				5.78	−		長野
25	15	4.5	60	176	338	857	891	1.06	/	/	31.7				6.36		許容	長野県
20	15	4.5	40	201	372	845	793	0.93	/	/	29.8	18.3			6.9	6.38	許容	大阪府
25	15	4.5	40	200	364	811	840	0.91	/	/	33.3	22.1			5.88	5.04	限界	静岡県
20	15	4.5	40	173	315	951	790	6.62	/	/	33				5.82	−		岩手県
20	15	4.5	40	173	315	955	826	/	2.52	/	33.1				6.12			熊本県
20	15	4.5	40	173	315	931	810	/	5.67	/	41.4	21			8.27	5.45	限界	鹿児島
20	15	4.5	40	173	315	940	805	/	5.36	/	48.3	24.4			9.41	7.66	限界	鹿児島
25	15	4.5	40	170	325	905	875	/	4.875	/	36.8				7.2		限界	鹿児島
25	15	4.5	40	175	318	936	836	/	4.929	/	/36.4	20.1			9.17	5.41	限界	鹿児島
25	15	4.5	40	175	325	891	861	/	4.55	/	37.2				7.32		限界	鹿児島
25	15	4.5	40	175	330	960	820	/	4.29	/	50.2				11.97		許容	長野
20	15	4.5	40	173	315	957	1018	/	5.67	/	48.7				13.9		許容	長野
20	15	4.5	40	170	310	989	826	/	3.72	/	46.9				9.97		限界	大分
20	15	4.5	40	173	315	950	836	/	4.568	/	30.6				7.32		限界	京都
20	15	4.5	20/20	173	304	940	885	/	6.38	/	36.7				7.69		限界	新潟
25	15	4.5	20/20	169	380	927	830	/	3.8	/							−	静岡
25	15	4.5	20/20	170	280	949	844	/	3.36	/							−	静岡
20	15	4.5	20/20	170	300	894	877	/	4.5	/							−	兵庫
20	15	4.5	20/20	174	300	848	948	/	3.15	/							−	大分
20	15	4.5	20/20	173	315	975	775	/	5.98	/							−	高知
25	15	4.5	20/20	174	315	941	812	/	3.46	/	/						−	岐阜
20	15	4.5	20/20	174	300	888	915	/	3.3	/							−	大分
25	15	4.5	20/20	174	316	820	932	3.16	/	/							−	京都
20	15	4.5	20/20	175	300	906	867	/	1.65	/							−	鹿児島
20	15	4.5	20/20	170	320	947	885	/	3.84	/							−	岐阜
20	15	4.5	20/20	170	303	987	820	/	3.94	/							−	岐阜
25	15	4.5	20/20	172	330	893	906	/	2.64	/							−	福島
25	15	4.5	20/20	173	325	896	872	/	4.23	/							−	長野
25	15	4.5	20/20	170	320	932	851	/	3.2	/							−	福井
20	15	4.5	20/20	183	325	930	829	/	3.9	/							−	長野
25	15	4.5	20/20	170	344	938	843	/	2.58	/							−	静岡
20	15	4.5	20/20	175	330	870	897	/	3.96	/							−	山形
20	15	4.5	20/20	173	315	923	835	/	4.1	/							−	愛媛
20	15	4.5	20/20	173	315	799	955	/	5.67	/							−	岐阜
25	15	4.5	20/20	175	320	929	855	/	5.44	/							−	秋田
20	15	4.5	20/20	173	315	958	791	/	6.3	/							−	福井
20	15	4.5	20/20	170	335	951	850	/	4.02	/							−	岐阜
20	15	4.5	20/20	175	320	960	808	/	5.12	/							−	岐阜県
20	15	4.5	20/20	175	330	903	865	/	5.93	/							−	山形県
25	15	4.5	20/20	173	326	929	851	/	3.26	/							−	
20	15	4.5	20/20	173	310	1006	818	/	4.34	/							−	岡山
25	15	4.5	20/20	175	334	829	891	/	3.34	/							−	北海
25	15	4.5	40	172	351	936	837	/	2.63	/							−	静岡
25	15	4.5	40	174	316	820	937	/	1.9	/							−	北海道

不明．注 3) 強度欄の「空欄」は不明もしくは未実施を示す．

3.3.2 配合強度

(1) 鋼繊維補強コンクリートの配合強度は，現場におけるコンクリートの品質のばらつきを考えて，設計基準強度に適当な係数を乗じて割増したものとする．

(2) 鋼繊維補強コンクリートの配合強度は，一般の場合，現場におけるコンクリートの圧縮強度または曲げ強度の値が，設計基準強度を下回る確率が5%以下となるように定める．

【解説】

SFRCの場合には，圧縮強度だけでなく，曲げ強度およびタフネスも力学的に重要な性能項目となる．したがって，SFRCの配合を定める際には，普通コンクリートの配合を定める場合の配慮に加え，SFRCの曲げ強度およびタフネスが所要の値を確保できるよう配慮する必要がある．

SFRCの配合強度の割増係数は，普通コンクリートに準拠するものとする．

解説表3.3.1おける打込みSFRCの圧縮強度および曲げ強度の実績は，解説図3.3.1～3.3.3に示すとおりである．なお，解説図3.3.3中の曲線は『コンクリート標準示方書』（平成8年制定）に示されている，プレーンコンクリートの圧縮強度と曲げ強度の関係式を表示したものである．

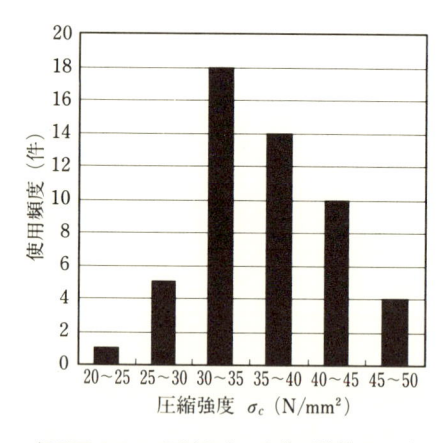

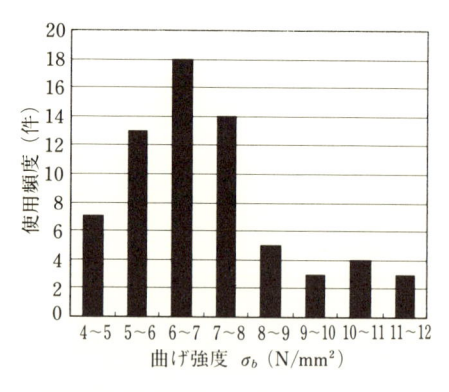

解説図 3.3.1 圧縮強度の実績（材齢 28 日）

解説図 3.3.2 曲げ強度の実績（材齢 28 日）

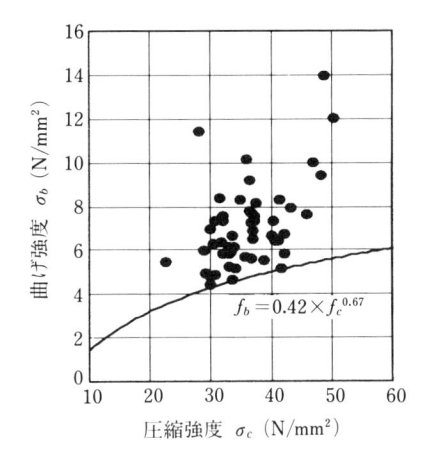

解説図 3.3.3 圧縮強度と曲げ強度との関係

図中の式: $f_b = 0.42 \times f_c^{0.67}$

3.3.3 鋼繊維混入率

鋼繊維混入率は，鋼繊維の形状寸法とあわせて鋼繊維補強コンクリートの所要の曲げ強度ならびにタフネスを考慮してこれを定めることを原則とする．

【解説】

SFRC の優れた性能は，従来の無筋コンクリートと比べ，ひび割れ抵抗性，曲げ強度，タフネス，せん断強度等が著しく改善されることである．これらの特性は，主に SF の混入率，形状寸法，分散性等によって定まる．

一般に SF の混入率を増大させると，曲げ強度，せん断強度，タフネスが増大する．しかし，その程度は SF の形状寸法や分散性等によっても異なり，とくにタフネスはそれらの影響を大きく受ける．

必要とされるタフネスは，対象構造物や構築部位によっても異なる．本マニュアルではこれを変位またはひびわれ幅で評価し，第2編「設計」で示される各限界状態の限界ひび割れ幅を，**2.4.2**「曲げ試験」で求めることを原則としている．

なお，一般的な SF 混入率は 0.5～2.0% (40～160 kg/m^3) である．これは，SF 混入率が 0.5～2.0% の範囲で SFRC の特性が効果的に発揮されるためである．SF 混入率が 2.0% より大きい場合，ファイバーボールの発生など施工上の問題が生じることもあるので，配合については十分に検討する必要がある．またこの場合，ミキサや分散投入機の種類など SFRC の製造方法や施工方法にも十分配慮する必

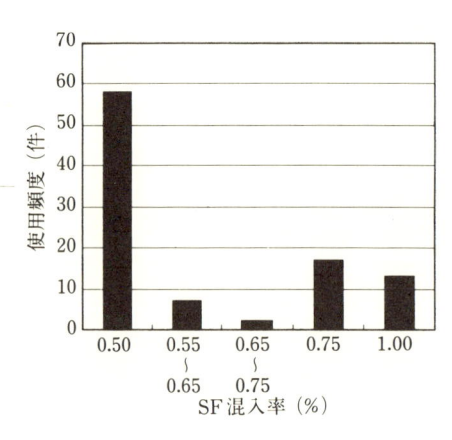

解説図 3.3.4 SF 混入率の実績

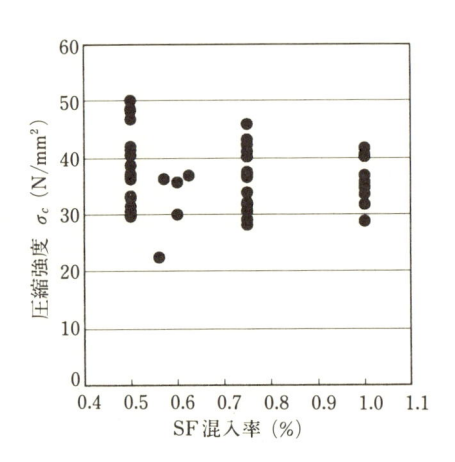

解説図 3.3.5 SF 混入率と圧縮強度との関係

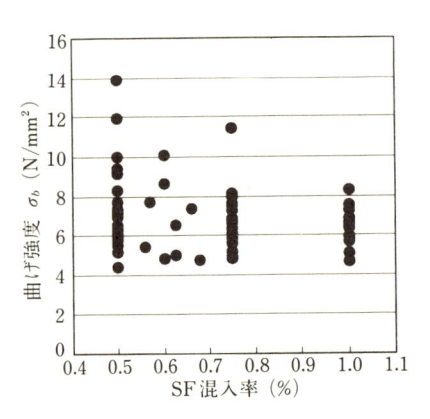

解説図 3.3.6 SF 混入率と曲げ強度との関係

解説写真 3.3.1 SF 混入状況 X 線写真 (0.5%)

要がある．

　解説表 3.3.1 による打込み SFRC の SF 混入率の実績は，**解説図 3.3.4** に示すように 0.5〜1.0% の範囲である．最近の実績によると，覆工コンクリートの長期耐久性を考慮して SFRC を採用した事例が増えたため，SF の混入率を 0.5% とした件数が多くなっている．また，SF 長さも 50 mm，60 mm とした使用例が多数見られる．とくに，SF 長さ 30 mm と 60 mm とを質量比で 1/2 ずつ配合している例が多い．

解説写真 3.3.2 SF混入状況X線写真 (1.0%)　**解説写真 3.3.3** SF混入状況X線写真 (1.5%)

　参考のために，SF混入率と圧縮強度，曲げ強度の関係を**解説図 3.3.5** および**解説図 3.3.6** に示す．また，SF の混入状況 (0.5，1.0，1.5%) の X 線写真を，**解説写真 3.3.1〜3.3.3** に示す．これらの写真は高さ 150 mm，幅 150 mm の供試体断面に長さ 25 mm の SF が分散している状況である．

3.3.4　水セメント比

　水セメント比は，鋼繊維補強コンクリートの所要の性能ならびに耐久性を考えて定めなければならない．鋼繊維補強コンクリートでは，水セメント比を 55%以下とすることを原則とする．

【解説】
　SFRC の圧縮強度は，普通コンクリートとほぼ同様に水セメント比との相関性が高い．このため SFRC の水セメント比は，圧縮強度ならびに耐久性から定めることとした．
　また，SFRC を圧縮材としてのみ利用することは経済的にも利点が少なく，ひび割れ抵抗性，曲げ強度，タフネス，せん断強度等の性能を活かした利用をはかるべきであり，そのためには水セメント比を大きくとることは望ましくない．以上の点を考慮して，SFRC の水セメント比は 55%以下とすることを原則とした．
　解説表 3.3.1 による打込み SFRC の水セメント比の実績は**解説図 3.3.7** に示すとおりである．この実績によると，水セメント比が 55%を超える場合も多く見

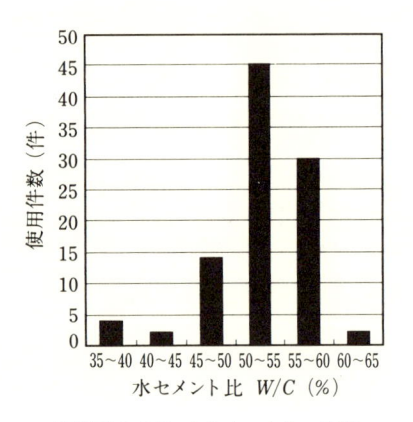

解説図 3.3.7 水セメント比の実績

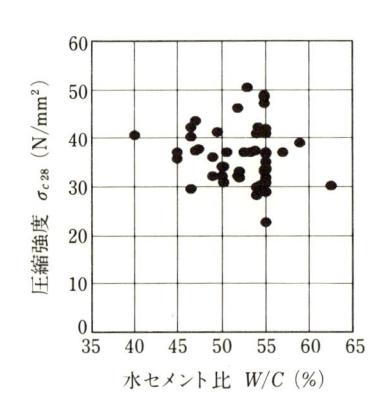

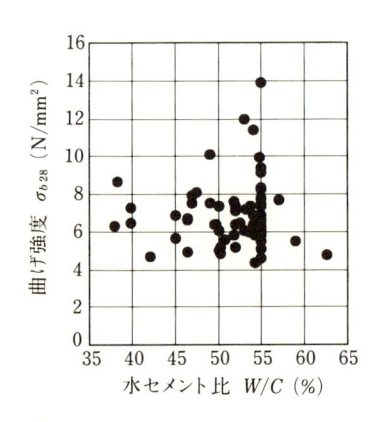

解説図 3.3.8 水セメント比と圧縮強度との関係　**解説図 3.3.9** 水セメント比と曲げ強度との関係

られるが，通常の場合，高性能 AE 減水剤などを用いることにより，ワーカビリティーの改善が容易にできることから水セメント比は 55%以下とした．施工実績による水セメント比と圧縮強度，曲げ強度の関係を**解説図 3.3.8** および**解説図 3.3.9** に示す．

3.3.5 単位水量

単位水量は，作業ができる範囲内でできるだけ少なくなるよう，試験によってこれを定めなければならない．

【解説】

SFRC の所要単位水量は，SF 混入率にほぼ比例して増加し，その増加量は長い繊維を用いた場合には SF 混入率 0.5% あたり約 $20\,\mathrm{kg/m^3}$ と極めて大きい．したがって，SFRC の場合には作業ができる範囲内で，単位水量をできるだけ少なくすることがとくに重要であり，このために AE 剤や高性能 AE 減水剤などの混和剤を用いるのがよい．これらのことから，単位水量を決定するにあたっては，実際に用いるミキサにより試験を行い，ワーカビリティーを確認することが望ましい．

一般に SF の混入によりワーカビリティーは低下する．この対応策としては粉体量の増加，s/a の増加，混和剤の使用等がある．通常，SF 混入率が 0.5% 程度までは AE 剤，高性能減水剤の使用により流動性を向上させることで対応しているが，0.5% を越えると単位水量 $175\,\mathrm{kg/m^3}$ を確保することが難しくなる．この場合には，セメント量の増加，混和材料の混入等により粉体量の増加を図って，水セメント比を動かさずに単位水量を増加させて，フレッシュコンクリートのワー

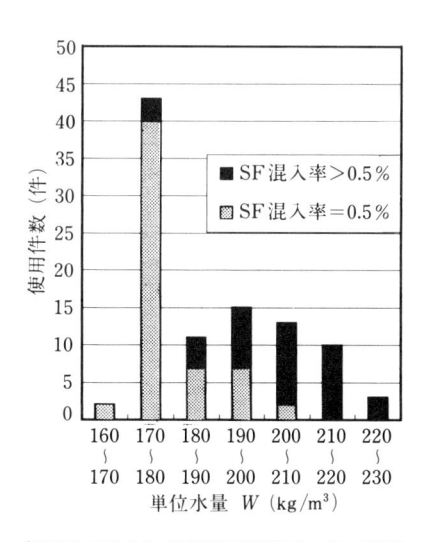

解説図 3.3.10 SFRC 所要単位水量の実績

カビリティーの向上を図っているのが実状である．
　最近の施工における打込み SFRC の単位水量の実績を，**解説図 3.3.10** に示すが，一般的な SF 混入率の最小値である 0.5％ を超えた混入率の場合には，単位水量が増加する傾向にあることがわかる．

3.3.6　粗骨材の最大寸法

　鋼繊維補強コンクリートの場合，粗骨材の最大寸法は鋼繊維長さの 2/3 以下とし，かつ部材最小寸法の 1/4 を超えてはならない．
　鉄筋と鋼繊維補強コンクリートを併用する場合，粗骨材の最大寸法は鋼繊維長さの 2/3 以下とし，かつ部材最小寸法の 1/5 または鉄筋の最小水平あきの 3/4 を超えてはならない．

【解説】
　SFRC において，粗骨材の最大寸法と SF 長さとの関係は曲げ強度ならびにタフネスに大きな影響を与える．現在までの研究結果では，粗骨材の最大寸法が SF 長さの約 1/2 の場合に最も曲げ強度およびせん断強度は高くなり，その値より大きくても小さくても強度は低下するといわれている．しかし，実際に入手し得る

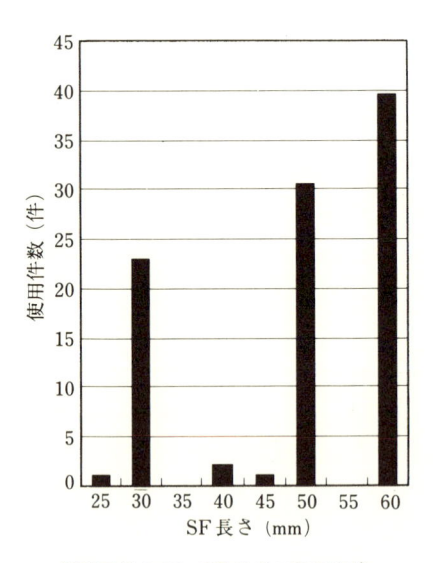

解説図 3.3.11　SF 長さの使用実績

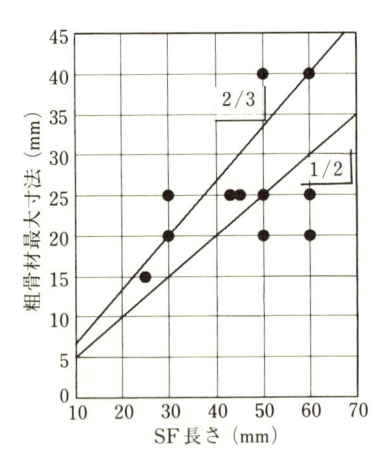

解説図 3.3.12　SF 長さと粗骨材最大寸法との関係

粗骨材の最大寸法には物理的,経済的にも制約があるため,これをSF長さの2/3以下とした.

粗骨材の最大寸法をSF長さの1/2に近づける方法として,入手し得る粗骨材の最大寸法の2倍の長さを持つSFを使用する方法が考えられる.この場合,SF長さが比較的長くなることが予測されるため,施工性等を十分に検討する必要がある.

解説表3.3.1による打込みSFRCのSF長さの使用実績,およびSF長さと粗骨材の最大寸法との関係は,解説図3.3.11および解説図3.3.12に示すとおりである.実際の施工では,ほぼここに示した規定を満足しているが,それを越える場合は事前に試験を行い,所要の性能が満足されるかどうかを確かめることが必要である.

3.3.7 細骨材率

鋼繊維補強コンクリートの細骨材率は,所要のワーカビリティーならびに性能が得られる範囲内で,単位水量が最少になるよう試験によってこれを定めなければならない.

【解説】
SFRCの配合設計においては,とくに細骨材率を適切に定めなければならない.

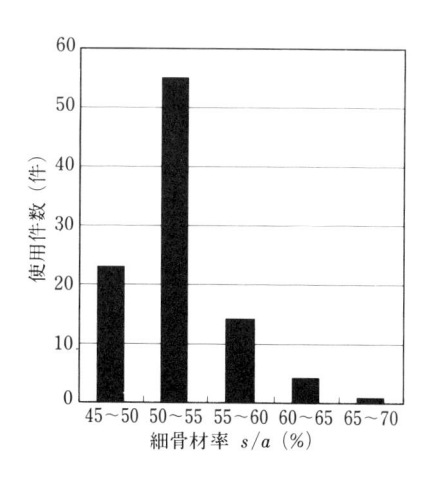

解説図 3.3.13 細骨材率の使用実績

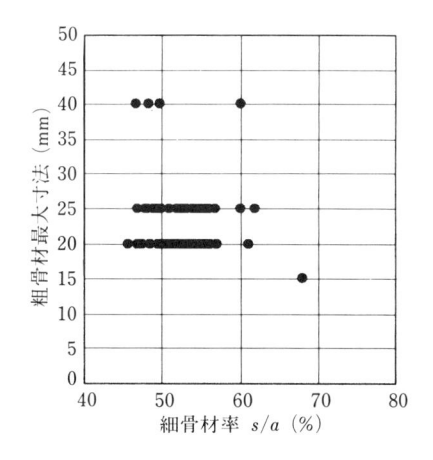

解説図 3.3.14 細骨材率と粗骨材最大寸法との関係

SFRCの場合，最適細骨材率をワーカビリティーのみを考慮して定めると，その値が50%以下の場合には必ずしも高い性能が得られない．このため細骨材率を定める場合には，その力学的性能に関する検討もあわせて行うことを原則とした．

また，SFRCの細骨材率が普通コンクリートと同程度の場合には，コンクリートがあらあらしくなるので，SF混入率やSFのアスペクト比の増加に伴い，細骨材率を相当に大きくする必要がある．SFRCのワーカビリティーの改善にはシリカフューム，高炉スラグ，フライアッシュ，石灰石微粉末等の混和材料の使用が有効である．

解説表3.3.1による打込みSFRCの細骨材率の使用実績および細骨材率とSF混入率との関係は，解説図3.3.13および解説図3.3.14に示すとおりである．SFRCの細骨材率は，45～65%の範囲で用いられている．

3.3.8 コンシステンシー

鋼繊維補強コンクリートのコンシステンシーは，所要の品質および性能を満足するように選定するほか，とくに運搬，打込み，締固め等の施工性を考慮して選定するものとする．

【解説】
作業に適するスランプは，1回に打ち込む部材の断面形状，寸法および鋼材の配置，運搬方法，打込み方法および締固め方法等によって異なるものである．

ベースコンクリートにSFを混入すると，そのコンシステンシーは解説図3.3.15に示すように，SF混入率の増大にともなって著しく低下する．このため所要のコンシステンシーを得るためには，普通コンクリートに比べより多くの単位水量を必要とするばかりでなく，細骨材率が適切でないと単位水量の増大や材料分離を生じさせやすい．

スランプの大きいSFRCはブリーディングが多くなり，SFや粗骨材がモルタルから分離する傾向にある．このため作業に適する範囲内で，できるだけ小さいスランプのSFRCを用いることが必要となる．しかし，設計・施工上大きなコンシステンシーが要求される場合は，品質の確保や経済性を考慮して，高流動コンクリートの適用，流動化剤の使用等を検討する必要がある．

また，SFRCは，普通コンクリートに比べ一般に粘性が大きいことから，スランプの他にスランプフロー値やスプレッド値を参考にすると，より詳細なコンシステンシーの評価が可能となる．

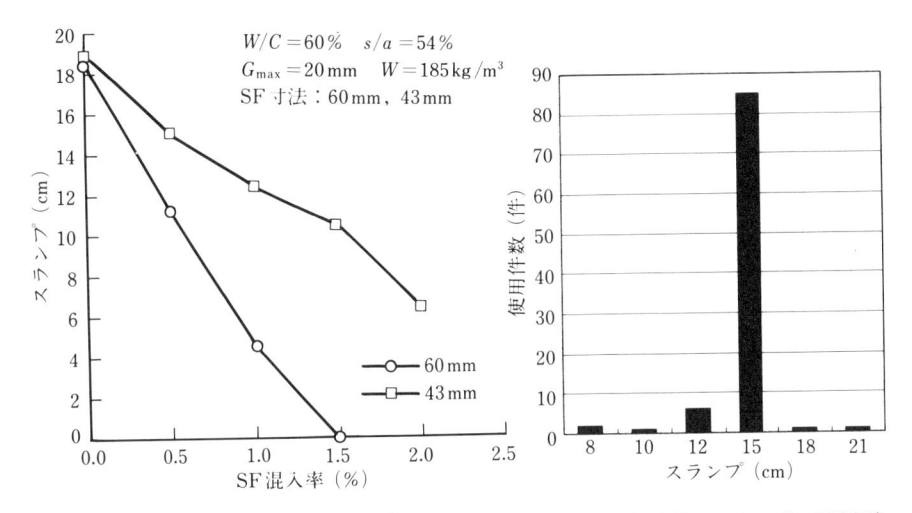

解説図 3.3.15 SF混入率とスランプとの関係の例

解説図 3.3.16 SFRCのスランプの使用実績

なお，解説表3.3.1による打込みSFRCのスランプの使用実績は，**解説図3.3.16**に示すとおりである．

3.3.9 現場配合

コンクリートの現場配合は，所要の力学的性能，耐久性，施工性等を満足する範囲内で，試験によりこれを定めることを原則とする．

【解説】
一般に示方配合を修正して現場配合を求める場合には，**解説表3.3.2**，**解説図3.3.17**を参考にするとよい．

解説表3.3.2は，SF長さ30mmの場合，コンシステンシーに基づいて配合を定める場合の参考表で，この表を用いて大略の値を求めてもさしつかえない．同様に，**解説図3.3.17**は，SF長さが50mmと60mmの場合の参考となるものである．しかし，特殊な形状寸法のSFを用いる場合には，これらの表，図の範囲を越える可能性があるので注意する必要がある．

骨材については，骨材の含水状態，5mmふるいにとどまる細骨材の量，5mmふるいを通る粗骨材の量等を考えなければならない．現場の骨材は，含水状態が一定ではない場合が多いことを考慮して，単位水量を調整するなどを行って，示

解説表 3.3.2　中練りおよび軟練りの SFRC の配合を定める場合の参考表

この値は、下記の条件におけるものである.
1) SF の形状寸法：$0.5 \times 0.5 \times 30$ mm
2) SF の混入率：1.0%
3) 細骨材は粗粒率 3.00 のもの，粗骨材は砕石を使用し，良質の減水剤を用いる.
4) 水セメント比：50%，スランプ：約 12 cm

粗骨材の最大寸法 G_{max} (mm)	AE コンクリート (空気量 5%)		AE 剤を用いないコンクリート		
	細骨材率 S/a (%)	単位水量 W (kg/m³)	エントラップドエアー (%)	細骨材率 S/a (%)	単位水量 W (kg/m³)
10	58	216	3.0	60	227
15	55	210	2.8	58	223
20	52	202	2.5	55	217
25	50	193	2.1	53	210

上記の条件が異なる場合に対する補正

条件の変化	細骨材率 (%)	単位水量 (kg/m³)
SF 混入率 0.5% の増減に対して	G_{max}：10, 15 mm　±10 G_{max}：20 mm　　　±8 G_{max}：25 mm　　　±5	±10
水セメント比 0.05 の増減に対して	±1	±2.5
細骨材の FM 0.1 の増減に対して	±0.5	補正しない
スランプ 1 cm の増減に対して	補正しない	±3
空気量 1% の増減に対して	∓1	∓6
SF のアスペクト比 10 の増減に対して	±3	±10

注)　この表は SF の断面寸法が 0.3〜0.6 mm の範囲の場合のみ適用される.

下図は下記条件におけるものである.
(1) 鋼繊維の形状寸法：$\phi 0.7 \sim 0.8$ mm $\times 50 \sim 60$ mm
(2) 鋼繊維の混入率：$0.5 \sim 1.0\%$ ($40 \sim 80$ kg/m³)
(3) 各地区の生コンクリート製造会社の実績配合を基に混入率に応じて参考図より求められた数値分だけ s/a および単位水量を増加させる.
(4) スランプの範囲：2.5 cm 以上

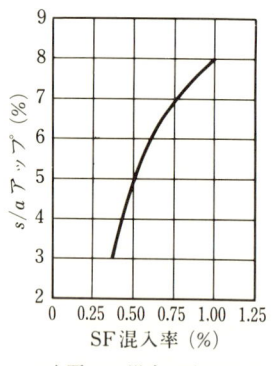

* 二次覆工の場合は上図 +2%
* 1% アップするごとに $W + 1.5$ kg

（a）混入率による s/a のアップ　　（b）スランプロスによる水量のアップ

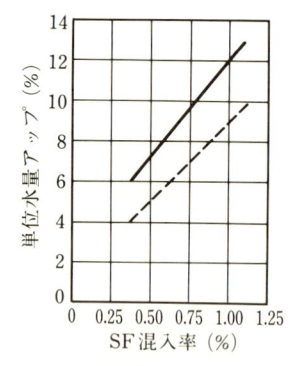

　　　　　　　　　　　　硬練り（スランプ 8 cm 未満）
　　　　　　　　　　- - - 軟練り（スランプ 8 cm 以上）

解説図 3.3.17　長い繊維の場合の SFRC 配合参考表

方配合を現場配合に直さなければならない．

混和剤については，薄めたり溶かしたりして使用する場合，希釈水量を単位水量の一部として考慮しなければならない．

3.3.10 配合の表し方

(1) 配合の表し方は，一般に表 3.3.3 による．

表 3.3.3 配合の表し方

鋼繊維の形状寸法 (mm)	鋼繊維混入率 (%)	粗骨材の最大寸法 (mm)	スランプの範囲 1) (cm)	水セメント比 2) w/c (%)	空気量 (%)	細骨材率 s/a (%)	単位量 (kg/m³)					
							鋼繊維 SF	水 W	セメント C	混和材 3) F	細骨材 S	粗骨材 G mm~mm	mm~mm	混和剤 4) A

注 1) 高流動コンクリートの場合は「スランプの範囲」に代わって「スランプフロー」を用いる．
2) ポゾラン反応や潜在水硬性を有する混和材を使用するとき，水セメント比は水結合材比となる．
3) 同種類の材料を複数種類用いる場合は，それぞれの欄を分けて表す．
4) 混和剤の使用量は，ml/m³ または g/m³ で表し，薄めたり溶かしたりしないものを示すものとする．

(2) 示方配合は，細骨材は 5 mm ふるいを全部通るもの，粗骨材は 5 mm ふるいに全部とどまるものであって，ともに表面乾燥飽水状態にあるものとしてこれを示す．

【解説】

(1) について　配合は質量で表すのを原則とする．単位 SF 量に関しては，普通コンクリートとの比較のしやすさ，現場での配合設計のしやすさを考慮して，外割で示すことも行われているが，本マニュアルでは普通コンクリートと同様に内割で示すこととした．なお，混和剤は ml/m³ または g/m³ で表示する．

(2) について　示方配合は示方書または責任技術者によって指示される配合をいう．

示方配合における骨材は，表面乾燥飽水状態のもので，5 mm ふるいを通るものと，これにとどまるものとに明確に区別されたものである．

第4章 施 工

> **3.4.1 施工一般**
> 鋼繊維補強コンクリートの施工にあたっては，所要の強度，タフネス，耐久性，水密性が得られるよう，また作業に適したワーカビリティーを有し，均一な品質が確保できるよう事前に製造設備および施工方法等について十分な検討を行わなければならない．

【解説】
コンクリートポンプやベルトコンベアー等により打ち込まれたSFRCは，所要の要求性能（強度，タフネス，耐久性，水密性）を確保し，かつ，品質のばらつきの少ないものでなければならない．また，SFRCは，普通コンクリートに比べて粘性が高くなったりスランプロスが若干大きくなったりすることがあるため，作業に適するワーカビリティーを確保することが大切である．SFRCではとくに，SFの分散が一様でなかったり，特定の方向に配向したりした場合には，所要の強度やタフネスが得られないことがあるので，その練混ぜ，運搬，打込み，締固めにあたっては製造設備および施工方法等について十分に注意を払う必要がある．

SFRCの製造方法としては，**解説図 3.4.1** に示す3通りの方法がある．

このうちc)の製造方法はSFRCを入手する最も簡便な方法であるが，SF混入率がとくに大きい場合には，所定の品質が得られないこともあるため，十分な管理が必要である．

第 4 章 施　工　79

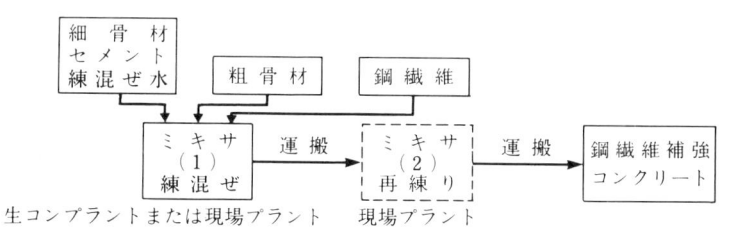

(a) コンクリート材料と SF とを直接ミキサへ投入して製造する場合

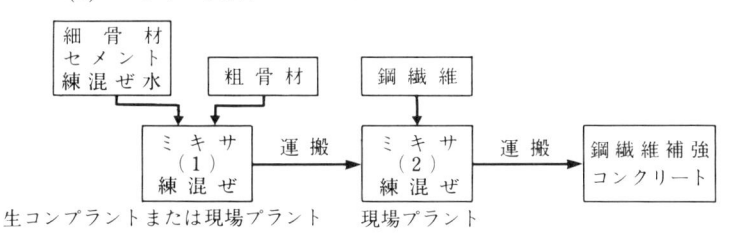

(b) ベースコンクリートを製造し運搬後，再度ミキサにベースコンクリートと SF とを投入し製造する場合

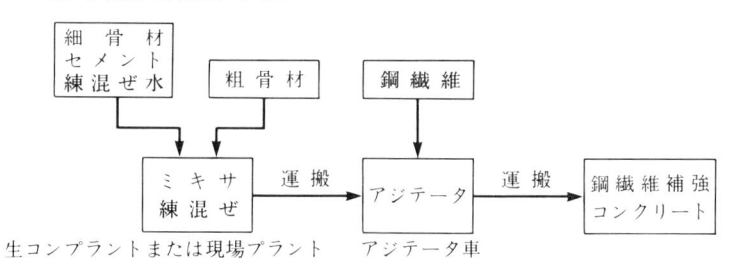

(c) アジテータ車内のベースコンクリートへ直接 SF を投入して製造する場合

解説図 3.4.1 SFRC の製造方法

3.4.2　製造設備

　鋼繊維補強コンクリートの製造設備は，所要の性能を確保し，均一な品質が得られるよう，その種類および能力について十分に検討し，適切なものを選定しなければならない．

【解説】
　SFRC は，SF がコンクリート中に均一に分散することによって，所定の品質が得られるものである．そのため，SF の投入時期，投入順序，投入設備および練混ぜ設備によって SFRC の品質，性能および製造時間が左右されるので，とくに

高品質を有する SFRC が要求される場合には製造機器，設備等の選定に十分な検討を要する．

現場プラントを設置する場合には，SF をミキサへ投入するための設備として，SF の荷揚設備と，貯留ビン，SF 計量器もしくは箱（袋）梱包された SF を投入するための投入スペースを設置する必要がある．また，SF をアジテータ車へ投入する場合についても，適切な量を適切な速度で均一に投入できるような投入機を使用するのが望ましい．

なお，最近は省力化を念頭においた SF 投入機や特殊分散投入機および特殊強制練りミキサなどが開発されている（付属資料 7 参照）．

3.4.3 計量および練混ぜ

(1) 鋼繊維は 1 バッチ分ずつ質量で計量しなければならない．

(2) 鋼繊維を計量する場合の計量誤差は，1 回計量分に対して 2% 以下でなければならない．

(3) 箱（袋）梱の鋼繊維は，1 箱（袋）を単位として用いる場合に限り，計量を省略してもよい．

(4) 鋼繊維の投入および練混ぜは，鋼繊維がコンクリート中に一様に分散するように行わなければならない．

(5) ミキサは，強制練りバッチミキサを用いることを基本とし，可傾式バッチミキサを用いる場合は，これと同等の品質を確保できるものでなければならない．

(6) 練混ぜ時間は，試験によって定めるのを原則とする．

【解説】

(1) について　コンクリート材料は質量で計量するのが原則であり，SF もそれに従うものとする．

(2) について　SF の計量誤差は，プラントにおけるバッチ計量を考慮して 2% 以下とした．従来は，アジテータ車への投入では箱（袋）単位の投入方法のみであったが，最近では，自動供給装置を用いてアジテータ車に投入する事例も増えており，短時間に多量の投入がなされるため，この場合は設計投入量に対して SFRC の品質を考慮し，−0%～+4% の範囲で管理することが望ましい．

(3) について　箱詰された SF を 1 箱（袋）全部使用する場合は，その質量は製造者の表示した質量を用いてよい．ただし，1 箱（袋）未満の端数が出る場合

は，計量装置で質量を計量しなければならない．

　(4) について　　SF の投入および練混ぜ方法が不適切な場合，SF が一様に分散せず，ファイバーボールや特定方向への配向が生じて，所定の性能を確保できない場合があるので，とくに留意する必要がある．

　コンクリート材料と SF を直接ミキサに投入する場合，材料の投入順序は，**解説図 3.4.1** に示したとおりで，SF を他のコンクリート材料と同時に投入する方法と，コンクリートが一度練りあがってから SF を投入する方法とがあるが，どちらの方法によるかは SFRC の配合，生産設備，施工方法を考慮の上，練混ぜ試験により決定するのがよい．

　(5) について　　SFRC の練混ぜに要する時間は，SF の混入により負荷が大きくなるため，普通コンクリートに比べて長くなる．このため，練混ぜ能力の低いミキサを用いると，SFRC の品質に悪影響を与えることがあるので，十分な能力をもったミキサを用いる必要がある．

　強制練りミキサを用いた場合の SFRC の練混ぜ負荷は，普通コンクリートに比べ数割程度増加する．しかし，ミキサの型式や能力，スランプや SF 混入率などによっては普通コンクリートに比べて 2〜4 倍程度まで大きくなる場合もある．

　連続式ミキサを使用する場合，SF を一定の配合量で混合するためには定量式供給機を併用するなど慎重な管理が必要であり，また，製造された SFRC の配合を随時確認する必要がある．

　(6) について　　SF を均一に分散させるのに必要な練混ぜ時間は，ミキサの性能，SF の種類や混入率，投入方法，SFRC のコンシステンシー等により異なるため，あらかじめ練混ぜ試験を行い，所定の品質を得るために必要な練混ぜ時間を確認する必要がある．

　また，コンシステンシーの改善や材料分離の防止を目的として混和剤を用いる場合，その種類によっては，長時間の練混ぜによる材料分離，過多なエアーのとり込み，SF の変形などを生じることもあるので適切な練混ぜ時間の選定が必要である．

3.4.4 運　搬

　鋼繊維補強コンクリートの運搬は，普通コンクリートと同様に行うことができるが，配合の特性を十分考慮して，適切な機器により行わなければならない．

【解説】
　SFRC の運搬は，普通コンクリートの場合と同様にアジテータ車による運搬や，ポンプによる圧送ができる．

　運搬方法は，SFRC の配合，運搬距離および現場の状況などによって決められるが，トンネル工事に使用される SFRC のスランプは実績から 8～21 cm 程度であり，通常のアジテータ車を用いることができる．

　ポンプ圧送する場合，ポンプの選定は，普通コンクリートと同様にコンクリートの品質，打込み場所，打込み量，圧送距離等を考慮して行うが，SFRC における特別な留意事項は以下の①～④である．
① 配管中の流動抵抗が大きいことを考慮しポンプ能力を大きめにする．
② フレキシブルホース部は，普通コンクリートに比べ摩耗が若干大きくなるので，場合に応じてその材質や口径，肉厚を検討する．
③ 曲管はできるだけ大きな曲率半径のものを使用する．
④ 材料分離抵抗性が小さいコンクリートは，圧送中に配管内に材料が詰まることがあるので，コンクリート圧送も配慮した配合とする．

3.4.5 打 込 み

(1) 鋼繊維補強コンクリートの打込みは，ポンプによることを基本とし，型枠内に打ち込んでから再び移動させる必要のないようにするとともに，1区画内は連続して打ち込まなければならない．
(2) 鋼繊維補強コンクリートは，打込み直後に十分締め固めなければならない．
(3) 締固めは鋼繊維の分散が一様になるように留意しなければならない．

【解説】
 (1) について　　SFRC は，人力によって移動させることはきわめて困難であり，ポンプによる打込みを基本とする．内部振動機を用いて SFRC を移動させると，材料分離を生じるばかりでなく，SF の配向や分散にも悪い影響を与えるため，打込み口の配置には，十分な検討を要する．
　また，一般に SFRC をポンプ圧送すると，SF は，圧送方向と平行に配向するようになる．このため，SF の配向を効果的に利用したい場合は，硬化後に最も補強効果が得られるようにコンクリート吐出方向をあらかじめ検討しておくとよい．型枠に所要の強度と剛性が要求されることは，普通コンクリートの場合と同様であるが，SFRC においては，とくに使用するポンプ能力に留意して型枠の設計を行うことが必要である．
　あらかじめ定められた区画内の SFRC の打込みが中断され打継目が生じると，その部分は SF による連続性が失われ，構造上の弱点となるので，計画された1区画内の SFRC は連続して打ち込まなければならない．
 (2), (3) について　　SFRC の締固め方法，締固めに用いる振動機の種類などは，構造物の種類，形状，寸法および SFRC の配合などによって異なり，これを一概に定めることはできない．しかし，これらは，SF の分散および配向に著しい影響を及ぼし，硬化後の SFRC の品質に大きな影響を与えるので十分検討する必要がある．
　一般に，振動締固めを行うと，SF は SFRC の打込み方向と直角な平面内に2次元配向する傾向にある．しかし，局所的には振動機に沿って配向したり，型枠に沿った面内に配向したりする傾向もある．また，長時間振動を与えると SF は沈下する傾向があるため，過振動は避けるようにしなければならない．

3.4.6 品質管理および検査

(1) 材料は所要の品質を有するものであることを試験により確認しなければならない．

(2) 工事開始前に，材料の試験および鋼繊維補強コンクリートの配合を定めるための試験を行うとともに，機械および設備の性能を確認しなければならない．

(3) 工事開始前および工事中においては，必要に応じて次の試験を行う．
①鋼繊維補強コンクリートのコンシステンシー試験
②鋼繊維補強コンクリートの空気量試験
③鋼繊維補強コンクリートの単位容積質量試験
④鋼繊維補強コンクリートの塩化物含有量試験
⑤鋼繊維補強コンクリートの圧縮試験
⑥鋼繊維補強コンクリートの曲げ試験
⑦鋼繊維補強コンクリートの鋼繊維混入率試験
⑧その他の試験

(4) 養生の適否および型枠取りはずしの時期を定めるため，現場とできるだけ同じ状態で養生した供試体を用いて強度試験を行わなければならない．

(5) 工事終了後，必要に応じ，鋼繊維補強コンクリートの非破壊試験，構造物から切取った供試体の試験を行う．

【解説】

(1) について　使用する材料の試験は，付属資料3『鋼繊維補強コンクリート関連試験法』や『コンクリート標準示方書（施工編）』11.3「コンクリート材料の受入れ検査」により，SF，細骨材，粗骨材，混和材料等について行うものとする．

なお，細骨材については，その表面水率の大小が品質に与える影響が大きいため，定期的に試験する必要がある．

(2) について　所要の品質のSFRCを経済的に製造するために，また用いる施工機械および設備の性能を確認するために，実際の工事に使用する材料を用いて試験を行わなければならない．

(3) について　これらの試験は『コンクリート標準示方書（施工編）』11.5「コンクリートの受入れ検査」および本マニュアル第2編第4章「材料の試験」により行うものとする．

打込み SFRC のコンシステンシーは，一般にスランプ試験により確認する．また流動性の高い SFRC の場合は，スランプフロー値も合せて測定し，コンシステンシーを把握することが望ましい．

SFRC の強度試験のうち，圧縮試験および曲げ試験は必ず行い，所定の性能が得られることを確かめなければならない．

また，SFRC の変形特性は **2.4.2** に規定する曲げ試験による．

<u>**(4), (5) について**</u>　『コンクリート標準示方書 (施工編)』に準じたものである．

第5章　補強・補修

> **3.5.1　基　本**
>
> 　既設トンネルの補強・補修は完成時にトンネルが有していた機能を回復し，または，現在必要な諸機能を付加することを目的として行う．
> 　補強・補修の設計，施工にあたっては，事前にそのトンネルの供用後の保守履歴および現状を把握するために必要にして十分な調査を行わなければならない．

【解説】

　本章は『トンネル保守マニュアル (案)』，『トンネル補強・補修マニュアル』，『変状トンネル対策工設計マニュアル』，『設計要領　第三集　トンネル本体工保全編（変状対策）』に準拠している．したがって，基本的にはこれによることとするが，SFRCを適用する場合には本編の設計，施工に従うものとする．

　事前に必要な調査項目としては，供用後の保守履歴，劣化状況，作用している地圧や土水圧等のほか，次の事項がある．

① 内空断面の測定
② 防護工の要否
③ 覆工内面の状態（煤煙，じん芥，劣化の程度）
④ 漏水状況
⑤ その他

　劣化したトンネル覆工体の補強・補修対策で内巻き工法（打込みコンクリート，吹付けコンクリート，プレキャスト部材）が適用されるのは，覆工部材の劣化が $10\,\mathrm{m}^2$ 以上の広範囲にわたっており，地圧や土水圧，近接施工等による外力が考えられる場合である．このうち，打込みSFRCは，限界余裕が十分にあり巻厚の確保ができる場合に選択される．一般的には，巻厚が $125\,\mathrm{mm}$ 以上必要とされているが，SFRCを使用する場合にはこの厚さを低減することが可能である．

　打込みSFRCによる補強・補修は，既設部材に新たなコンクリートを打ち足し，断面を増加させて耐力の増強をはかる目的で行う．このため，新旧構造物の一体化がとくに重要であり，打込み面の下地処理や打継目の処理，アンカー（ジベル筋）の設置などを考慮することが必要である．

3.5.2 設計・施工

(1) 補強・補修に用いる打込み鋼繊維補強コンクリートの設計にあたっては，劣化状態，地圧や土水圧の状態等の調査結果に基づき所要の内空断面を確保するための限界余裕量を勘案し，適切な巻厚を慎重に選定しなければならない．

(2) 補強・補修に用いる打込み鋼繊維補強コンクリートの施工にあたっては，内空断面の測定結果等に基づき事前に施工範囲の支障物防護，打込み面の清掃，劣化部分の除去，漏水処理工等の打込み面の下地処理を確実に行わなければならない．

(3) 鋼繊維補強コンクリートの打込み前に，チッピング処理やアンカー（ジベル筋）の設置等を行い，既設覆工体との一体化を図らなければならない．

(4) 施工にあたっては，大部分が供用中の施工となるため，事故防止には必要にして十分な対策を講じなければならない．

【解説】

(1) について　内空余裕量が小さい場合や，地圧や土水圧を考慮して覆工体に変形能力をもたせる必要がある場合にはSFRCによる施工が有効である．巻厚は覆工の劣化状態，地圧等の外力，限界余裕量を勘案し，既往の類似事例も参考にして決定する．なお，打込みSFRCの場合，内巻きの最小巻厚は80 mm程度が必要である．

(2) について　前処理については①～④の手順で行う．
① 施工範囲に供用設備等があり，支障をきたす場合には，あらかじめ十分に防護する．
② 施工面に付着している煤煙，じん芥，劣化部分等についてはあらかじめ確実に除去する．また，大きなひび割れについてはあらかじめ充填しておくことが望ましい．
③ 施工面に漏水がある場合には，導水工，止水工等により漏水処理を確実に行う．
④ 内空断面の測定等により，事前に建築限界外余裕を必ず確認しておく．

(3), (4) について　施工は次の手順で慎重に行い，事故防止にも十分に留意することが必要である．
① 既設覆工面は，全面にわたりチッピングを行い，6～10 mmの深さで均等に

目荒しするのがよい．この場合，既設覆工体を損傷しないよう十分に留意する．
② 既設覆工面には，要求性能に応じて接着剤を塗布し，ジベル筋を設置する．ジベル筋の既設覆工への定着長 L は $L \geq 15\phi$（ϕ はジベル筋の直径，異形鉄筋を使用した場合）とし，配置については作用する外力により適宜定める．
③ 型枠はセントル等を用いて組立て，建築限界に対する余裕の確認を再度必ず行う．
④ 最近，型枠を本体構造物として使用できる埋設型枠工法等が開発されているが，これらの工法によっても型枠の仮受にセントルが必要であり，限界に対する余裕を十分に考慮して工法を選定する．

第4編 吹付けコンクリート

第1章 適用範囲
- 4.1.1 適用範囲 90
- 4.1.2 地山条件と周辺環境条件 91
- 4.1.3 支保効果の確認 92

第2章 設計
- 4.2.1 設計 95

第3章 配合
- 4.3.1 基本 96
- 4.3.2 配合強度 97
- 4.3.3 配合設計 100
- 4.3.4 鋼繊維混入率 102
- 4.3.5 水セメント比 105
- 4.3.6 単位水量 107
- 4.3.7 粗骨材の最大寸法 107
- 4.3.8 細骨材率 108
- 4.3.9 コンシステンシー 109
- 4.3.10 配合の表し方 111

第4章 施工
- 4.4.1 施工一般 112
- 4.4.2 施工設備 113
- 4.4.3 計量および練混ぜ 114
- 4.4.4 運搬 116
- 4.4.5 吹付け作業 117
- 4.4.6 品質管理および検査 119
- 4.4.7 安全衛生 121

第5章 補強・補修
- 4.5.1 基本 122
- 4.5.2 設計・施工 123

第1章 適用範囲

> **4.1.1 適用範囲**
> 　吹付け鋼繊維補強コンクリートを使用して，トンネルの新設，補強・補修等を行う場合の設計ならびに施工上の一般的な標準について示すものである．

【解説】
　吹付け SFRC は，この材料がもつ力学的特性と吹付け工法の早強性，機動性等を活かして，トンネルの新設，補強・補修等広い範囲に使用されている．SFRC は無筋コンクリートに比較して，
　① 曲げ強度，引張強度およびせん断強度が高い
　② 最大強度以降の残留強度が高い
　③ 変形能力やタフネスが大きく，ひび割れ発生後も引張力を伝達できる
等の特長を有しており，これらの特長を活かして
　a) 断層等の不良地山部で，大きな塑性変形が発生する箇所
　b) 膨張性地山
　c) 坑口部，分岐部，拡幅部，近接トンネルでの施工等，構造的に不安定になりやすい箇所
　d) 永久覆工として使用する場合
　e) 既設トンネルの補強・補修等で巻厚が制限されている場合で高性能が要求される場合
　f) その他
等，大きな地圧や変形が見込まれる箇所で有効活用が可能と考えられる．
　また，吹付け SFRC は無筋コンクリートより大きな変形性能が期待できるため，場合によっては設計巻厚を低減することが可能となり，経済性の向上が図れる．巻厚を低減する場合には，付属資料 6 に示す考え方も参照されたい．
　参考に，最近の施工実績（解説表 4.3.1）における，SFRC の吹付けコンクリートの使用目的について整理したものを**解説図 4.1.1** に示す．

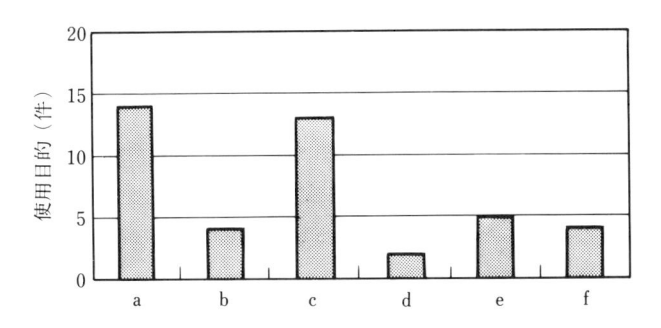

a) 不良地山部で塑性変形発生箇所　　b) 膨張性地山対策
c) 構造的に不安定な箇所　　d) 永久覆工　　e) 補修・補強　　f) その他

解説図 4.1.1 吹付け SFRC の使用目的

4.1.2　地山条件と周辺環境条件

　吹付け鋼繊維補強コンクリートの使用にあたっては，対象となる地山条件，周辺環境条件等を適切に評価してその効果を検討しなければならない．

【解説】

　トンネルの掘削に影響を与える地山条件としては，地形，荷重，地山の強度特性，変形特性，および地下水の状況等があり，周辺環境条件としては，近接構造物の状況等がある．

　トンネル工事では，対象となる地山の性状により適確な施工方法，支保方式を選択しなければならない．とくに，次の①～④に示すような地山条件が想定される場合には，その状況(分布範囲，その程度等)を入念に調査し，対策を慎重に検討する必要がある．吹付け SFRC はこれらの地山に対して効果的な支保部材と考えられ，適用にあたっては，断面，作用土圧，変形余裕量などを十分考慮して対応することが肝要である．

　①断層破砕帯，褶曲部等，地殻構造的に大きな地圧が作用する場合
　②膨張性地山や塑性流動を起こすおそれがある地山の場合
　③土被りが極端に大きい場合
　④土被りが極端に小さい場合

　これらの各場合について以下に詳述する．

　<u>①，②，③の場合</u>　　断層破砕帯等では，掘削により大きな潜在応力が解放され，地質が軟弱化しているため支保工に大きな地圧が作用するおそれがある．また，膨張性の粘土鉱物が存在する箇所や土被りが比較的大きい箇所では，非常に

大きな膨張性の地圧が生ずる場合がある．さらに，土被りが極端に大きくなると地山強度比（$G_n = \sigma_c/\gamma_h$）が小さくなり，トンネル周辺部に広範囲の塑性領域が発生して強大な地圧を受けることになる．

これらの場合には，切羽の自立性の低下，側壁部の押し出し，上半脚部の沈下，インバート部の盤膨れ等の問題が生ずる場合が多いが，これらの対応策としては，適切な工法の選択のほか，増しボルト，増し吹付けコンクリート，インバートの早期閉合，場合によっては覆工コンクリートの早期打設などの修正設計が必要となる．変位が変形余裕量を越えた場合には縫い返しをしなければならないことは当然であり，地山の強度・変形特性を事前に把握してSFRCを含む適切な支保構造を検討する必要がある．

④の場合　坑口部，沢部等で土被りが小さい場合は，トンネル上部にグランドアーチの形成が難しく，トンネル上部の地山の質量が直接トンネル天端に作用する場合がある．このような場合には，支保耐力を向上させる必要があり，吹付けSFRCが有用である．

4.1.3　支保効果の確認
吹付け鋼繊維補強コンクリートの適用にあたっては，その材料特性および機能等を考慮し，地山を的確に評価して適切な性能を有する支保部材を選定し，計測等を通じて支保効果を確認しなければならない．

【解説】
　NATMにおけるトンネルの掘削においては，地山の緩みを極力少なくすることが最も大切であり，そのため掘削後できるだけ早期に地山を支保する必要がある．吹付けSFRCは，曲げ強度，変形能力等の優れた性能を有し，施工の機動性が高く，地山に密着し，早期に支保効果が発揮されるため，重要かつ有効な支保部材である．

　設計にあたっては限界状態IIIを基本とするが，支保部材としては，**解説図4.1.2**に示すような吹付けSFRCの変形性能をあらかじめ求めたうえで，それをもとに，日常の計測管理を通じて支保部材としての性能を照査・確認（確保）している．

　吹付けコンクリートの支保効果は，地山の被覆，掘削面の平滑化，亀裂の開口の抑制，軸力の滑らかな伝達等にあると考えられる．さらに，ロックボルト等の他の支保部材と一体となって掘削後の地山に支保反力による受働土圧を与えて，地山が保有している支保機能を引き出し，地山内のグランドアーチを早期に形成し，

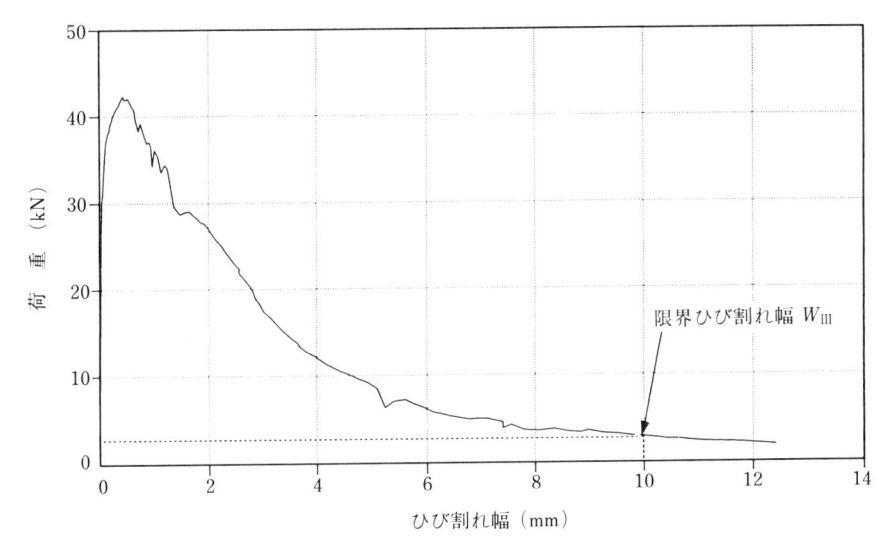

解説図 4.1.2 荷重とひび割れ幅との関係の例

地山の安定を図ることにあると考えられる．

 通常の場合，吹付けコンクリートには軸力が卓越して作用するため，ひび割れが発生しても開口幅が小さい間は多ヒンジ系のシェル構造体として地山の変形に追従する．また，最終的に安定構造を保てなくなった時点でひび割れが連続してはく落が起り，破壊に至るものと考えられる．

 部材の曲げ試験結果によると，吹付け SFRC は，通常の吹付けコンクリートがひび割れ発生後直ちに破壊に至るのに対して，曲げ強度や変形能力が格段に優れており，ひび割れ発生後も SF によって引張応力が伝達されるため，**解説図 4.1.2** に示すように，ひび割れの発生後，また最大荷重に達した後も，耐力が急激に低下することなく漸減する傾向にある．

 これらの特長から，吹付け SFRC は通常の吹付けコンクリートよりも大きな地圧に耐え，部分的に最大強度を越えてひび割れが発生した後も，地圧を支えながら大きな変形に追従することができる．このため SFRC は大きな地圧が発生する地山や大変形が予想される地山への適用が有効である．

 吹付け SFRC の設計および施工に際してはこれらの特長を十分に生かすことが重要であり，そのためには仮閉合も含めてできるだけ早期に断面を閉合することにより，構造体としての安定を図り，軸力を増大させるのがよい．

また，掘削後，予想を越える地圧が発生し変位が収束しない場合がしばしばあるが，このような場合には吹付け SFRC による増し吹付けを施工することにより，効果的に変位を抑制し収束を早め，地山の安定が図られている例がある．さらに，変状部の縫い返し時の支保部材としても有効である．

　吹付け SFRC は，これが有する性能から，地山の早期安定化を期待できるとともに，吹付けコンクリートのひび割れに起因した事故の防止など安全面における改善や，巻厚の低減による経済性の向上など多くの効果があり，トンネル工事において寄与するところが大きい．

　吹付け SFRC を支保部材として有効に活用するためには，これが有する力学的性能および材料特性を十分に考慮し，あわせて地山の力学特性，変形特性を適切に評価することが重要である．また，補助工法も含めて適切な施工方法を選定することが重要である．

　最近はベースとなる吹付けコンクリートの高強度化の他，吹付け後 10 分程度から強度発現が可能な初期高強度型の吹付けコンクリートも開発されており，ベースコンクリートの性能を適切に選定することにより地山の変形特性を考慮した合理的な支保部材の設計が可能となりつつある．

第 2 章 設　　計

> **4.2.1 設　　計**
> (1) 設計の適用は，限界状態 III を基本とする．
> (2) 限界状態 I, II の適用に関しては，責任技術者の判断に基づいて行うものとする．

【解説】
　<u>(1), (2) について</u>　　本設計は，吹付け SFRC を通常の NATM の支保部材として用いる場合を主に想定している．この場合は限界状態 III を適用し，変形性能を重視して設計を行い，施工時の計測等により支保部材としての性能を確認することとした．

　一方，都市部等において NATM を適用する場合，地山の条件，周辺環境条件等が山岳トンネルとは異なる．通常，都市部では土被り厚が小さい場合が多く，NATM の特徴である地山の自立機能が発生しにくい状態であり，さらに，地山の強度が低いことから，地山のゆるみが発生しやすい．また，トンネル周辺構造物に対する変形量の制約がある場合には，トンネル前方を先行支保し，切羽到達時の影響を最小限度に押さえなければならないため，強度，剛性の高い支保を設計する必要がある．これらの場合には，限界状態 II を適用する場合もある．

　このようなことをふまえて，吹付け SFRC 覆工体を永久覆工として使用する場合や構造部材の一部として使用する場合などでは，必要に応じて責任技術者の判断により，限界状態 I または II を適用することができるものとした．

第3章 配　　合

4.3.1 基　本
(1) 配合は，付着した吹付けコンクリートに所定の鋼繊維混入率が確保され，所要の性能を有するように定めなければならない．
(2) 配合は，密実で，付着性がよく，できるだけはね返りや粉じんが少なく，施工性のよい吹付けコンクリートが得られるように定めなければならない．
(3) 配合は，吐出配合について質量をもって表示することを原則とする．
(4) 急結剤の添加率は，必要最小限にとどめなければならない．
(5) 配合は，所要の性能が得られ，使用材料，使用機械，地山の状況等に適合した配合としなければならない．

【解説】

(1) について　吹付け SFRC は，吐出配合と，実際に付着した配合とでは SF 混入量が異なる．一般に，付着配合での混入量は吐出配合に比べて少なく，その程度は SF の形状寸法，混入率等の条件に左右される．したがって，示方配合を決めるにあたっては，付着した吹付けコンクリートが所要の性能を有するように SF の形状，寸法，混入率等についてあらかじめ十分に検討する必要がある．

吹付け SFRC は圧縮強度だけで，その性能を評価することができない．このため，性能として曲げ強度，タフネスおよび耐久性も考慮して配合を定める必要がある．また，SFRC に高い要求性能を期待する場合には，状況に応じて引張強度，せん断強度などについても検討することが必要である．

(2) について　吹付け SFRC に要求されるワーカビリティーは，その対象によって異なるが，一般には，付着性がよく緻密な吹付けコンクリートが得られ，できるだけはね返りが少ないものとすることが望ましい．とくに，吹付け SFRC において SF をはね返りにより失うことは，単に目標とする性能を期待できないばかりでなく経済的にも大きな損失となる．

(3) について　吹付けコンクリートの配合にはノズルより吐出される吐出配合，吹付け面に付着した付着配合がありそれぞれ異なる．吹付け SFRC の品質を管理するためには付着配合について規定するのが最も望ましいが，一般に管理が困難であるので，付着配合と関連性を有し，また最も管理の容易な吐出配合について

質量をもって表示することとした.

(4) について　急結剤の中にはその混入により長期材齢における強度の増進を阻害するものがある．また，一般に急結剤の過剰添加は長期強度の増進を阻害する．したがって経済性も考慮してその使用量は必要最小限とすることが望ましい．

(5) について　吹付けSFRCの現場配合は，使用する吹付け機械の性能，圧送性等の施工性を十分に考慮して定める必要がある．各現場の使用材料，使用機械，地山の状況等に適合した配合とするため，事前に現場試験等を行って適切な現場配合を決定することが望ましい．一般にSFを混入することにより，コンクリートの流動性，分離抵抗性などが低下する傾向があるため，配合設計にあたっては，運搬方法などの施工性，施工設備等を十分考慮して行う必要がある．

最近では吹付けコンクリートの品質および耐久性の向上を目的としてシリカフュームや高炉スラグ等を混和材として用いた試験施工例も見られる．また，シリカフューム，石灰石微粉末などの混和材を用いてコンクリートの粘性を増加させ，減水剤により施工可能な軟度に調整して，リバウンド，粉じんなどの施工性の向上を図った吹付けコンクリートの施工例も報告されている．これらの方法は，吹付けSFRCにおいても十分に有効であると考えられる．

4.3.2　配合強度

　吹付け鋼繊維補強コンクリートの配合強度は，現場におけるコンクリートの品質のばらつきを考慮して，構造物に要求される強度や設計基準強度に適当な係数を乗じて割増したものとする．

【解説】
吹付けSFRCは打込みSFRCに比較して品質のばらつきが大きくなる傾向がある．ばらつきの程度はコンクリートの配合，施工条件によってかなり差があるが，圧縮強度の変動係数についてのこれまでの報告例ではよく管理された場合で10～15％，一般の場合で15～20％の範囲である．

吹付けSFRCの配合強度は打込みSFRCとは異なり試験も容易でなく，また，施工条件によってかなりの影響を受けることもあって，構造物に必要な強度を指定する場合には事前に試験を行って求めた値や，これまでの実績値によって決めるべきであり，実際に得ることのできないような強度を指定しても現実的ではない．これまでの実績によると，吹付けSFRCによって作成した供試体によるSFの計画混入率1～1.5％での強度は，次のような範囲にあることが多い．

解説表 4.3.1　最近の施工に

No.	施工期間 初	施工期間 終	SF の使用目的	打設方法	セメント種類	鋼繊維混入率(%)	水セメント比 W/C (%)	細骨材率 S/a (%)	鋼繊維の形状・寸法 換算直径(mm)	長さ(mm)	アスペクト比
1	93	96	構造不安定部分の補強	吹付乾式	普通	1.0	50	60	0.6	30	50
2	94	94	補修・補強	吹付乾式	普通	1.0	60	60	0.6	25	42
3	90	90	構造不安定部分の補強	吹付湿式	普通	1.0	46.3	80	0.6	25	41.7
4	92	92	不良地山部塑性変形対策	吹付湿式	普通	1.0	55	50.5	0.6	30	50
5	92	92	不良地山部塑性変形対策	吹付湿式	普通	1.0	53.3	75	0.6	25	42
6	93	94	構造不安定部分の補強	吹付湿式	普通	1.0	55	50.5	0.6	30	50
7	93	93	その他	吹付湿式	普通	1.0	50	75	0.6	25	42
8	94	95	不良地山部塑性変形対策	吹付湿式	普通	1.0	60.3	67	0.6	25	42
9	94	95	膨張性地山対策	吹付湿式	普通	1.0	42.8	75	0.6	30	50
10	94	94	補修・補強	吹付乾式	普通	1.00	−	−	0.8	30	38
11	95	96	膨張性地山対策	吹付湿式	普通	1.0	55	60	0.6	25	42
12	95	96	構造不安定部分の補強	吹付湿式	普通	1.0	63	58	0.6	25	41.7
13	95	95	不良地山部塑性変形対策	吹付湿式	普通	1.00	60.3	67.0	0.8	30	38
14	95	96	補修・補強	吹付湿式	普通	1.00	61.4	70.0	0.8	30	38
15	95	95	補修・補強	吹付湿式	普通	1.00	−	−	0.8	30	38
16	96	96	不良地山部塑性変形対策	吹付湿式	普通	1.0	56	65	0.6	25	42
17	96	96	不良地山部塑性変形対策	吹付湿式	普通	1.0	59	72	0.6	25	42
18	96	96	その他	吹付湿式	普通	1.0	65	65	0.6	25	42
19	96	96	不良地山部塑性変形対策	吹付湿式	普通	1.0	59.7	65	0.6	25	42
20	96	96	補修・補強	吹付湿式	普通	1.0	45	60	0.6	30	50
21	96	96	不良地山部塑性変形対策	吹付湿式	普通	1.0	60	75	0.6	25	42
22	96	96	不良地山部塑性変形対策	吹付湿式	普通	0.75	51.5	61.6	0.6	25	42
23	96	96	不良地山部塑性変形対策	吹付湿式	普通	1.00	60.3	63.0	0.8	30	38
24	96	96	構造不安定部分の補強	吹付湿式	普通	1.00	−	−	0.8	30	38
25	97	01	不良地山部塑性変形対策	吹付湿式	普通	1.0	51.5	61.6	0.6	25	42
26	97	98	構造不安定部分の補強	吹付湿式	普通	0.75	62	63	0.6	25	42
27	97	97	膨張性地山対策	吹付湿式	普通	1.00	45.0	70.0	0.8	30	38
28	97	97	不良地山部塑性変形対策	吹付湿式	普通	1.00	−	−	0.8	30	38
29	97	97	不良地山部塑性変形対策	吹付湿式	普通	1.00	−	−	0.8	30	38
30	98	98	構造不安定部分の補強	吹付湿式	普通	0.75	62	63	0.6	25	42
31	98	98	永久覆工	吹付湿式	普通	1.0	55	66	0.6	30	50
32	98	00	構造不安定部分の補強	吹付湿式	普通	1.0	58	69	0.6	25	42
33	98	98	構造不安定部分の補強	吹付湿式	普通	0.75	45.0	70.0	0.8	30	38
34	98	98	構造不安定部分の補強	吹付湿式	普通	0.75	57.0	58.0	0.8	30	38
35	98	98	構造不安定部分の補強	吹付湿式	普通	0.75	45.0	70.0	0.8	30	38
36	98	98	構造不安定部分の補強	吹付湿式	普通	1.00	−	−	0.8	30	38
37	00	00	不良地山部塑性変形対策	吹付湿式	普通	1.0	63.3	62	0.6	30	50
38	00	00	永久覆工	吹付湿式	普通	1.0	60	65	0.6	30	50
39	00	00	膨張性地山対策	吹付湿式	普通	0.5	55	61.5	0.6	30	38
40	01	01	その他	吹付湿式	普通	0.75	45	70	0.6	30	50
41	01	01	その他	吹付湿式	普通	0.75	45.1	65	0.6	30	50
42	01	01	構造不安定部分の補強	吹付湿式	普通	0.5	60	62	0.8	30	38

注 1) 混和材（剤）欄の「/」は使用していないことを示す．注 2) 配合欄の「−」は詳細なデータがないため

第 3 章 配　合

おける配合例（吹付け SFRC）

粗骨材最大寸法(mm)	スランプ(cm)	空気量(%)	鋼繊維 SF	水 W	セメント C	細骨材 S	粗骨材 G	混和材 AE減水	混和材 高性能	混和材 急結材	圧縮強度 28d	圧縮強度 7d	圧縮強度 3d	圧縮強度 1d	曲げ強度 28d	曲げ強度 7d	設計方法	場所
15	–	–	80	175	350	1100	739	/	/	17.5							–	山梨
15	–	–	80	252	420	–	–	/	/	–							–	和歌山
15	12	–	80	220	475	1257	320	/	5	–	41.3	33.8			5.8	4.6	–	京都
15	15	–	80	210	381	–	–	/	/	–							–	静岡
15	–	–	80	240	450	–	–	/	/	–							–	長野
15	–	–	80	210	381	–	–	/	/	–							–	岩手
15	–	–	80	220	450	–	–	/	/	–							–	京都
15	8	–	80	225	373	1121	561	/	/	26	31.0				6.09		–	静岡
15	12	–	80	214	500	1199	403	/	/	–					5.3		–	山梨
15	–	–	80	–	–	–	–	/	/	–							–	兵庫
15	15	–	80	198	360	–	–	/	/	–							–	兵庫
15	–	–	80	252	400	–	–	/	/	–					4.89		–	兵庫
13	10	–	80	225	373	1121	561	/	/	–	41.5				4.97		–	兵庫
15	10	–	80	215	350	1241	538	/	/	–	35.7				6		–	山形
15	–	–	80	–	–	–	–	/	/	–							–	兵庫
15	–	–	80	220	392	–	–	/	/	–							–	新潟
15	–	–	80	230	390	–	–	/	/	–							–	新潟
15	–	–	80	245	377	–	–	/	/	–							–	京都
15	8	–	80	225	377	1041	567	/	/	–	24.9				4.28		–	岩手
15	12	–	80	171	380	1096	744	/	/	22.8	22.1				5.51		–	新潟
15	–	–	80	261	436	–	–	/	/	–							–	兵庫
15	–	–	60	184	357	–	–	/	/	–							許容	長野
15	10	–	80	223	367	1069	656	/	/	–	33.1	22			9.09	6.31	–	兵庫
15	–	–	80	–	–	–	–	/	/	–							–	埼玉
15	–	–	80	185	360	–	–	/	/	–							–	兵庫
15	–	–	60	238	384	–	–	/	/	–							–	岐阜
15	20	–	80	225	450	1119	482	/	4.5	–	49.7				6.19		–	群馬
15	–	–	80	–	–	–	–	/	/	–							–	静岡
15	–	–	80	–	–	–	–	/	/	–							–	北海道
15	–	–	60	239	385	–	–	/	/	–							–	岐阜
15	–	–	80	228	415	1176	401	/	/	28.14	33.4						–	広島
15	12	–	80	220	380	1190	537	3.04	/	–	29.9				4.85		–	静岡
10	18	–	60	203	450	1111	480	/	5.4	–	46.3				5.3		–	神奈川
15	10	–	60	205	360	1050	738	/	/	–	30.5				5.7		–	長野
10	18	–	60	210	467	1146	498	/	4.67	–	36				8.27		–	滋賀
15	–	–	80	–	–	–	–	/	/	–							–	三重
15	–	–	80	228	360	–	–	/	/	–							–	新潟
15	12	–	80	230	383	–	–	/	/	–							–	静岡
15	15	–	40	220	400	1033	653	/	2.4	40				12.2	4.5		–	大阪
15	18	–	60	202	450	1086	610	/	7.65	45							–	群馬
15	18	4	60	203	450	1154	498	/	–	45	43				6.3		–	神奈川
15	10.5	–	40	216	360	1064	660	3.04	–	–	28.9	19.4		3.64			–	愛知

不明．注 3) 強度欄の「空欄」は不明もしくは未実施を示す．

圧縮強度： 20～50 N/mm²
曲げ強度： 4～9 N/mm²

これらの値も配合，施工条件，材料の品質によってかなり変動するので，できるだけ実際の施工に先立って試験を行いその目安を得るのが望ましい．

吹付け SFRC の特徴の一つとして，付着した SF の大部分は平面方向（吹付け面に平行な方向）に倒れ込む傾向があり，SF は二次元的にランダムな配向に近い状態でコンクリート内に分布する．このため得られる性能（強度および変形性能）には異方性が生ずることもあり，あらかじめこれを考慮しておく必要がある．

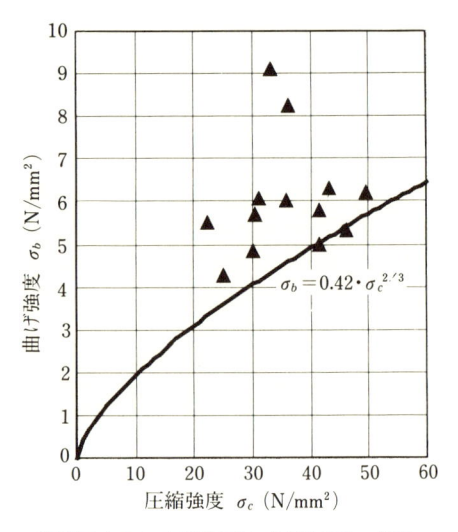

解説図 4.3.1 圧縮強度と曲げ強度との関連（吹付け SFRC）

$$\sigma_b = 0.42 \cdot \sigma_c^{2/3}$$

なお，最近の施工実績における吹付け SFRC の圧縮強度と曲げ強度との関係は**解説図 4.3.1** に示したとおりである．なお，**解説図 4.3.1** 中の曲線は『コンクリート標準示方書』（平成 8 年制定）に示されているプレーンコンクリートの場合の圧縮強度と曲げ強度の関係式を表示したものである．

4.3.3 配 合 設 計

(1) 配合を決めるにあたっては，付着した鋼繊維補強コンクリートが所要の強度，タフネスを満足する範囲で，はね返り率，粉塵発生量を極力少なくし，かつ，良好な作業性を有するように，次の項目について慎重に検討しなければならない．
　①鋼繊維混入率
　②水セメント比
　③粗骨材の最大寸法
　④細骨材率
　⑤単位セメント量
　⑥混和材料の種類および単位量
(2) 配合は工事の実施に先立って試験を行い，これを定めなければならない．

【解説】

(1) について　吹付け SFRC の配合と品質との関係は，これまでに必ずしも明確にされていないが，配合を定めるにあたっては付着した SFRC が所要の性能を示すだけでなく経済性を考慮して，はね返りを極力少なくし，さらに作業性，作業環境も良好となるように配慮しなければならない．また，混和剤は SF の腐食を促進する恐れがないものを使用しなければならない．

吹付け SFRC の作業性としてとくに考慮すべき項目は次のとおりである．

① フレッシュコンクリートの粘性を上げて圧送中，ノズルから放出時の材料分離を極力抑えること．
② 練り上がり後 30～60 分の可使用スランプ保持時間を確保する必要がある．
③ 圧送中脈動は急結剤空吹きの原因となるばかりでなく，閉塞につながる恐れがあるのでできるだけ連続性を維持すること．
④ はね返りおよび粉じんが少ないこと
⑤ 吹き付けられた SFRC のはく離，はく落，表面のたれ下りが生じないこと

吹付け SFRC の作業性を向上させるために，フレッシュコンクリートの粘性を上昇させる必要があるとともに，同時に，可使用スランプ保持時間を確保する必要がある．この場合，硬さ，軟らかさを尺度とした粘性特性（降伏値）の他に一体性，団結性等を尺度とした粘性特性（塑性粘度）も考慮し，適度の降伏値を持ちながら適度な塑性粘度を確保したフレッシュコンクリートの配合を求めることが重要である．

また，高スランプ領域での施工は，コンクリートの分離抵抗性が低下する，SF の付着率が悪くなる，粉塵の発生量が増加する等のおそれがあるので，注意を要する．

(2) について　これまでに各研究機関で実施された試験結果によると，得られる SFRC の品質は配合の相違によるのはもちろんのこと，使用する吹付け機械の性能や種類によっても変動する．このため，とくに重要な構造物や工事量が多い場合には，工事に先立って実現場における吹付け試験を行うか，工事の初期において試験を兼ねた施工を行って最終的な配合を定めることが望ましい．性能確認試験は一連の SFRC に関する土木学会規準を参考にするとともに，**2.4**「材料の試験」に示される曲げ試験方法および圧縮試験方法に従って行うものとする．また，試験に用いる供試体は責任技術者の指示に従ってテストパネルに吹き付け，これからコアリングやカッティングを行って作成するか，あるいは工事の初期に施工した吹付け SFRC から供試体を採取して試験をすることが望ましい．

参考のために最近の施工における配合の実績を示すと**解説表 4.3.1** のとおりで

ある.なお,施工現場の状況に合せて材料および使用機械を選定する必要があり,ポンプ圧送方式と空気圧送方式とではかなり差がある.前者では圧送性の関係からセメント量が多くなっている.このため,配合設計を行うにあたっては,施工方法,施工設備および施工環境を加味することがとくに重要である.

4.3.4 鋼繊維混入率
(1) 鋼繊維混入率は,所要の性能が得られるように定めなければならない.
(2) 鋼繊維混入率は,付着配合における混入率を考慮するものとする.

【解説】

(1) について　解説表 4.3.1 によると,SF 混入率は 0.5~1.0%の範囲で用いられているが,通常 1%としていることが多い.実現場において SF は箱(袋)詰め梱包されたものを用いて箱単位(1 箱 20 kg)で計量する場合が多い.この場合,単位量としては 1%(78.5 kg)より若干多くなる.なお,最近の実績を**解説図 4.3.2** に示す.

所要の補強効果を得るために適した SF の形状寸法については,未だ明確にされているとはいいがたい.現状では長さ 20~30 mm の SF が多く用いられているが,その長さおよび混入率は施工性に影響を与える.また,曲げ強度とタフネスは SF のアスペクト比に影響されるとともに,粗骨材の最大寸法の影響も受け,粗骨材の最大寸法に比べて SF 長さが短いと所要の効果が得られにくくなるので,SF 長さは粗骨材最大寸法の 3/2 以上とする必要がある.

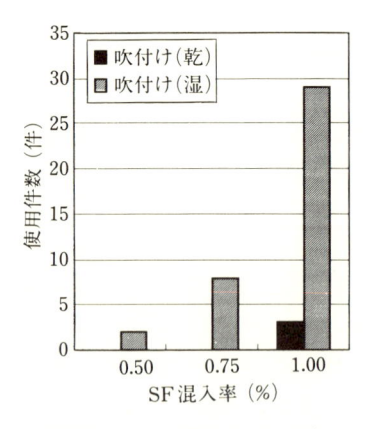

解説図 4.3.2　SF 混入率の実績

第 3 章 配　　合

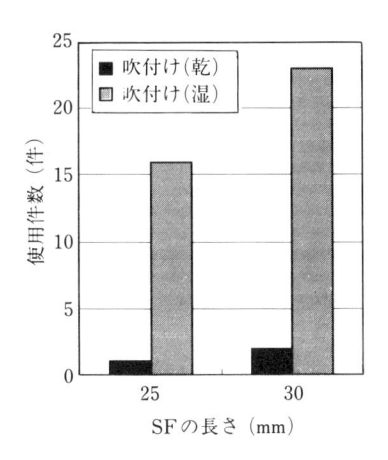

解説図 4.3.3　SF 長さの使用実績

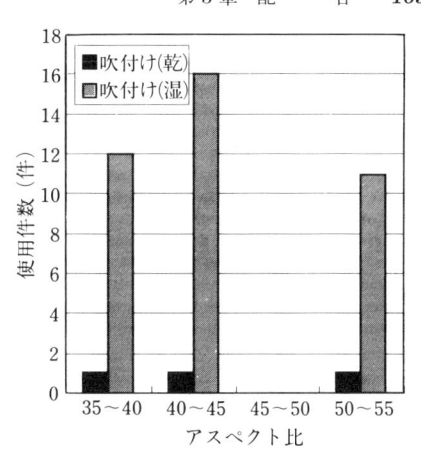

解説図 4.3.4　アスペクト比の使用実績

解説表 4.3.2　吹付け SFRC の配合例

SF の形状寸法 (mm)	SF 混入率 (%)	粗骨材最大寸法 (mm)	スランプの範囲 (cm)	空気量の範囲 (%)	W/C (%)	s/a (%)	単位量 (kg/m^3)					
							SF	W	C	S	G	混和剤 *1
—	0	15	15±2.5	2±1.5	57.0	53.0	—	205	360	896	810	3.24
$\phi 0.8 \times 30$	0.5					55.0	40	211	370	917	765	3.33
	1.0					58.0	80	217	380	953	704	3.42
	1.5					62.0	120	222	390	1 006	629	3.51

注）*1 高性能 AE 減水剤

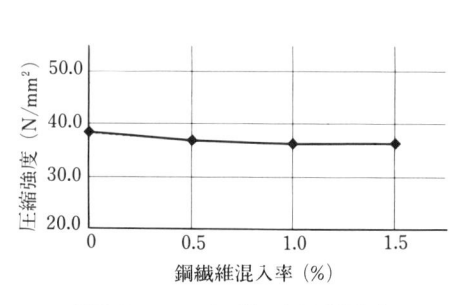

解説図 4.3.5　SF 混入率と圧縮強度

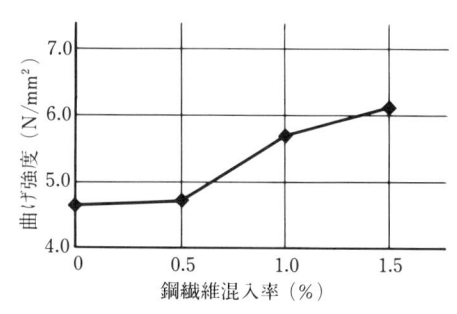

解説図 4.3.6　SF 混入率と曲げ強度

　SF の種類および混入率の選定にあたっては，使用する予定の施工機械を用いて事前に試験を行うか，または，過去の施工例を参考にすることが望ましい．なお，最近の実績を**解説図 4.3.3** および**解説図 4.3.4** に示す．

　解説表 4.3.2 に示される吹付け SFRC の配合例において，SF 混入率が圧縮強

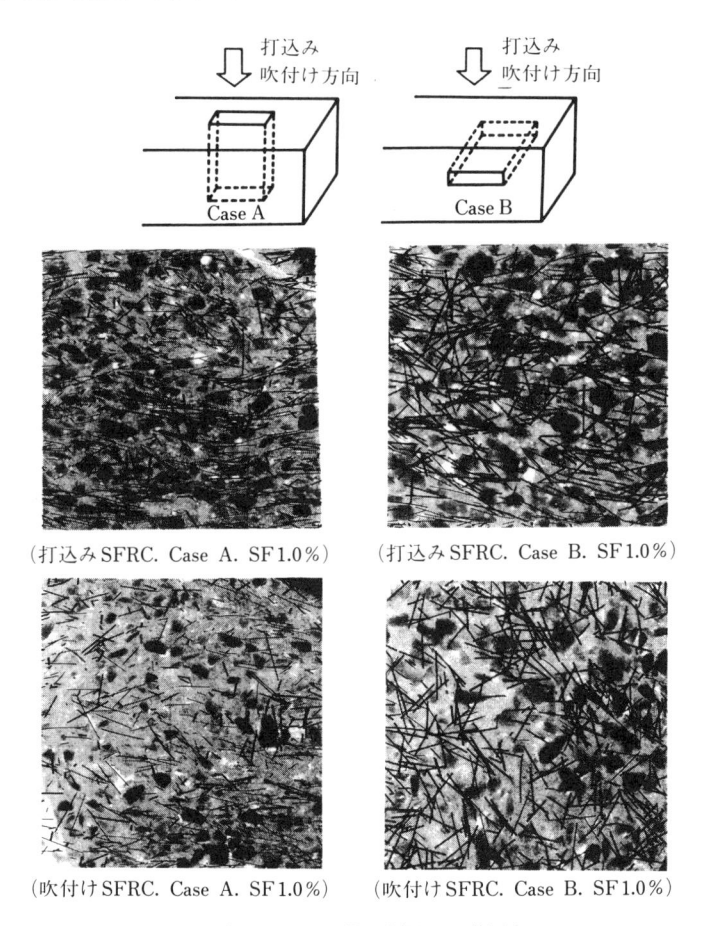

（打込みSFRC. Case A. SF 1.0%）　（打込みSFRC. Case B. SF 1.0%）

（吹付けSFRC. Case A. SF 1.0%）　（吹付けSFRC. Case B. SF 1.0%）

解説写真 4.3.1　SF 混入状況の X 線写真

度および曲げ強度に与える影響は**解説図 4.3.5** および**解説図 4.3.6** に示すとおりであり，圧縮強度はその影響をほとんど受けずほぼ一定であるが，曲げ強度は SF 混入率を増すとともに大きくなっている．

(2) について　SF 混入率は吹付け SFRC の性能を大きく左右することから，洗い分析を行うなどの方法により，付着配合における SF の実際の混入率と配合設計において計画した混入率との関連を把握することが重要である．

これまでの施工例によると，適切な配合や吹付け機械，吹付け方法を選定した十分な施工管理および品質管理のもとでは，練混ぜ時の混入率に対して約 8～9 割の SF 混入率を確保できると考えられるが，試験によりこれを確認することが望

解説表 4.3.3 SF 本数の測定結果

SF 混入率 (%)	0.5		1.0		1.5		平均	
	打込み	吹付け	打込み	吹付け	打込み	吹付け	打込み	吹付け
破断面の SF 本数 (F)	157	98	317	176	366	277	—	—
非破断面の SF 本数 (H)	289	183	490	294	619	430	—	—
(F)/(H)	0.54	0.54	0.65	0.60	0.59	0.64	0.59	0.59
吹付け (F)/打込み (F)	0.62		0.56		0.76		0.65	
吹付け (H)/打込み (H)	0.63		0.60		0.69		0.64	

注) SF 本数は各々の試験ケースの平均値

解説表 4.3.4 吹付け SFRC の配合例

SF の形状寸法 (mm)	SF 混入率 (%)	粗骨材最大寸法 (mm)	スランプの範囲 (cm)	空気量の範囲 (%)	W/C (%)	s/a (%)	単位量 (kg/m³)					
							SF	W	C	S	G	混和剤 *1
—	0	15	15 ± 2.5	4 ± 1	55	80	—	215	390	1 293	337	3.9
φ0.6 ×25	0.5						40					4.7
	1.0						80					5.1
	1.5						120					5.9

注) *1 高性能 AE 減水剤 (空気量調整剤を含む)

ましい.

なお,『旧鋼材倶楽部 SFRC 構造設計施工研究会』の試験結果[1]によると,吹付け SFRC および打込み SFRC の SF の混入状況は**解説写真 4.3.1** に示すとおりである.これらの写真は高さ 150 mm,幅 150 mm の供試体断面に長さ 25 mm の SF が分散している状況である.また,吹付け SFRC の曲げ供試体において,曲げ試験により破断した断面と破断しなかった断面を貫通する SF 本数は**解説表 4.3.3** に示すとおりである.

4.3.5 水セメント比

吹付け鋼繊維補強コンクリートの水セメント比は,要求される性能および施工機械等を考慮して適切に定めるものとする.

【解説】

吹付け方式が湿式であるか乾式であるかにより適切な水セメント比は異なる.
湿式工法では SFRC の品質に対する水セメント比の影響は,普通コンクリートの場合と同様に考えてよいが,施工性に対しては,吹付け機械の性能に応じて適

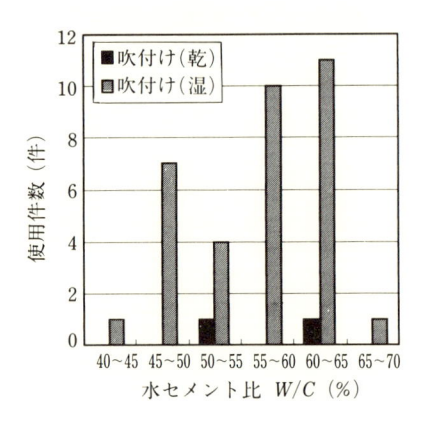

解説図 **4.3.7** 水セメント比の実績

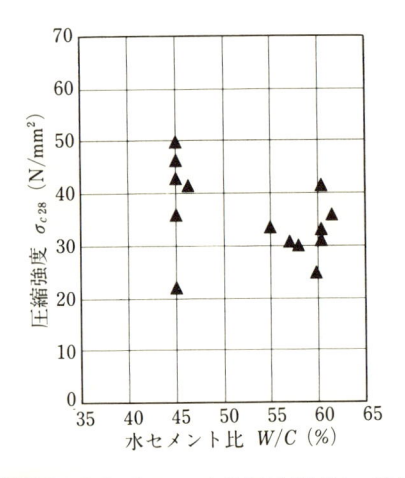

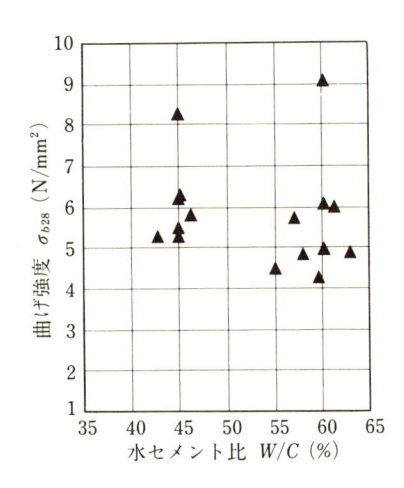

解説図 **4.3.8** 水セメント比と圧縮強度との関係　　解説図 **4.3.9** 水セメント比と曲げ強度との関係

切な値を選定しないと圧送ホースの閉そくを招いたり，吹き付けたSFRCの流出やはく離を生じたりする恐れがある．

　乾式工法ではノズルマンが吹付け面の状態を見ながら水量の調節を行うため，望ましい水セメント比の範囲が施工性から決まってくる面もある．

　最近施工された吹付けSFRCの水セメント比の例では45〜60％の範囲が多い．また，水セメント比の設定にあたっては試験によりその品質，性能を確認して適切なものを選定することが望ましい．参考のために，最近の実績として，水セメ

ント比の使用範囲および水セメント比と圧縮強度または曲げ強度との関係を**解説図 4.3.7～解説図 4.3.9** に示す．

> **4.3.6　単位水量**
> 　吹付け鋼繊維補強コンクリートの単位水量は，作業ができる範囲で，できるだけ少なくなるように，試験によってこれを定めなければならない．

【解説】
　吹付け SFRC の場合も通常の吹付けコンクリートと同様に，作業ができる範囲内で，できるだけ単位水量を少なくしなければならない．所要のコンシステンシーを得るために必要な SFRC の単位水量は，SF の形状寸法，混入率，粗骨材の最大寸法，細骨材率，および混和材や混和剤の種類等によって異なる．このため，事前に試験を行うことを原則としている．

> **4.3.7　粗骨材の最大寸法**
> 　粗骨材の最大寸法は使用する鋼繊維の長さの 2/3 以下とし，かつ部材最小寸法の 1/4 を超えてはならない．

【解説】
　SFRC において，粗骨材の最大寸法と SF 長さとの関係は曲げ強度ならびにタフネスに大きな影響を与える．現在までの研究結果によると，粗骨材の最大寸法が SF 長さの約 1/2 の場合に曲げ強度およびせん断強度は最も高くなり，その値より大きくても小さくても強度は低下するようである．このため，粗骨材の最大寸法を SF 長さの 1/2 とすることが望ましいが，実際に入手し得る粗骨材の最大寸法には物理的にも経済的にも制約があることから，本マニュアルではこれを SF 長さの 2/3 以下としている．
　吹付け SFRC のこれまでの施工実績によると，粗骨材の最大寸法が 10～15 mm の

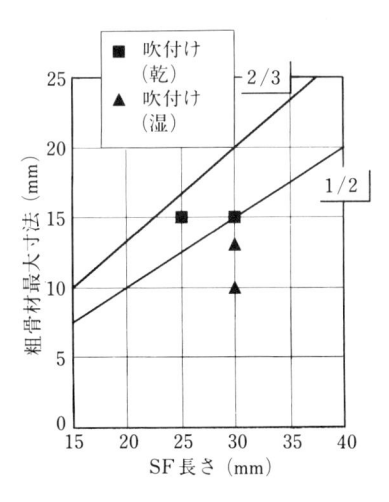

解説図 4.3.10　SF 長さと粗骨材最大寸法との関係

骨材が多用されている．粗骨材の最大寸法は吹付け機械の性能および圧送ホースの径等を考慮して 15 mm 以下とする場合が多い．補強・補修の場合には粗骨材を使用せずにモルタルをベースとすることも少なくない．粗骨材の最大寸法と SFRC の品質との関係を考えると，できあがった SFRC の品質が同じであるならば，普通コンクリートの場合と同様に，最大寸法が大きいほど単位セメント量が減少できる．しかし，吹付け SFRC は施工上，寸法の大きな骨材ほどはね返る可能性が大きく，作業するノズルマンにも危険である．さらに，ホース内の閉塞を招く可能性が高くなること，練混ぜの際にファイバーボールができる可能性が高くなることなどから，粗骨材の最大寸法をあまり大きくすることは現実的ではない．

最近の施工実績から見ても，粗骨材の最大寸法は 10～15 mm の範囲としているのが一般的のようである．参考のため，粗骨材最大寸法と SF 長さとの関係を**解説図 4.3.10** に示す．

4.3.8 細骨材率

吹付け鋼繊維補強コンクリートの細骨材率は，所要のコンシステンシーならびに性能が得られる範囲内で，単位水量が最小になるように定めると同時に，はね返り等の施工性を考慮してこれを定めなければならない．

【解説】

細骨材率を大きくすればはね返りが少なく表面の平滑なコンクリートが得られる．しかし，あまりこれを大きくすると所要の性能を得るための単位セメント量が多くなり不経済になるばかりでなく，乾燥収縮やセメントの発熱にともなう温度応力の影響も大きくなり，所要の性能の SFRC が得られなくなる．また，逆に細骨材率を小さくしすぎるとはね返りが多くなったり，ホース内の閉塞を招いたりする．また，吹付け SFRC の最適細骨材率はワーカビリティーのみを考慮して定めると，その値が 60％以下の場合には必ずしも期待した性能が得られない場合

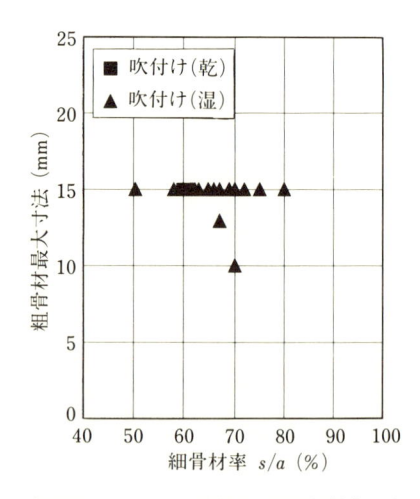

解説図 4.3.11 細骨材率と粗骨材最大寸法との関係

もある．

細骨材率は用いる粗骨材の最大寸法，細骨材の粒度分布を考慮して定める．一般的な吹付け SFRC では細骨材率を 60～80％の範囲とする場合が多いようである．なお，最近の施工実績を示すと**解説図 4.3.11** のとおりである．

4.3.9　コンシステンシー

　吹付け鋼繊維補強コンクリートのコンシステンシーは，所要の品質および性能を満足するように選定するほか，とくに施工性を考慮して選定するものとする．

【解説】

湿式吹付け SFRC におけるスランプは，圧送性および吹付けの作業性等の施工性を考慮した上でできるだけスランプの小さいものとし，SF や骨材の分離を防ぐことが重要である．一般には，単位セメント量を増したり，混和材を用いたりして粘性を高めることにより SF や粗骨材の分離を防止している．このため，フレッシュコンクリートのコンシステンシーを評価するにあたっては，スランプの他にスランプフロー値やスプレッド値を参考にすると，より詳細なコンシステンシーの評価が可能となる．

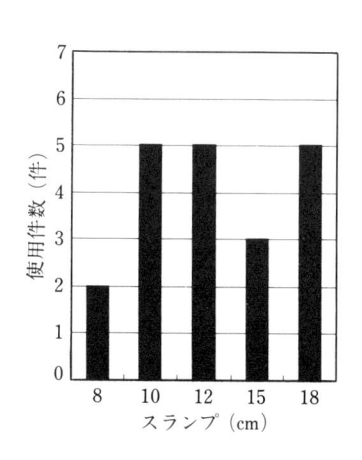

解説図 4.3.12　SFRC のスランプの使用実績 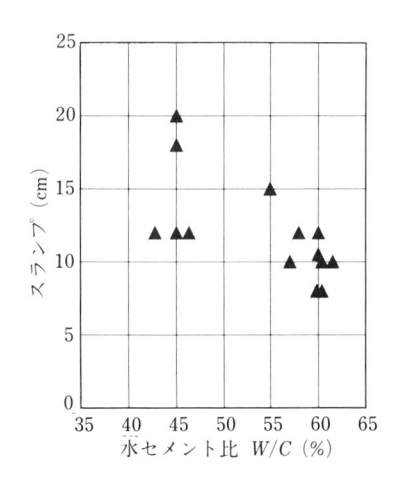　　解説図 4.3.13　水セメント比とスランプとの関係

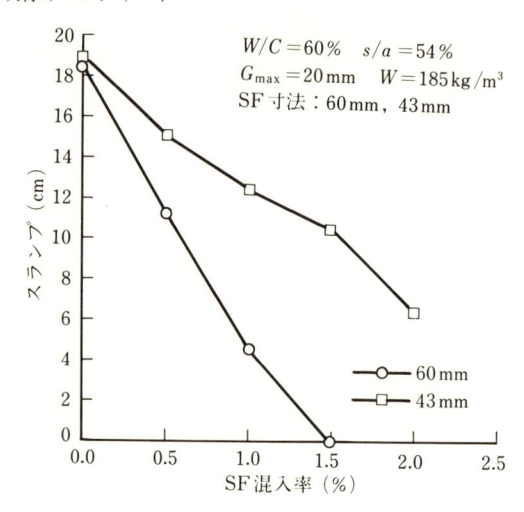

解説図 4.3.14　鋼繊維混入率とスランプとの関係

　なお，最近の施工実績におけるスランプの範囲は，**解説図 4.3.12〜解説図 4.3.14**に示すとおりである．実績によるとスランプは少し小さめな値となっているが，実際には 12 cm 以上のスランプが施工上必要となる場合が多い．なお，この図については，高性能 AE 減水剤を使用し水セメント比を 45％程度にしている配合や，SF 混入率が大きいため水セメント比が 60％程度になっている配合があるなど，混和剤の使用の有無やその他の条件が混在しているので注意する必要がある．

4.3.10 配合の表し方
(1) 配合の表し方は，一般に**表 4.3.1** による．

表 4.3.1 配合の表し方

鋼繊維の形状寸法 (mm)	鋼繊維混入率 (%)	粗骨材の最大寸法 (mm)	スランプの範囲 1) (cm)	水セメント比 2) w/c (%)	空気量 (%)	細骨材率 s/a (%)	単位量 (kg/m³)							
							鋼繊維 SF	水 W	セメント C	混和材 3) F	細骨材 S	粗骨材 G mm~mm	mm~mm	混和剤 4) A

注 1) 高流動コンクリートの場合は「スランプの範囲」にかわって「スランプフロー」を用いる．
 2) ポゾラン反応や潜在水硬性を有する混和材を使用するとき，水セメント比は水結合材比となる．
 3) 同種類の材料を複数種類用いる場合は，それぞれの欄を分けて表す．
 4) 混和剤の使用量は，ml/m³ または g/m³ で表し，薄めたり溶かしたりしないものを示すものとする．

(2) 示方配合は，細骨材は 5 mm ふるいを全部通るもの，粗骨材は 5 mm ふるいに全部とどまるものであって，ともに表面乾燥飽水状態にあるものとしてこれを示す．

【解説】

(1) について　この配合の表し方は普通コンクリートの場合のそれに準じたものである．配合は質量で表すのを原則とする．単位 SF 量に関しては，普通コンクリートとの比較のしやすさ，現場での配合設計のしやすさを考慮して外割で示すこともあるが，ここでは普通コンクリートと同様に内割で示すこととした．

(2) について　示方配合は示方書または責任技術者によって指示される配合をいう．示方配合における骨材は表面乾燥飽水状態のもので，5 mm ふるいを通るものと，これにとどまるものとに明確に区別されたものであるが，現場の骨材は上記のような状態にない場合が多いから，骨材の含水率，5 mm ふるいにとどまる細骨材の量および 5 mm ふるいを通る粗骨材の量を考えて，示方配合を現場配合に直さなければならない．また，混和剤を薄めたり溶かしたりして使用する場合は，希釈水量を単位水量の一部として考慮しなければならない．

第 4 章　施　　工

> **4.4.1 施工一般**
> (1) 吹付け方式は施工条件を考慮して選択するものとする．
> (2) 鋼繊維を混入することにより，普通コンクリートと比較してワーカビリティーが低下する場合があるので，製造設備および施工方法等について適切なものを選択して作業の中断等が生じないよう管理しなければならない．

【解説】

<u>(1) について</u>　吹付け方式には湿式および乾式があるが，現在は通常の場合，湿式が用いられている．乾式は生コンクリートの搬入が困難な場合等，ごく特殊な条件の場合に採用されている．吹付け方式の選択にあたっては地山状況，湧水状況および施工性等を十分に考慮して行う必要がある．乾式工法はドライミックスした吹付け材を切羽まで長距離輸送できるため，坑内に生コンクリートを搬入するのが困難な場合には有利になる．しかし，オペレータの操作によりノズル部で水が添加されるため，水量が一定になりにくく品質管理が難しい．それに対して，湿式工法はあらかじめプラントで正確に計量されて製造されたSFRCを用いるので，安定した品質を得ることができる．一般に粉じんの発生量，はね返り率は湿式の方が少ない．

また，湿式工法においては，ポンプ圧送方式と空気圧送方式以外に遠心力を利用してコンクリートを吹付け面に付着させる新しい方式も開発されている．

<u>(2) について</u>　SFを混入することにより配管の閉塞が起りやすくなったり，はね返り量が増えたりする場合もある．また，吹付け機の部品や配管，ホース等の摩耗が大きくなる傾向があるので，これらのことについて通常の吹付けコンクリートに比べ綿密な管理が必要である．

4.4.2 施工設備
(1) 吹付け機械は，所定の配合材料を連続して搬送し，吹付けができるものでなければならない．
(2) 付属機器は，吹付け機械が所要の性能を発揮できるものでなければならない．

【解説】
<u>(1) について</u>　吹付けSFRCは，通常の吹付けコンクリートの施工機械とほぼ同等のものを用いて施工することができる．しかし，SFの形状寸法や混入率によって，吐出量の減少や閉塞を起したり部品の消耗が大きくなったりすることがあるので，設備（機種，輸送管の寸法）の選定や整備には十分留意する必要がある．また，SFのはね返り率は吹付け機械の能力によって変化するので，過去の施工実績を参照するとともに，あらかじめ吹付け試験を行って所定の性能が得られることを確認するのが望ましい．

<u>(2) について</u>　付属機器にはコンプレッサ，急結剤等の添加装置，乾式工法での水の供給装置，SFの投入設備などがある．コンプレッサはSFの混入により圧送の負荷が大きくなることを考慮して，十分な容量があるものを選択する必要がある．圧力や吐出量が不足すると閉塞が生じやすくなったりSFなどの材料のはね返りが多くなったりする．

また急結剤等の混和剤の添加装置は，適正な混合率が得られるものでないと付着性能が悪くなり，所要のSFRCの性能が得られない場合があるので，その選択にあたっては十分な注意を要する．乾式工法の場合には安定した水量が得られるような水の供給装置を設ける必要がある．

4.4.3 計量および練混ぜ

(1) 鋼繊維は，1バッチ分ずつ質量で計量しなければならない．
(2) 鋼繊維を計量する場合の計量誤差は，1回計量分に対して2%以下でなければならない．
(3) 箱（袋）梱包の鋼繊維は，1箱（袋）を単位として用いる場合に限り計量を省略してもよい．
(4) 鋼繊維の投入および練混ぜは，鋼繊維が吹付けコンクリート中に一様に分散するように行わなければならない．
(5) ミキサは，強制練りバッチミキサを用いることを基本とし，可傾式バッチミキサまたは連続式ミキサを用いる場合は，これと同等の品質を確保できるものでなければならない．
(6) 練混ぜ時間は，試験によって定めるのを原則とする．

【解説】

(1) について　吹付けコンクリートの材料は質量で計量するのが原則であり，SFもそれに従うものとする．

(2) について　SFの計量誤差は，プラントにおけるバッチ計量を考慮して2%以下とした．従来は，アジテータ車への投入では箱（袋）単位の投入方法のみであったが，最近では，自動供給装置を用いてアジテータ車に投入する事例も増えており，短時間に多量の投入がなされるため，この場合は設計投入量に対してSFRCの品質を考慮し，−0%～＋4%の範囲で管理することが望ましい．

(3) について　箱詰されたSFを1箱（袋）全部使用する場合は，その質量は製造者の表示した質量を用いてよい．ただし，1箱（袋）未満の端数がでる場合は，計量装置で質量を計量しなければならない．

(4) について　SFの投入および練混ぜ方法が不適切な場合，SFが一様に分散せず，ファイバーボールや特定方向への配向が生じて，所要の性能を確保できない場合があるのでとくに留意する必要がある．

コンクリート材料とSFを直接ミキサに投入する場合，材料の投入順序は，**解説図 4.4.1 (a)** に示すように，SFを他のコンクリート材料と同時に投入する方法と，同 (b) のようにアジテータ車内のベースコンクリートへ直接SFを投入する方法がある．どちらの方法によるかは吹付けSFRCの配合，生産設備，施工方法を考慮の上，練混ぜ試験により決定するのがよい．

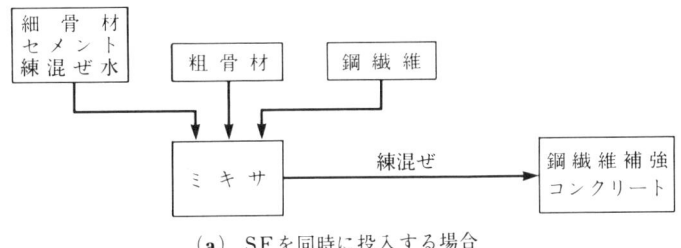

(a) SFを同時に投入する場合

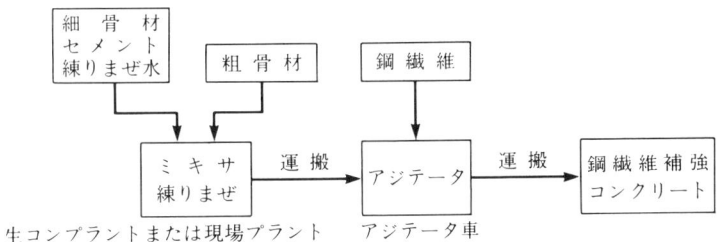

(b) アジテータ車内のベースコンクリートへ直接SFを投入して製造する場合

解説図 4.4.1 SF 投入フロー

なお，鋼繊維の投入は供給機等の投入機器を用いるのが望ましい．供給機等の投入機器は SF の均一な混入率の確保，分散性の向上を図る等，SFRC の品質性能をより厳しく管理し，施工の確実性を保証する目的のほか，主に省力化のために用いられている．

<u>(5) について</u>　吹付け SFRC の練混ぜに要する時間は，SF の混入により負荷が大きくなるため普通コンクリートに比べて長くなる．このため，練混ぜ能力の低いミキサを用いると，吹付け SFRC の品質に悪影響を与えることがあるので十分な能力をもったミキサを用いる必要がある．

最近は吹付け SFRC の練混ぜは練混ぜ能力の優れた二軸強制練りミキサを用いる場合が多く，この場合の練混ぜ負荷は普通コンクリートと比べても大差なく，同様に練り混ぜることができる．

<u>(6) について</u>　SF を均一に分散させるのに必要な練混ぜ時間は，SF の種類や混入率，投入方法，SFRC のコンシステンシー等により異なるため，あらかじめ練混ぜ試験を行い，所定の品質を得るために必要な練混ぜ時間を確認する必要がある．

また，コンシステンシーの改善や材料分離の防止を目的として混和剤を用いる場合，その種類によっては，長時間の練混ぜによる材料分離，過多なエアのとり込

み，SF の変形等が生じることもあるので適切な練混ぜ時間の選定が必要である．

4.4.4 運　　搬

吹付け鋼繊維補強コンクリートの運搬は，普通コンクリートと同様に行うことができるが，配合の特性を十分考慮して適切に行わなければならない．

【解説】
　湿式工法における SFRC の運搬方法は普通コンクリートの場合と同様であり，アジテータ車による運搬やポンプによる圧送も可能である．しかし，SF が混入されていることにより，アジテータ車等での輸送中の攪拌には普通コンクリートより負荷が大きくなることがある．ポンプ圧送する場合，ポンプの選定は普通コンクリートと同様にコンクリートの品質，吹付け箇所，吹付け量，圧送距離等を考慮して行うが，吹付け SFRC における特別な留意事項は以下の①～③である．
　① 配管中の圧送抵抗が大きいことを考慮してポンプの能力を大きめにするのがよい．
　② フレキシブルホース部は普通コンクリートに比べ摩耗が若干大きくなるので，場合に応じてその材質，口径，肉厚を検討するのがよい．
　③ 曲管はできるだけ大きな曲率半径のものを使用するのがよい．
　乾式工法でドライミックス材を運搬する場合は通常の吹付け材と同様，長距離の輸送が可能である．

4.4.5 吹付け作業

(1) 吹付け作業の安全性と吹付け鋼繊維補強コンクリートの付着性を良くし，その品質，性能を確保するため，吹付け面に事前に適切な処理を施さなければならない．

(2) 吹付けに際しては，鋼繊維補強コンクリートがたれ下がり，または，はく離しないように適切な厚さで所定の巻厚になるまで反復して吹き付けなければならない．

(3) 吹付けノズルは常に吹付け面に直角になるように保持し，適切な吹付け距離を保ちながら吹付けを行わなければならない．

(4) 鋼製支保工が設置されている場合には，地山と鋼製支保工，鋼製支保工と吹付けコンクリートとの間に空隙ができないよう，かつ，それらとの一体化が図れるよう十分注意して吹き付けなければならない．

(5) 吹付け作業にあたっては，はね返り量を極力少なくするとともに，はね返った材料が混入しないようにしなければならない．

(6) 吹付け鋼繊維補強コンクリートの表面は，とくに必要のある場合のほかは吹付けのみによる仕上げを原則とする．

【解説】

 (1) について　SFRCの吹付け面に突起物あるいは浮石等があると，吹付け時にこれらが飛散，落下し事故が発生する可能性がある．また，そうでなくても吹付け材料がこれらに先行付着することにより空隙が生じる恐れがある．一方，湧水があると付着性が悪くなるばかりでなく吹付けSFRCが硬化前に流れたり，硬化後に吹付けSFRC背面に水圧が作用したりするなどして劣化の原因となることから，吹付け面にはあらかじめ集水，導水等の適切な処理を行ってSFRCが確実に付着するよう対処しなければならない．

 (2) について　1回のノズルの移動で付着させることができる吹付けSFRCの厚さは，配合，施工条件などによって異なる．そのため，吹付け作業に際しては，吹付け面の状態をよく観察しながらはく離を起さない程度の厚さで吹き付け，かつ，吹き付けた部分が硬化を始めたら間隔を置かないで次の層の吹付けを行う必要がある．

 (3) について　吹付けは，ノズルから吐出される材料が適当な衝突速度で吹付け面に直角にあたった場合に，最もコンクリートが緻密になり付着性もよい．吹付け角度が斜めになると，すでに吹き付けられた部分を乱しやすく，はね返りや

はく離が多くなる．

また，吹付け距離（ノズルと吹付け面との距離）は材料の衝突速度と材料の付着が最適な状態になるよう決めなければならない．

(4) について　鋼製支保工より薄い吹付けの場合は，支保工と壁面との接触の連続性を確保することが困難になる．また，地山変位を受ける鋼製支保工のフランジが吹付け SFRC を引離す傾向を示すので，**解説図 4.4.2** の **(a)** のように吹き付けることが望ましい．

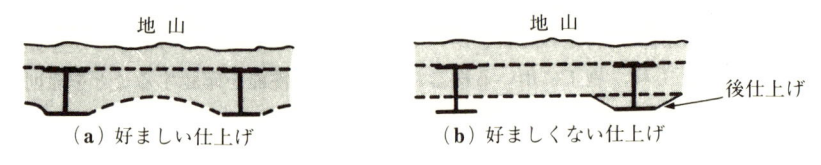

（a）好ましい仕上げ　　　　　（b）好ましくない仕上げ

解説図 4.4.2　吹付け SFRC の仕上げ状況

(5) について　はね返り量は吹付け方式，施工位置，空気圧，材料の配合，骨材の最大寸法および粒度，吹付け厚などによって異なる．適切な配合と施工によってこれをできるだけ減少させ経済性を高めることが望ましい．また，はね返った材料が吹付け面の凹部や吹付け各層の間，継目などにたまり，すを生じやすいので，これにより，付着力および構造物の性能を損なわないよう仕上り不良部分を取り除いたり，付着した粉じんを水洗いしたりするなどの適切な処置をしなければならない．

(6) について　吹付け完了後に鏝（こて）などによる仕上げを行うことは，仕上げの際，部材表面に損傷を与え，吹付け SFRC と鋼製支保工あるいは吹付け面との付着に悪影響を与える恐れがあるので，できるだけ避けなければならない．また，まれに SF が表面に突出する場合もあるので注意を要する．そのような場合，シートを破損する恐れがあるので，状況に応じてプレーンコンクリートによる二度吹きを行ったり，不織布を厚くしたりするなどの対策が有効である．

4.4.6 品質管理および検査

(1) 吹付け材料は，品質が低下しないよう，その保管に注意しなければならない．
(2) 材料は，所要の品質を有するものであることを試験により確認しなければならない．
(3) 工事開始前に，所定の配合を用いて所要の品質が確保できるかどうかを確認するとともに，施工に用いる機器および設備の性能を確認することを原則とする．
(4) 工事開始前および工事中においては，必要に応じて次の試験および測定等を行うものとする．
　①鋼繊維補強コンクリートのコンシステンシー試験
　②鋼繊維補強コンクリートの空気量試験
　③鋼繊維補強コンクリートの単位容積質量試験
　④鋼繊維補強コンクリートの塩化物含有量試験
　⑤鋼繊維補強コンクリートの圧縮試験
　⑥鋼繊維補強コンクリートの曲げ試験
　⑦鋼繊維補強コンクリートの鋼繊維混入率試験
　⑧鋼繊維補強コンクリートの吹付け厚さ
　⑨吹き付けた鋼繊維補強コンクリート表面の変状等の規模
　⑩その他の試験
(5) 工事終了後，必要に応じ鋼繊維補強コンクリートの非破壊試験，構造物から切り取った供試体の試験を行う．

【解説】

(1) について　吹付け材料のなかで品質の低下にとくに注意するものとして急結剤がある．急結剤には粉末と液体の2種類が用いられている．粉末急結剤は吸湿すると品質および施工性に悪影響を与えるので保管に注意する必要がある．また，液体急結剤は保存中に成分が分離することがあるので注意する必要がある．
　急結剤は次の目的により使用される．
①施工能率の向上（はね返り，はく落防止）
②支保工としての早期機能の確保（耐発破振動，吹付けSFRCの硬化促進）
また，急結剤として必要な性能は概ね次のようなものである．
①凝結硬化を促進すること

②長期強度の低下が少ないこと
③作業員の健康に害を与えないこと
④SF の腐食を促進する恐れがないこと

　また，急結剤の最適添加量等については，SFRC の材料特性と使用環境（セメントの種類や新鮮度，水セメント比，SFRC の温度，坑内温度等），吹付け面の状態，施工方法等により異なるので，実績等を参考の上，現場試験を行ってこれを決定するのが望ましい．

　(2) について　使用する材料の試験は，付属資料 3『鋼繊維補強コンクリート関連試験法』や『コンクリート標準示方書（施工編）』11.3「コンクリート材料の受入れ検査」により，SF，細骨材，粗骨材，混和材料等について行うものとする．なお，細骨材については，その表面水率の大小が吹付け SFRC の施工性および品質に与える影響が大きいため，定期的に試験をする必要がある．とくに乾式による吹付けの場合には十分な管理を行わなければならない．

　(3) について　付着した SFRC の配合は示方配合と異なるので，所要の品質性能が得られるように，実施工に使用する吹付け機械を用いて事前に吹付け試験を実施することが必要である．なお，工事によっては過去の実績を参考にしてよい．

　(4) について　これらの試験は，『コンクリート標準示方書（施工編）』11.5「コンクリートの受入れ検査」および本マニュアル第 2 編第 4 章「材料の試験」により行うものとする．

　吹付け SFRC のコンシステンシーなどのフレッシュコンクリートに関する試験は，打込み SFRC の場合と同様に行うことを基本とするが，乾式吹付けの場合や急結剤を添加した後のコンシステンシーは試験により確認することが困難である．このような場合は，吹き付けた後の SFRC の性状を事前に十分に把握することが望ましい．

　吹付け SFRC の性能は，配合，作業員の技術，作業時の施工条件および地山状況などにより影響を受けるため強度等に関する試験が重要である．試験方法は別途パネル型枠に吹き付けた後コアを採取し試験する必要がある．簡便な方法としてモールドを用いて供試体を作成する場合がある．この場合，打込み SFRC としての性能は確認できるが，吹付け SFRC の性能はそれに比べて一般に低くなることから，試験結果の評価にあたってはこのことを十分に考慮する必要がある．

　吹付け厚さを測定する方法としては，検測ピンを建込んでおく方法，吹付け直後の軟らかいうちに吹付け層に検測ピンを差込み検測する方法，吹付け後削孔し検測する方法等がある．強度を検査する方法としては，構造物のコンクリートから抜取ったコアの圧縮試験や曲げ試験，プルアウト試験等がある．SF 混入率の

測定方法は洗い分析試験によるのが一般的である．吹付けコンクリートの施工後の状況は，必要に応じて，ひび割れ，漏水，変形等について日常または定期的に観察を行う必要がある．その他として配向，分散を調べるためのX線検査やコンピュータによる画像解析手法などがある．

(5) について　『コンクリート標準示方書』に準拠するものである．

4.4.7　安全衛生

鋼繊維補強コンクリートの吹付けにあたっては，それにともなうはね返りおよび発生する粉じんに対して，作業員の安全衛生を確保するための適切な処置を講じなければならない．

【解説】
　吹付け作業にあたっては，一般に，保護眼鏡，防水服，防じんマスク等の保護具が使用される．SFRCの場合，SFがはね返ると操作員や周辺の作業員に危害が及ぶ可能性があるので，顔面等についてとくに十分な防護処置を講じなければならない．また，SFRCが硬化した後，表面に突き出したSFによって作業員が損傷を受ける可能性もあるので慎重な安全管理が必要である．
　トンネル内においては，発生する粉じんの拡散，希釈が行われにくいため，粉じん量，粉じんの性状（成分，粒径分布等）等の測定調査を行い，必要に応じて適当な粉じん処理を行わなければならない．通常，測定にはデジタル粉じん計等が用いられている．
　発生する粉じんの対策としては次の方法が挙げられる[1]．
1) 粉じん発生源の対策
　①吹付けシステムの検討（例：吹付け機器の改良）
　②材料の選択および管理（例：適切な急結剤，粉じん抑制剤，骨材の粒度，表面水量管理等）
2) 発生する粉じんの処理
　①換気による拡散希釈
　②集じん装置の設置

なお，トンネル坑内の環境を評価する一手法として，『ずい道等建設工事における粉じん対策に関するガイドライン－平成12年12月労働省労働基準局』がある．

第5章　補強・補修

> **4.5.1　基　本**
> 　既設トンネルの補強・補修は完成時にトンネルが有していた機能を回復し，または，現在必要な諸機能を付加することを目的として行う．補強・補修の設計および施工にあたっては，事前にそのトンネルの供用後の保守履歴および現状を把握するために必要にして十分な調査を行わなければならない．

【解説】
　本章は『トンネル保守マニュアル（案）』，『トンネル補強・補修マニュアル』，『変状トンネル対策工設計マニュアル』，『設計要領　第三集　トンネル本体工保全編（変状対策）』に準拠している．したがって，基本的にはこれによることとするが，吹付けSFRCを適用する場合には本編の設計，施工方法により行うものとする．
　事前に必要な調査項目としては，供用後の保守履歴，劣化状況，作用している地圧や土水圧等のほか，次の事項がある．

　①内空断面の測定
　②防護工の要否
　③覆工内面の状態（煤煙，じん芥，劣化の程度）
　④漏水状況　　　　　⑤その他

　劣化したトンネル覆工体の補強・補修対策で内巻工法（吹付けSFRC，打込みSFRC，プレキャストSFRC）が適用されるのは覆工材の劣化面積が$10\,\mathrm{m}^2$以上の広範囲にわたっており，地圧や近接施工等による外力が考えられる場合である．このうち，吹付けSFRCは，限界余裕が小さく，設計施工時において大きな巻厚がとれない場合に適用される．一般的に吹付けSFRCが適用される巻厚は70〜150 mmの場合である．
　吹付けSFRCを採用する場合には耐久性にすぐれた構造物が構築されるばかりでなく，巻厚をある程度低減できる．この場合の低減率の考え方は付属資料6を参照されたい．
　吹付け工法を採用するにあたっては次の点に十分配慮する必要がある．

　a) 既設覆工面の劣化部分の確実な除去
　b) 信頼性のある漏水防止工の併用
　c) 既設覆工との確実な定着

4.5.2 設計・施工

(1) 吹付け鋼繊維補強コンクリートの設計にあたっては，劣化状態，地圧および土水圧状態等の調査結果に基づき所要の内空断面を確保するための限界余裕量を勘案して，適切な巻厚を慎重に選定しなければならない．

(2) 吹付け鋼繊維補強コンクリートの施工にあたっては，内空断面の測定結果に基づき，事前に施工範囲の支障物防護，吹付け面の清掃，劣化部分の除去，漏水処理工等の吹付け面の下地処理を確実に行わなければならない．

(3) 吹付け鋼繊維補強コンクリートの施工前に，アンカーを設置することにより，既設覆工体との一体化を図らなければならない．

(4) 施工にあたっては，大部分が供用中の施工となるため，事故防止には必要にして十分な対策を講じなければならない．

【解説】

(1) について　劣化した覆工体の補強・補修対策として吹付け SFRC 工法を採用する場合，内空断面に余裕のあるときは，通常，無筋コンクリートによる吹付けとするが，この最小吹付け厚は 70 mm 程度とされている[2]．内空断面に余裕のない場合や曲げに対する補強，既覆工コンクリートとの一体化を図るためのはく落防止工としては吹付け SFRC の施工が望ましい．最小吹付け厚をとくに小さくせざるを得ない場合には，吹付け鋼繊維補強モルタル (Steel Fiber Reinforced Mortar：以下，解説文中では SFRM と略称する) の適用も考えられる．

　内空断面に余裕がない場合や地圧や土水圧の対策を兼ねる場合は引張強度，曲げタフネス，耐久性にすぐれた特長を有する吹付け SFRC を用いる．なお，吹付け厚が薄いと SF のはね返りや偏圧等により所定の強度特性および変形特性が得られない可能性がある．このため，**解説表 3.5.1**，**解説図 3.5.1** に示すような過去の実績から，吹付け SFRC の吹付け厚は 70 mm 程度以上を目安とする．内空余裕がある程度確保できる場合は打込み SFRC やプレキャスト SFRC との経済性，施工性について比較検討を行う必要がある．

　吹付け SFRC の配合は，必要な強度が確保され，付着性など施工性のよいものが得られるようにこれを定めることが必要である．

(2) について　前処理については①～④の手順で行う．

表 4.5.1 標準的な内巻の適用厚さ
(トンネル補強・補修マニュアル,(財)鉄道総合技術研究所より転載)

工法・材料		巻厚 (mm)	記事	
吹付け工法	高分子材料を添加したモルタル	30 以下		金網を併用する
	モルタル	30〜70	引張強度等の増加が必要な場合は, GFRC を用いる.	
	GFRC*			
	コンクリート	70〜150	引張強度等の増加が必要な場合は, SFRC を用いる.	
	SFRC**			
場所打ちコンクリート工法		125 以上		

* Glass Fiber Reinforced Concrete：ガラス繊維補強コンクリート
** Steel Fiber Reinforced Concrete：鋼繊維補強コンクリート

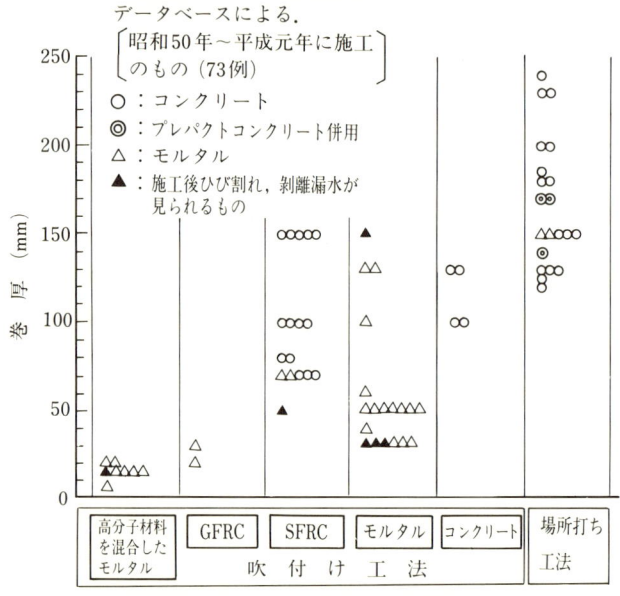

解説図 4.5.1 内巻厚さの実績分布
(トンネル補強・補修マニュアル,(財)鉄道総合技術研究所より転載)

① 施工範囲に供用設備等があり,支障をきたす場合には,あらかじめ十分に防護する.
② 施工面に付着している煤煙,じん芥,劣化部分等についてはあらかじめ確実に除去する.また,大きなひび割れについてはあらかじめ充填しておくことが望ましい.
③ 施工面に漏水がある場合には導水工,止水工等により漏水処理を確実に行う.

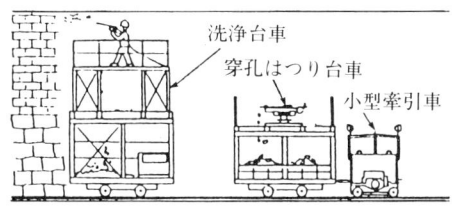

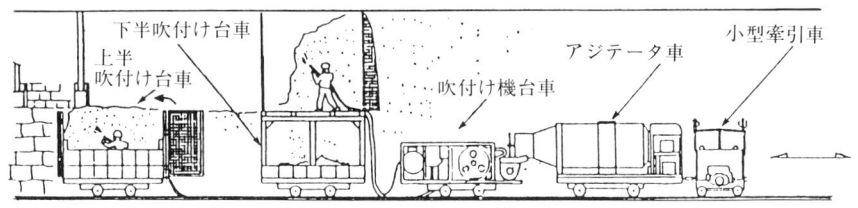

解説図 4.5.2 坑内作業状況の例

④ 内空断面の測定等により事前に建築限界外余裕を必ず確認しておく．

(3), (4) について　施工にあたっては次の点に留意する．

① 吹付け工法には乾式，湿式工法があり，それぞれ得失があるので，施工場所の条件（搬送距離，作業場所等）を勘案してこれらの選択を行う．
② 吹付けSFRCの自重を保持するとともに，乾燥収縮を抑制し，または外荷重により吹付け面に発生するせん断力を確実に伝達するよう，アンカーを設置する．アンカーは安全のため1本/m²以上とすることが望ましい[3]．
③ 吹付けにあたっては，粗骨材の最大寸法や施工面の状態を考慮して適切な厚さで数層に分けて施工する．
④ 吹付けSFRC，吹付けSFRMは通常の吹付けコンクリート，モルタルの場合よりもさらに薄層施工となることが考えられ，また単位セメント量も多くなる．このため，急激な乾燥を避ける必要があり，初期養生がとくに大切である．また，施工後の温度が5°C以下とならないよう十分配慮して施工する．

なお，**解説図 4.5.2** に坑内作業状況の例を，**解説図 4.5.3** に上半吹付け台車使用例を示す．

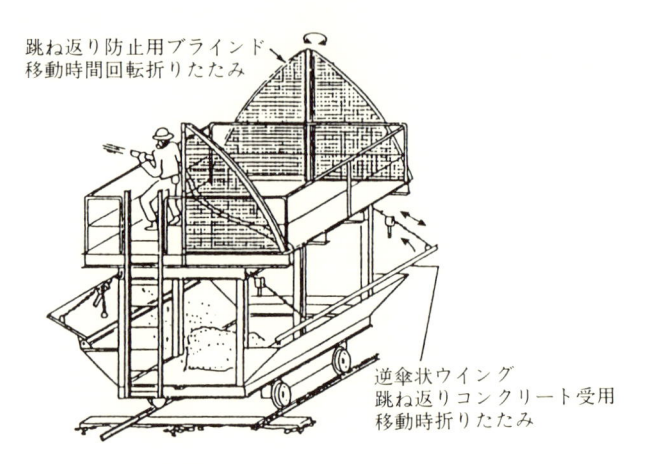

解説図 4.5.3　上半吹付け台車使用例

[参考資料]
1) トンネル技術協会『換気報告書』
2) (財)鉄道総合技術研究所『トンネル補強・補修マニュアル』
3) 河田博之、他『NATM における SFRC の試験施工』、トンネルと地下、1984 年 12 月号

第 5 編
プレキャストコンクリート

第1章 適用範囲
- 5.1.1 適用範囲 128
- 5.1.2 一般 128

第2章 設　計
- 5.2.1 設計 130

第3章 配　合
- 5.3.1 基本 131
- 5.3.2 鋼繊維混入率 131
- 5.3.3 水セメント比 132
- 5.3.4 単位水量 132
- 5.3.5 粗骨材の最大寸法 133
- 5.3.6 細骨材率 133
- 5.3.7 コンシステンシー 134

第4章 製　造
- 5.4.1 練混ぜ 135
- 5.4.2 型枠 135
- 5.4.3 成形および表面仕上げ 136
- 5.4.4 養生 137
- 5.4.5 脱型 138

第5章 品質管理および検査
- 5.5.1 製造 139
- 5.5.2 品質管理 139
- 5.5.3 工場製品の検査 140

第6章 取扱い，運搬および貯蔵
- 5.6.1 取扱いおよび運搬 142
- 5.6.2 貯蔵 142

第7章 補強・補修
- 5.7.1 基本 143
- 5.7.2 設計・施工 144

第1章 適用範囲

> **5.1.1 適用範囲**
> トンネル工事に用いる鋼繊維補強コンクリート製の工場製品,およびその製作ならびに施工について,とくに必要な事項を示すものである.

【解説】
　SFRCをトンネルの覆工体またはその一部として用いる場合や,トンネルの内装またはトンネルのサービスアビリティーを高めるための付加的施設の構築物として用いる場合に,工場製品であるプレキャスト部材の形で使用することは有効である.SFRCの工場製品がトンネル工事へ適用された事例として,トンネルの補強・補修における埋込み型枠(第7章 補修・補強)やTBM工法におけるライナー(付属資料5 設計施工事例)の利用が挙げられる.例えば,供用中の鉄道トンネルでは,夜間の短時間に,最大限効率的な補強・補修工事が求められる.SFRCプレキャスト埋込み型枠を用いることにより,覆工厚を薄くできる上に,型枠がそのまま覆工体となるので,迅速な補修・補強工事が実現する.また,トンネル内装用のパネル版や天井板などのあまり大きな曲げ荷重が作用しないような部材においても,省力化や施工速度の向上を目的として,SFRCプレキャスト板の有効な利用が考えられる.
　本編は,製造工程が一貫して管理されている工場で,継続的に大量に製造されるSFRC工場製品(プレキャストSFRC)についての一般的な設計,製作および施工に関する必要事項を示したものであり,十分に管理されていない工場あるいは現場近くのヤードで製造される製品については適用されない.

> **5.1.2 一　般**
> (1) 鋼繊維補強コンクリートを用いた工場製品は,材料,配合,練混ぜ,型枠,成形,養生,脱型,取扱い,運搬,貯蔵,組立て,接合等について,とくに注意して製造し,施工しなければならない.
> (2) 工場製品に用いる鋼繊維補強コンクリートは,所要の強度,タフネス,耐久性,水密性等を有し,品質のばらつきの少ないものでなければならない.

【解説】
 (1) について　プレキャスト SFRC には，以下の特長がある．
  a) 材料，配合，製造設備，施工などの管理を良好に行いやすいこと
  b) 常時熟練した作業員によって製造できること
  c) 製造，取扱いなどの作業を機械化しやすく省力化が可能であること
  d) 作業の容易な場所で SFRC の打込みができ，天候に左右されることが少ないこと
  e) JIS 等によって標準化され，実物試験のできるものが多いこと
  f) 厚さの薄いものが製作可能であること

工場製品は，管理状態の優れていることを前提として，従来から粗骨材の最大寸法，鋼材の最小かぶり等についての制限が緩められている．また，強力な振動締固め，遠心力締固め，加圧締固め，即時脱型，促進養生その他の特殊な工法で製造するものも多い．このため，プレキャスト SFRC の設計および施工は，これらの実情を十分に配慮して行うことが必要である．

SFRC に高強度コンクリートを用いる場合は，『土木学会コンクリート標準示方書（施工編）』16 章，膨張コンクリートおよび高流動コンクリートを用いる場合は，それぞれ『土木学会コンクリート標準示方書（施工編）』19 章および『土木学会コンクリート標準示方書（施工編）』18 章に準ずるものとする．

なお，工場製品を製造する工場には，コンクリート主任技士などの資格をもつ技術者が，また工場製品関係の協会で指定した製造管理士認定のある製品工場では，その資格をもつ技術者等が常駐することが望ましい．

 (2) について　プレキャスト SFRC は，製品の用途に応じた強度，タフネス，耐久性，水密性等を有するばかりでなく，施工時の特殊な条件によって品質の低下をきたすことなく，かつ，品質のばらつきの少ないものでなければならない．

圧縮強度，曲げ強度，せん断強度などの強度のうち，どれが重要になるかは工場製品の種類と用途から予想される部材の破壊モードによって異なる．プレキャスト SFRC の場合には，素材の強度やタフネスによらず，使用状況を想定した部材の載荷試験により，強さおよびタフネスを確かめうる利点を有している．この場合，使用状態でどのような破壊モードに対応する強さおよびタフネスが最も重要であるかは当然のことながらプレキャスト SFRC によって異なる．また，化学抵抗性，凍結融解抵抗性，水密性など，他の要求性能については直接の試験または信頼できる資料により判断する．

第2章 設　　計

> **5.2.1 設　　計**
> (1) 設計の適用は，限界状態Iを基本とする．
> (2) 限界状態II, III に対する適用は，責任技術者の判断に基づいて行うものとする．

【解説】
　(1) について　プレキャストSFRCは，構造部材や構造部材の一部として用いる場合はもとより，非構造部材として用いる場合であっても，永久的な覆工またはその一部に適用される場合が多いものと考えた．したがって，その設計は長期にわたる耐久性を確保する観点に立つ限界状態Iを適用することを基本とした．なお，プレキャストSFRCには，貯蔵，運搬，組立てなどによる荷重が作用するため，これに対する設計上の配慮も必要となることに留意しなければならない．
　(2) について　プレキャストSFRCを仮設部材として用いることは一般的ではないが，そのような場合が今後とも皆無とはいえないと考えられることから，責任技術者の判断に応じて限界状態III も設計の対象として許容することとした．また，構造部材や構造部材の一部として用いる場合に，その耐力を期待する一方で，変形をある程度許容することができるケースがあればそのケースでは，設計は限界状態IIによることになる．そのようなケースも限界状態III と同様に考えにくいが，責任技術者の判断によって設計の対象としてよいものとした．なお，これらの場合は，プレキャストSFRCの適用部位および所要の性能を十分に考慮して設計を行う必要がある．

第3章 配　　合

> **5.3.1　基　　本**
> 　鋼繊維補強コンクリートの配合は，成形および養生方法を考慮して，工場製品が所要の強度，タフネス，耐久性，水密性および作業に適するワーカビリティーを有するように定めなければならない．

【解説】
　工場製品の強度，耐久性，タフネス，水密性等の品質は，直接工場製品について行う試験や工場製品と同等の条件で製造されたSFRC供試体の試験等によって判断される．したがって，SFRCの配合はこれらの結果が所要の条件を満足するように定めなければならない．
　プレキャストSFRCにおいて，脱型時の強度やプレストレス導入時の強度により配合が支配される場合には，その配合の影響と促進養生の影響との両方から検討を行い，最適の条件を見いだすことが必要である．
　SFRCの配合は，充填性がよく，十分な強度と耐久性の得られるものであるとともに，即時脱型用コンクリートでは脱型後のくずれや変形が少ないものでなければならない．そのためには，単位水量，細骨材率および空気量の適切な選定にとくに留意する必要がある．
　SFRCの配合強度は工場製品におけるSFRCの品質のばらつきを考えてこれを定めなければならないが，現場打ちSFRCに比べて品質のばらつきは小さいことから所定の性能が容易に確保しやすい．

> **5.3.2　鋼繊維混入率**
> 　鋼繊維混入率は，鋼繊維補強コンクリートの所要の性能および作業性を考慮してこれを定めなければばらない．

【解説】
　従来のコンクリートでは得られなかったSFRCの優れた力学的特性は，ひび割れの拘束性，タフネス，曲げ強度，せん断強度等が著しく改善されることである．しかし，これらの特性は水セメント比ではなく，主にSF混入率やSFの形状によって定まるので注意することが必要である．

また，SF 混入率は，これによって作業性が大きく変化することから，所要の作業性が得られるよう適切な範囲で定める必要がある．なお，工場製品であることから，現場で用いられている混入率に比べ高い混入率を選択することが可能である．

5.3.3 水セメント比
水セメント比は，鋼繊維補強コンクリートの所要の性能，耐久性および製造方法を考慮して定めなければならない．

【解説】
SFRC の水セメント比は所要の性能，耐久性および製造方法を考えて定めることとした．

SFRC の圧縮強度は，普通コンクリートとほぼ同様に水セメント比との相関性が高い．また，ひび割れ抵抗性，曲げ強度，タフネス，せん断強度等の性能を活かした利用をはかるべきであり，そのためには，水セメント比を大きくとることは望ましくない．プレキャスト SFRC は工場製品であることから，一般に水セメント比を小さくしても製造が可能である．

5.3.4 単位水量
単位水量は，作業ができる範囲内でできるだけ少なくなるよう，試験によってこれを定めなければならない．

【解説】
SFRC の場合も普通コンクリートと同様に，作業ができる範囲内で，できるだけ単位水量の少ない配合としなければならない．

工場製品は成形後，セメントの水和反応を早め硬化を促進して早期に強度を発現させ，型枠を早く取りはずし早期に出荷するために促進養生を行うのが一般的である．促進養生には蒸気養生が通常用いられているが，蒸気養生中の熱膨張によるひび割れ発生にも影響するので，成形の許す範囲内でできるだけ単位水量を少なくする必要がある．

単位水量と水セメント比から単位セメント量が決まるが，製品によっては単位セメント量を規定するものもある．蒸気養生期間を短縮したい場合，あるいは製品置き場に移動してから早期に出荷し使用する場合，初期材齢に高強度を得てプ

レストレスを導入する場合などには，富配合コンクリートや早強ポルトランドセメントを用いると有効である．

しかし，富配合になると乾燥収縮が増加するので，減水剤を用いたり，あるいは早強ポルトランドセメントを用いて早期強度を高め，単位セメント量を低減した配合にすることもある．

5.3.5 粗骨材の最大寸法
(1) 粗骨材の最大寸法は，鋼繊維長さの 2/3 以下とする．
(2) 粗骨材の最大寸法は，40 mm 以下で工場製品の部材最小寸法の 2/5 以下，かつ鋼材の最小水平あきの 4/5 を超えてはならない．

【解説】

(1) について　SFRC においては粗骨材の最大寸法と SF 長さとの関係は曲げ強度ならびにタフネスに大きな影響を与える．現在までの研究結果では，粗骨材最大寸法が SF 長さの約 1/2 の場合に最も曲げ強度およびせん断強度は高くなり，その値より大きくても小さくても強度は低下する．しかし，実際に入手しうる粗骨材の最大寸法には物理的，経済的にも制約があるため SF の長さの 2/3 以下としている．

(2) について　工場製品では，一定の粒度の粗骨材が用いられ，過大な粒径のものが入るおそれの少ないこと，コンクリートの締固めが十分に行われることなどを考慮して，粗骨材の最大寸法を工場製品の部材最小寸法の 2/5 までとした．

なお，一般の工場製品では粗骨材の最大寸法は 25 mm あるいは 20 mm が用いられることが多いが，とくに厚さの薄い製品では 15 mm あるいは 10 mm が，一方，断面が比較的大きい製品では 40 mm が用いられる場合がある．

5.3.6 細骨材率
細骨材率は，所要のワーカビリティーならびに性能が得られる範囲内で，単位水量が最小になるよう，試験によってこれを定めなければならない．

【解説】

SFRC の場合，最適細骨材率をワーカビリティーのみを考慮して定めると，その値が 50% 以下の場合には必ずしも高い性能が得られない．

工場製品では粗骨材の最大寸法が一般に小さくなることが多い上に，型枠を取りはずした後の表面状態，すなわち，はだ面の仕上りを考慮するために，現場打ちコンクリートに比べて細骨材率が多少大きくなる傾向にある．

> **5.3.7 コンシステンシー**
> 鋼繊維補強コンクリートのコンシステンシーは，作業に適する範囲内でできるだけ大きく定めなければならない．

【解説】
一般的にSFRCではSFのかさばり効果のため，みかけ上コンシステンシーが小さくなるので，配合設計においては，これを考慮して適切なコンシステンシーを選ぶ必要がある．

SFRCのコンシステンシーの試験方法は，一般にスランプ試験によるが，SFRCは，普通コンクリートに比べ一般に粘性が大きいことから，スランプフロー値やスプレッド値等を参考にすると，より詳細な評価ができる．また，自己充填性を有する高流動コンクリートを使用する場合は，スランプフロー値によることが適当である．

第4章 製　　造

> **5.4.1 練 混 ぜ**
> 　工場製品に用いる鋼繊維補強コンクリートの練混ぜは，これに適したバッチミキサを用いるのを原則とする．

【解説】
　一般に，工場製品には水セメント比の小さい硬練りのコンクリートが使用され，このようなコンクリートの練混ぜは強制練りミキサが適している．
　SFを不適当な投入方法で練り混ぜるとファイバーボールが生じる場合がある．所要の分散性を発揮できる能力を有するミキサを使用する場合は問題ないが，そうでない場合は，十分な分散性と投入能力を有する分散投入機を用いて，SFをミキサに投入することが必要である．

> **5.4.2 型　　枠**
> 　型枠は堅固な構造で，形状および寸法が所定の許容差内に収まり，組立および取りはずしの容易なものでなければならない．

【解説】
　プレキャストSFRCに用いる型枠は，締固めの際，これに強い振動を与えたり高い圧力を加えたりあるいは蒸気養生の際に熱応力を生じさせたりすることが多く，その上繰返し使用されるものである．したがって，型枠は堅固なものであると同時に，組立ておよび取りはずしが簡単な構造でなければならない．一般に，鋼製型枠が用いられており合成樹脂製等のものも使用されている．また，型枠を使用するにあたっては，取扱い，清掃，はく離剤塗布，保守管理などに十分注意する必要がある．
　プレキャストSFRCは現場で組立てて用いることが多いので，一般に型枠の寸法の許容差はその製品の寸法の許容差より小さくしておく必要がある．

5.4.3 成形および表面仕上げ

(1) 成形は，コンクリートを型枠に詰めたのち，所要の品質の工場製品が得られるよう機械的締固めによって行われなければならない．

(2) 工場製品に用いる鋼繊維補強コンクリートは，鋼繊維の分散と配向が打込み方法，締固め方法などの影響を受けることを考慮しなければならない．

(3) 工場製品の表面は，その用途に応じて平らに仕上げなければならない．

【解説】

(1) について　工場製品で一般に用いられている締固め方法には，振動締固め，遠心力締固め，加圧締固め，真空締固めおよびこれらを併用した方法がある．

工場製品ではその種類，配合，練混ぜ，成形などが互いに密接な関連をもっている．このため，SFRCの成形にはそれぞれの場合に応じた適当な機械的締固めの方法を選び，それを確実に実施することが大切である．

高流動コンクリートを用いて無振動，あるいは低振動の締固めによって充填性を確保できる場合には，機械的締固めを行わなくてもよい．

(2) について　工場製品の製造工程においては打込みや締固めに特殊な方法を用いることが少なくない．2種類以上の配合のSFRCを部位ごとに使い分けて打ち込む方法，締固めを層ごとに行う方法，遠心力締固め，加圧締固め，振動締固め，落下衝撃による締固めなど種々の組合せが採用されている．SFの分散と配向はこれら打込み方法または締固め方法の影響を受けるので，製品の性能向上に最も効果的な分散と配向が得られるよう配慮することが重要である．

(3) について　寸法の許容差が示されている工場製品では，これを考慮して表面を仕上げなければならない．

表面仕上げは，一般にSFRCの締固めが終った後，定規，こて，あるいは底板付き振動機等を用いて行う．加圧締固めを行う工場製品では，型枠の上面に取り付けた加圧板を用いて機械的仕上げを行う．

型枠に接するコンクリート面で，SFRCの表面に特別な仕上げを行わない場合，露出面となるSFRCの表面は一般に，平滑で密実な組織を有する面である必要がある．これは美観上はもとより，製品の耐久性，水密性などを高める上からも大切である．このためには，型枠の表面が平滑であること，型枠の継目からモルタルが漏れないことなどに注意するとともに，振動台，型枠振動機，棒状振動機などを用いて十分注意して締固めることが必要である．なお，表面が露出面となら

ない場合にも，有害な影響を与えるような気泡やあばたは製造中に手直ししておかなければならない．

　工場製品を仮設した後，場所打ちコンクリートを打継ぐ部分では，新旧コンクリートが十分に密着するようチッピングなどを施し粗面に仕上げることもある．

5.4.4　養　　生
　工場製品の養生方法および期間は，その種類，製造方法，取扱い方法などを考えて所要の品質および性能が得られるよう，これらを定めなければならない．

【解説】
　SFRC は成形後，低温，乾燥，急激な温度変化，荷重，衝撃などの有害な影響を受けないよう十分にこれを養生しなければならない．また，脱型した後においても，一定期間，湿潤養生，保温養生などの適切な養生を行うことが必要である．蒸気養生，その他の促進養生を行い，セメントの水和反応が進行して十分な強度が得られた場合には，その後の湿潤養生，保温養生などの期間はこれを短縮するか製品によっては省略することができる．

　一般に蒸気養生を行ってもコンクリート中には未水和のセメント粒子が残っており，続けて湿潤養生を行うことにより，これらの水和が進み，強度，水密性，耐久性はさらに向上するため，促進養生を行った後も湿潤養生を行うことが望ましい．とくに高い強度が要求されるもの，強い衝撃力を受けるもの，摩耗が考えられるもの，水密性を要するもの，耐凍害性が要求されるものなどにおいては，所要の品質が得られるまで十分な湿潤養生を行う必要がある．

　促進養生では，コンクリートにひび割れ，はく離，変形など，長期強度や耐久性に有害な影響を与える欠陥を生じさせないよう注意が必要である．

　コンクリートの硬化促進のために常圧の蒸気養生が広く用いられているが，蒸気養生を行う場合，成形後ただちに蒸気を通したり，急速に温度を上昇させたり，非常に高い温度で養生したりすることは，工場製品に有害な影響を与える．また，蒸気養生室から高温状態にある工場製品を取り出して急冷するとコンクリートの表面にひび割れが発生するおそれがある．このため，蒸気養生方法を次のように規定している例が多い．

　a) 成形後，2～3 時間程度たってから蒸気養生を行う．
　b) 型枠のまま蒸気養生室に入れ，養生室の温度を均等に上げる．

c) 温度上昇速度は，1時間につき20°C以下とし，最高温度は65°C程度以下とする．
d) 養生室の温度は，徐々に下げ，外気の温度と大差がないようになってから製品を出す．

なお，練混ぜ後，蒸気養生を行うまでの時間は，一般にコンクリートの水セメント比が小さければ短くてよいが，逆に水セメント比が大きくなればこの時間を延長する必要がある．

促進養生には，このほか製品を $1 \mathrm{N/mm^2}$，180°Cの高温高圧の蒸気がまに入れるオートクレーブ養生，成形したコンクリートに $0.5〜1.0 \mathrm{N/mm^2}$ の圧力を加えた状態で約100°Cの高温で養生する加圧養生などの方法がある．これらの促進養生では初期材齢において十分高い強度が得られる．

練混ぜ後，蒸気養生を行うまでの時間あるいは蒸気養生時間を短縮するためにホットコンクリートを採用する場合には，練混ぜ後のスランプの経時変化，長期材齢における強度特性等を実験により確かめておかなければならない．

5.4.5 脱　　型
(1) 脱型は，硬化して工場製品としての取扱いに支障のない強度に達した後に行うのを原則とする．
(2) 即時脱型しても有害な影響を受けない工場製品では，硬化する前に型枠の一部または全部を取りはずしてもよい．

【解説】

__(1) について__　脱型は工場製品の取扱いに支障のない強度に達した後に行わなければならないことは当然であるが，工場製品を長期間にわたって保存するときには，SFRCの強度だけでなく，クリープ，乾燥収縮などによる変形等についても考慮し脱型時期を定める必要がある．なお，SFRCは普通コンクリートに比べてみかけの初期強度が高い特長を有する．

__(2) について__　超硬練りのSFRCを用い，強力な振動締固めあるいは圧力を加えて成形する工場製品では，成形後ただちに脱型しても運搬，養生，その他の作業の支障をきたすことがなく，SFRCの品質にも有害な影響を与えることのないものがある．このような工場製品ではSFRCが硬化する前であっても成形後の早い時期に脱型することができる．

第 5 章　品質管理および検査

> **5.5.1 製　　造**
> 　鋼繊維補強コンクリートを使用した工場製品の製造にあたっては，材料，機械設備，器具等を適切に管理しなければならない．また，製造作業についても，所定の基準に従って管理しなければならない．

【解説】
　製造責任者は材料，機械設備，器具等や製造作業に関する管理基準をつくり，所定の品質の製品が定常的に製造されるようにしなければならない．
　製造計画書は必要に応じて作成する．その場合には，材料，製造，工程，品質管理，検査，運搬，貯蔵等に関する事項がもれなく記載されていることが必要である．

> **5.5.2 品 質 管 理**
> (1) 工場製品の製造工程の管理および品質の判定のために行う鋼繊維補強コンクリートの性能試験は，一般に圧縮試験および曲げ試験であるが，必要に応じてその他の試験も行わなければならない．
> (2) 性能を管理する材齢は，使用するセメントの種類，鋼繊維の形状寸法および混入率，混和材料の種類，製造方法などを考慮してこれを定めなければならない．
> (3) 鋼繊維補強コンクリートの圧縮試験および曲げ試験は，第 2 編第 4 章「材料の試験」により行う．供試体は，これに定められた寸法を原則とし，可能な限り当該の工場製品と同等の締固めおよび養生条件で製造する．

【解説】
　(1) について　　工場製品の種類や用途によって必要な強度の種類は異なるが，一般には圧縮強度または曲げ強度を基準として用いることが多い．
　早期材齢における SFRC の圧縮強度と工場製品の品質との関係を求めておくことは，主として材料，配合，練混ぜ等の工程を管理する上で有効である．工場製品の種類によっては，骨材試験，コンシステンシー試験，空気量試験等が品質判定や工程管理上必要となる場合もあるので，必要に応じてこれらの試験も実施し

(2) について　工場製品の製造においては，一般に設備の効率を高めるため，各種の促進養生をはじめ，コンクリートの硬化能力を早期に引き出す処置がとられている．したがって，工場製品では強度の基準材齢として一般に用いられている 28 日を採用しなくても，ばらつきの少ない品質の評価が可能である．また，強度評価の材齢を早期に設定すれば，結果のフィードバックも迅速になり品質管理上も望ましい．したがって，本編では，SFRC の早期強度発現の程度を考慮して，基準材齢を状況に応じて設定できることとした．

(3) について　工場製品は，試作した製品を直接試験して所要の性能の有無を確かめることが望ましい．しかし，製造数が少ない場合や部材が大型になった場合には，この方法は必ずしも経済的ではないので SFRC の強度を供試体によって判断することが必要になる．この場合，供試体による強度と実際の工場製品における強度が必ずしも一致するわけではないので，供試体による強度と工場製品の強度との相関を求めておくことが必要である．

素材が同一であっても供試体と実際の製品の寸法や形状が相違するため，打込み，締固め，養生等の効果が異なることが考えられる．したがって，供試体の製作条件の選定には実際の製造工程の特殊性を考慮に入れる必要がある．

5.5.3　工場製品の検査

(1) 検査は，製品の種類，用途などを考慮し，検査項目ごとに適切な検査方法を選択しなければならない．

(2) 工場製品には，使用上有害なきず，ひび割れ，欠け，そり，ねじれ等があってはならない．また，工場製品の寸法の誤差は，JIS または製造計画書に定められた所定の値以下でなければならない．

(3) 工場製品は，設計で要求されている強度を有していなければならない．

(4) 工場製品に要求される強度をコンクリート強度で代用して判定してよい場合は，とくに指定がなければコンクリートの圧縮強度および曲げ強度によるものとする．

(5) JIS マークなど，品質保証表示のある製品などについては，受渡し当事者間の協議によって最終検査の試験成績書をもって検査に代えることができる．

(6) 検査した結果，合格と判定されない場合には，受渡し当事者間の協議により適切に処置しなければならない．

【解説】

　(1) について　工場製品には多くの種類や用途があり，各々要求される性能が異なり，一律に検査方法を定めることは困難である．したがって，工場製品の検査は，検査項目ごとに適切な検査方法を選択する必要がある．

　JIS に制定されている工場製品の検査は，そこに定められている試験および検査方法によって行わなければならない．JIS 以外の工場製品の場合は，製造計画書に定められている方法で検査を行わなければならない．製造計画書がとくに定められていない場合は，JIS A 5365「プレキャストコンクリート製品－検査方法通則」，JIS A 5363「プレキャストコンクリート製品－性能試験方法通則」や類似製品の試験および検査方法を参考にして行うとよい．

　(2) について　工場製品に大きなひび割れがある場合は耐久性上の問題になり，欠けや色むらがある場合は美観上の問題になることがある．ねじれやそりがある場合は組立精度や機能上の問題となりうる．したがって，これらの項目は工場製品にとって大切な管理項目であるので，使用上有害な程度でないことを確認しなければならない．

　工場製品の寸法誤差は，その組立や接合の精度に大きな影響を与えるため，所定の値以下としなければならない．JIS に制定されている工場製品では，寸法の許容差または許容差の推奨値が示されており，JIS A 5371「プレキャスト無筋コンクリート」，JIS A 5372「プレキャスト鉄筋コンクリート製品」および JIS A 5373「プレキャストプレストレストコンクリート製品」を参考にするとよい．

　JIS 製品以外の場合は，製造計画書の規定を満足しなければならない．

　(3) について　工場製品において，曲げ強度，せん断強度など，要求される強度上の性能が満足されていることを検査する場合，実物を直接試験することによって行うことができる．性能試験で破壊した工場製品を利用して，SF の分散性および配向性を検査することも可能である．

　(4) について　工場製品の強度を直接製品で検査できない場合には，コンクリート強度を代用特性として検査することができ，この場合は第2編第4章「材料の試験」による．

　(5) について　JIS マークなど第三者による品質保証を取得している場合，または過去の検査データから製品の品質が安定していると判断できる場合には，製造された製品は十分な品質管理がされていると判断できるためである．

　(6) について　工場製品における検査の判定基準および不合格時の処置の方法は，製品の種類や検査項目によって異なるため，受渡し当事者間の協議により適切に処置しなければならない．

第6章　取扱い，運搬および貯蔵

> **5.6.1　取扱いおよび運搬**
> (1) 工場製品の取扱いおよび運搬は，安全に留意し，製品に有害な影響を与えないように行わなければならない．
> (2) 工場製品の取扱い，運搬および組立等のために，必要に応じて支持点，接合点などを表示するとともに，適切な吊り手を設けなければならない．

【解説】

　(1)について　工場製品の取扱いおよび運搬にあたっては，安全にかつ製品に有害な影響を与えないよう十分に留意することが必要である．工場製品は取扱い，運搬等の途中で，ひび割れ，欠け等の損傷を受けることがあるので作業は十分に注意し，必要な場合には，適切な防護をしなければならない．

　(2)について　工場製品には設計で考慮した接合位置や部材の支持点，表裏等がわかるように表示し，また，場合によってはその重心位置を明示する必要がある．また，運搬や組立にあたっては適切な吊り手を設けることが必要となる場合がある．

　なお，製造業者名，外観からは判定できない製品の種別，成形年月日等の必要事項も表示しなければならない．

> **5.6.2　貯　　蔵**
> 　工場製品を貯蔵する場合には，自重や積重ねによる異常な応力や塑性変形が生じることのないようにしなければならない．

【解説】

　貯蔵のために工場製品を積重ねる場合には，工場製品の強度，自重のほか，貯蔵場所での支持状態を考慮し，積み重ねる方法を適切に定めなければならない．また，地震その他の不慮の荷重によって倒れないよう転倒防止の処置が必要である．

　工場製品は早期材齢で脱型，運搬，貯蔵する場合が多く，これらの期間に乾燥収縮やクリープ等の影響を受けて有害な変形を生じることがあるので，運搬時および貯蔵時に設ける支承の位置については十分注意しなければならない．

第7章 補強・補修

> **5.7.1 基　本**
> 　既設トンネルの補強・補修は，その目的を十分に勘案し，適切な鋼繊維補強コンクリートプレキャスト部材および施工方法を用いて行わなければならない．

【解説】
　トンネルの補強・補修において，既設トンネルの内側にプレキャストSFRCを用いた新たな覆工を構築することは有効な工法であるが，その目的が主にトンネルの力学的劣化の回復を期待するものであるか，またはトンネルへの漏水など機能上の劣化の回復を目指すものであるか，さらにはそれらの両者を含めて，トンネルの耐久性を向上させ，トンネル寿命の長期化を図るものであるかを十分に検討して適切に対応する必要がある．
　プレキャストSFRCを用いた既設トンネルの補強・補修では，(1) プレキャストライニングとして用いる場合と (2) 埋込み型枠として用いる場合がある．どちらも数分割されたプレキャスト部材をトンネル内側の所定の位置に設置し，既設覆工との間に，モルタルまたはコンクリートを打設する方法である．
　プレキャストライニングを用いた補修・補強では，部材間の連結は，ボルトなどの締結力を有する継手を用いる方法や，突合せ継手やナックルジョイントなどのヒンジ的継手を用いる方法がある．また，プレキャストライニングと既設覆工との間には，貧配合のコンクリート，モルタル，あるいは鋼繊維モルタルが打設される．一方，埋込み型枠を用いた補強・補修では，支保工と鉄筋を配置した後に埋込み型枠を架設し，その後モルタル，普通コンクリート，あるいは高流動コンクリートを打設する．埋込み型枠とコンクリートの一体化が図られるように，埋込み型枠とコンクリート間の付着強度を得られるような工夫が必要となる．

5.7.2 設計・施工

(1) 補強・補修を目的とした，プレキャスト鋼繊維補強コンクリートの設計は，既設覆工の劣化状態や地圧状態等を十分に調査し，施工時の架設方法による荷重等も留意しなければならない．
(2) 施工にあたっては，事前に施工範囲の支障物の防護，劣化部分（部材）の除去，漏水処理工等の確認を行わなければならない．
(3) 既設覆工コンクリートとプレキャスト部材との一体化を図るため，十分な対策を講じなければならない．
(4) 施工にあたっては，大部分が供用中の施工となるため，事故防止には必要にして十分な対策を講じなければならない．

【解説】

(1) について　プレキャスト SFRC を用いたトンネルの補強・補修の設計では，既設覆工の劣化状態，地圧や水圧等の外力，限界余裕量を勘案し，さらに既往の類似例も参考にして実施する．また，部分的に破損あるいは劣化した部材を取りはずし，補強・補修を行う場合は，構造形式が完成時の構造と異なるので，支保工の設置等を行い，架設方法による荷重の違いを十分検討し施工を行わなければならない．

(2) について　前処理については，通常①～④の手順で行う．
① 施工範囲に供用設備等があり，支障をきたす場合には，あらかじめ十分に防護する．
② 施工面に付着している煤煙，じん芥，劣化部分等については，あらかじめ確実に除去する．
③ 施工面に漏水がある場合には，ひび割れ箇所やセグメントの継手目地に，あらかじめひび割れ注入等を実施し，止水することが望ましい．さらに導水工あるいは防水シートを用い漏水処理を確実に行う．
④ 内空断面の測定器等により，事前に建築限界外余裕を必ず確認しておく．

(3), (4) について　施工にあたっては，次の点に留意する．
a) 既設覆工コンクリートとの一体化を図るため，プレキャストライニングの場合はアンカーの設置により，荷重を確実に伝達できるようにすることが望ましい．また，埋込み型枠の場合は，セントルなど支保工を建て込むことにより一体化を図る．
b) 大部分が供用中での施工となるため，事故防止に万全な対策を講じること

はもちろんのこと機械化・自動化等による省力化を図り，迅速に施工することが望ましい．

プレキャスト SFRC 埋込み型枠を用いたトンネルの補修工事における，型枠の建込み状況を**解説写真 5.7.1**，補修工事の完成状況を**解説写真 5.7.2**，補修断面の標準図を**解説図 5.7.1** に示す．本工事は，昭和 45 年に開通した近鉄難波線地下部分の延長 128 m 区間の漏水対策と耐震性の向上を目的とした補修・補強工事である．

解説写真 5.7.1 プレキャスト SFRC 埋込み型枠の建込み状況

解説写真 5.7.2 プレキャスト SFRC 埋込み型枠を用いた補修工事の完了状態

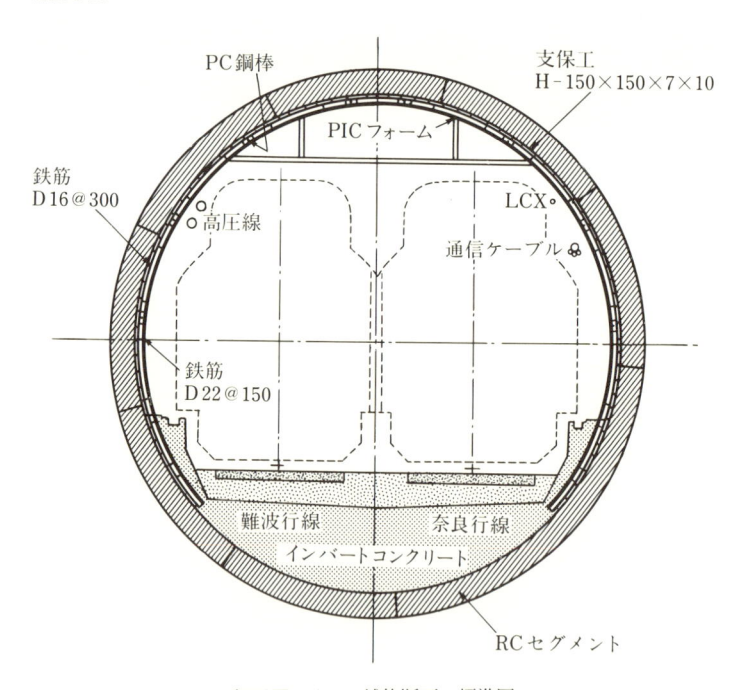

解説図 5.7.1 補修断面の標準図

付属資料

1. 本マニュアルにおける設計計算例 149
2. M–N 性能曲線の作成方法 他 173
3. 鋼繊維補強コンクリート関連試験法 193
4. SFRC ライニングに関する実績調査 211
5. 設計施工事例 227
6. 覆工厚を低減する場合の考え方 267
7. SF 投入設備の例 271
8. ドイツにおける設計の考え方 279

付録 CD-ROM
9. SFRC ライニングに関するアンケート調査（旧資料） 311

付属資料 1

本マニュアルにおける設計計算例

1.1 設計フロー　*150*
1.2 限界状態 I の設計計算例　*152*
　1.2.1 内水圧を受ける下水道シールドトンネルの二次覆工　*152*
　1.2.2 鉄道シールドトンネルの二次覆工　*157*
1.3 限界状態 II の設計計算例　*165*
　1.3.1 二次覆工を有する ECL 工法の一次覆工　*165*
1.4 限界状態 III の設計計算例　*171*
　1.4.1 吹付け SFRC によるトンネル支保工　*171*

　本設計施工マニュアルでは，限界状態として，下記に示すように，限界状態 I，限界状態 II および限界状態 III の 3 種類を考えている．
　① 限界状態 I
　　対象となる覆工体の長期にわたる耐久性を確保する観点から定めた限界状態
　② 限界状態 II
　　軸圧縮力と曲げを受ける部材の主要な部材耐力を確保すると同時に，鋼繊維補強コンクリートの変形特性を評価する観点から定めた限界状態
　③ 限界状態 III
　　覆工体が地山の大変形に追従できる鋼繊維補強コンクリート部材の変形特性を評価する観点から定めた限界状態
　ここでは，本マニュアルの考え方に基づいた設計のフローおよび設計計算例を示すとともに，$M_{ud} - N'_{ud}$ 曲線についても詳述する．なお，本マニュアルにおいては，設計用断面力および変形量は，適切な構造系，荷重系および設計計算法などを選定し算出することとしており，その具体的な方法については述べていない．
　したがって，ここで述べる設計計算例の中の，設計用断面力および変形量の計算方法は，あくまでも一つの例として示したものである．

1.1 設計フロー

各限界状態の設計のフローは，図 1.1.1〜図 1.1.3 に示すとおりである．

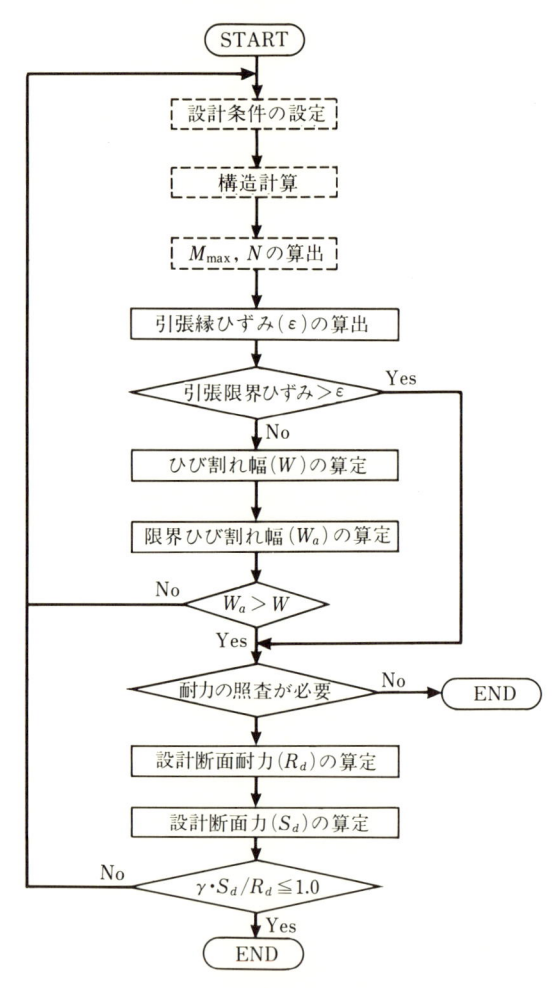

```
START
  ↓
設計条件の設定
  ↓
構造計算
  ↓
$M_{max}, N$ の算出
  ↓
引張縁ひずみ($\varepsilon$)の算出
  ↓
引張限界ひずみ＞$\varepsilon$ ──Yes──→ (START へ戻る)
  ↓ No
ひび割れ幅($W$)の算定
  ↓
限界ひび割れ幅($W_a$)の算定
  ↓
$W_a > W$ ──No──→ (START へ戻る)
  ↓ Yes
耐力の照査が必要 ──No──→ END
  ↓ Yes
設計断面耐力($R_d$)の算定
  ↓
設計断面力($S_d$)の算定
  ↓
$\gamma \cdot S_d / R_d \leq 1.0$ ──No──→ (START へ戻る)
  ↓ Yes
END
```

図 1.1.1 限界状態 I の設計フロー

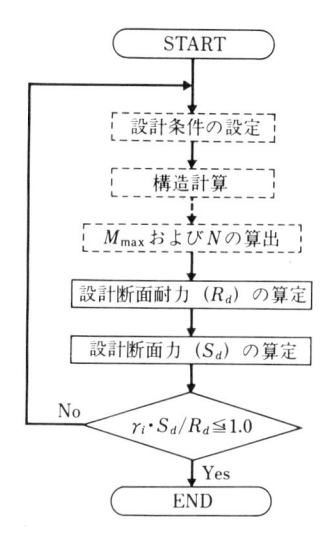

図 1.1.2 限界状態 II の設計フロー

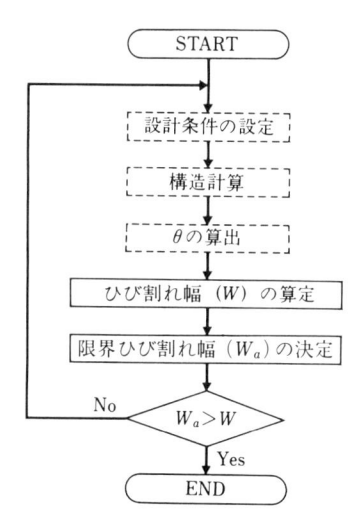

図 1.1.3 限界状態 III の設計フロー

1.2 限界状態Ⅰの設計計算例

1.2.1 内水圧を受ける下水道シールドトンネルの二次覆工

　下水道シールドトンネルに内水圧が作用する場合の二次覆工は，構造計算を行った上で，二次覆工に鉄筋を配筋する構造となっている．しかし，内水圧が比較的小さい場合には，耐久性を考慮するとSFRCによる二次覆工が合理的である．
　この計算例は，下水道シールドトンネルに小さな内水圧が作用する場合に，二次覆工に鉄筋コンクリートを用いないで，引張抵抗に優れているSFRCを用いた場合を想定したものである．

(1) 設計条件
　1) トンネル位置
　　トンネル位置は，図1.2.1に示すとおりである．

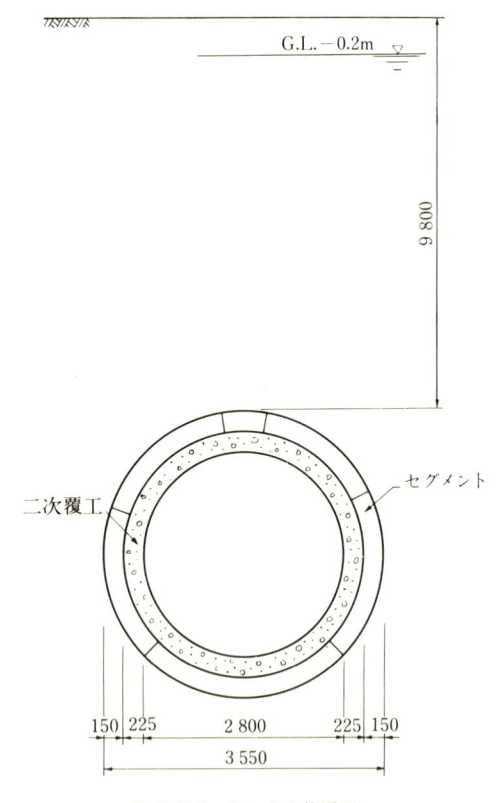

図 1.2.1　トンネル位置図

2) 覆工の諸元
覆工の諸元は，表 1.2.1 に示すとおりであり．

表 1.2.1　覆工の諸元

覆工項目		諸　元
一次覆工	外径 D_{o1} (mm)	3 550
	内径 D_{i1} (mm)	3 250
	厚さ t_1 (mm)	150
	幅 b (mm)	1 000
二次覆工	外径 D_{o2} (mm)	3 250
	仕上がり内径 D_{i2} (mm)	2 800
	厚さ t_2 (mm)	225

3) 限界状態
①覆工の限界状態
覆工の限界状態は限界状態Ⅰとする．したがって，図 1.1.1 に示す設計フローにより耐久性を考慮する構造物としてのひび割れ幅を照査する．
②安全係数
二次覆工のひび割れ発生モーメントの算出および耐力の算出に用いる安全係数は，表 1.2.2 に示すとおりである．

表 1.2.2　検討に用いる安全係数

項　目		安全係数
材料係数 γ_m	圧縮	1.3
	曲げ	1.3
荷重係数 γ_f	覆工自重	1.05
	地盤反力	1.0
部材係数 γ_b	圧縮	1.3
	曲げ	1.15
構造解析係数 γ_a		1.0
構造物係数　γ_i		1.1

4) 地盤条件
地盤条件は，表 1.2.3 に示すとおりであり，土質は均一な砂質土とする．

表 1.2.3　地盤条件

土被り H (m)	9.800
地下水位 (m)	GL -0.2
土質	砂質土

5) 荷重条件
荷重条件は，以下のとおりであり，二次覆工には自重と内水圧が作用するものとする．
①二次覆工の自重　　$g = \gamma_c \times t_2 = 24.0 \times 0.225 = 5.4\,\mathrm{kN/m^2}$
　　　　　　　　　　ここに，γ_c：SFRC の単位重量 ($=24.0\,\mathrm{kN/m^3}$)
　　　　　　　　　　　　　　t_2：二次覆工厚 ($=0.225\,\mathrm{m}$)
②自重反力　　　　　$P_g = \pi \times g = 16.96\,\mathrm{kN/m^2}$
③地盤反力係数　　　$k = 30\,000\,\mathrm{kN/m^3}$
④内水圧　　　　　　$P_w = 100\,\mathrm{kN/m^2}$

6) 設計荷重
設計荷重は，5) の各荷重に表 1.2.2 の安全係数を考慮して算定する．
設計荷重は，表 1.2.4 および図 1.2.2 に示すとおりである．

表 1.2.4 設計荷重

	設計荷重	安全係数
二次覆工自重	$5.67\,\mathrm{kN/m^2}$	1.05
自重反力	$17.81\,\mathrm{kN/m^2}$	1.05
地盤反力係数	$30\,000\,\mathrm{kN/m^3}$	1.00
内水圧	$100\,\mathrm{kN/m^3}$	1.00

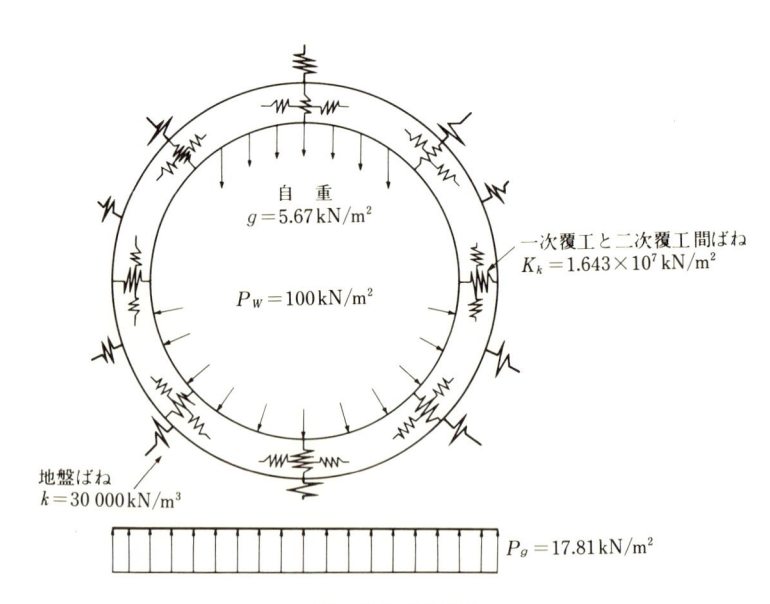

図 1.2.2 設計荷重

7) 覆工材料
 ①覆工材料の特性値
  一次覆工および二次覆工の覆工材料の特性値は，表1.2.5 に示すとおりである．

表 1.2.5 覆工材料の特性値

項　　目		特性値
一次	コンクリートの設計基準強度 f'_{ck} (N/mm^2)	42
	コンクリートの弾性係数 E_1 (N/mm^2)	33 000
二次	コンクリートの設計基準強度 f'_{ck} (N/mm^2)	21
	コンクリートの弾性係数 E_2 (N/mm^2)	23 500
一次覆工と二次覆工のせん断ばね定数 K_k (kN/m)		16 430 000

・一次覆工と二次覆工のせん断ばね定数は，以下の式により求める．
 なお，圧縮ばね定数は無限大，引張ばね定数は 0 とした．
$$K_k = (\pi \times D_o/N)/\{(h_1/2)/(E_1 \times b_1) + (h_2/2)/(E_2 \times b_2)\}$$
  ここに，K_k：一次覆工と二次覆工のせん断ばね定数 (kN/m)
       D_o：一次覆工の内径 (m) (=3.25 m)
       N：解析モデルの分割数 (=88 分割)
       h_1, h_2：一次覆工および二次覆工厚 (m) (=0.15 m, 0.225 m)
       E_1, E_2：一次覆工および二次覆工の弾性係数 (kN/m^2)
       b_1, b_2：一次覆工および二次覆工幅 (m) (=1.0 m)

②SFRC の強度特性
  SFRC の強度特性は，表 1.2.6 に示すとおりである．
  なお，SF は，以下に示す長さおよび混入率とする．
     SF の長さ　　：40 mm
     SF の混入率　：1.0%

表 1.2.6 SFRC の強度特性

項　　目	強度特性
設計基準強度 f'_{ck} (N/mm^2)	24
設計圧縮強度 f'_{cd} (N/mm^2)	18.5
設計引張強度 f_{tfd} (N/mm^2)	4

1. $f'_{cd} = f'_{ck}/\gamma_m = 24/1.3 = 18.5$ (N/mm^2)
   ここに，γ_m：SFRC の材料係数 (=1.3)
2. $f_{tfd} = f_{tf22.5}/\gamma_m = 5.22/1.3 = 4.0$ (N/mm^2)
   ここに，γ_m：SFRC の材料係数 (=1.3)
3. 試験結果より，$f_{tf} = 6.0$ (N/mm^2) となった場合，覆工厚は 225(mm) であるので，材料の寸法影響を考慮し，$k_{tf} = 0.87$ で補正した．
   $f_{tf22.5} = f_{tf} \times k_{tf} = 6.0 \times 0.87 = 5.22$ (N/mm^2)
   ここに，f_{tf}：ひび割れ面での SF が受け持つ引張強度 (15 cm 角の
              曲げ試験結果より)

8) 計算モデル

計算モデルは，図 1.2.3 に示すような 2 層 3 リングのはり－ばねモデルによる．

また，一次覆工の変形に対しては地盤反力が期待できるものとし，一次覆工と二次覆工の間は，圧縮力およびせん断力のやりとりを行う覆工間ばねを考慮する．

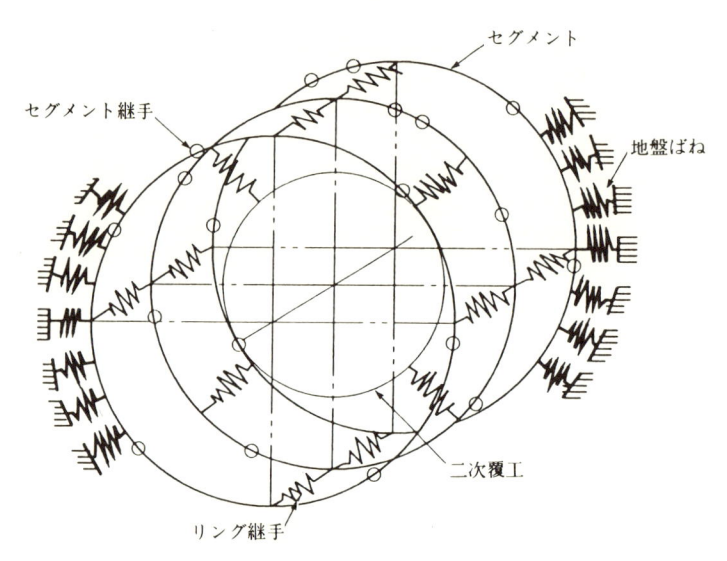

図 1.2.3 解析モデル図

(2) 解析結果

1) 設計用断面力

二次覆工に自重および内水圧が作用したときの最大発生断面力（曲げモーメント，軸力）の計算結果は，表 1.2.7 および図 1.2.4 に示すとおりである．

なお，構造解析係数は，$\gamma_a = 1.0$ とした．

表 1.2.7 自重および内水圧作用時の最大発生断面力

項　　目		最大発生断面力	
自重・内水圧時	正曲げ	M (kN·m)	7.5
		N (kN)	−76.9
	負曲げ	$-M$ (kN·m)	−7.8
		N (kN)	−57.6

（軸力：N の符号は，負は引張力，正は圧縮力を示す）

2) 限界状態 I

限界状態 I の照査は，ひび割れ幅により行う．まず，ひび割れ発生の有無を確認する．

ひび割れ発生の有無は，式 (1.2.2) で求められる引張縁ひずみを越えているかで確認する（付属資料 2.1 参照）．引張限界ひずみは，「コンクリート標準示方書（施工編）」により

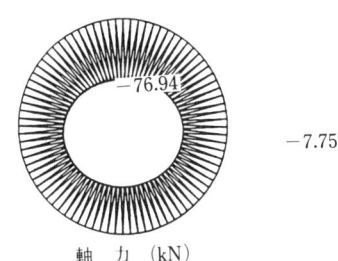

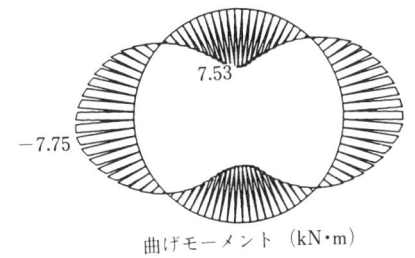

図 1.2.4 発生断面力

100×10^{-6} とする．

$$\sigma = \frac{N}{A} - \frac{M}{Z} \tag{1.2.1}$$

$$\varepsilon = \frac{\sigma}{E} \tag{1.2.2}$$

ここに，σ：引張応力度
N：軸力
M：曲げモーメント
Z：断面係数
ε：引張縁ひずみ
E：弾性係数

本設計の条件では，覆工厚が 225 mm，幅が 1 000 mm，弾性係数が 23 500 N/mm² であるので，引張縁ひずみは次のとおりとなる．

$$\sigma = \frac{-76.9 \times 10^3}{225 \times 1\,000} - \frac{7.5 \times 10^6}{(225^3 \times 1\,000/12)/112.5} = 1.25\,\text{N/mm}^2$$

$$\varepsilon = \frac{1.23}{23\,500} = 52 \times 10^{-6}$$

よって，引張縁ひずみは 52×10^{-6} と引張限界ひずみ 100×10^{-6} 以下であるため，ひび割れは発生せず，耐久性は確保できる．

1.2.2 鉄道シールドトンネルの二次覆工

鉄道シールドトンネルの二次覆工は，構造計算を行わない場合でも，天端コンクリートの脱落防止等の目的で，最小鉄筋量を配置した鉄筋コンクリート構造としている．

二次覆工に鉄筋コンクリートを用いる場合は，温度応力および乾燥収縮等によるひび割れの発生や施工性などが課題として挙げられる．

この計算例は，これらの対策として，ひび割れの抑制や施工性に優れた SFRC を鉄道複線シールドトンネルの二次覆工に用いた場合を想定したものである．

(1) 設計条件

1) トンネル位置

トンネル位置は，図 1.2.5 に示すとおりである．

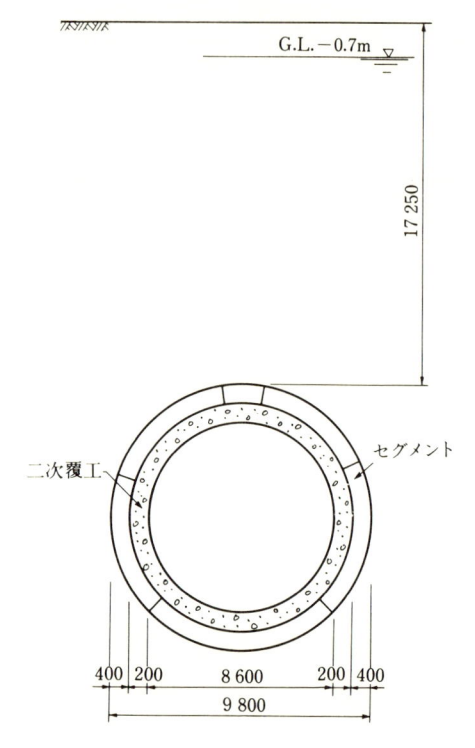

図 1.2.5 トンネル位置図

2) 覆工の諸元
覆工の諸元は，表 1.2.8 に示すとおりである．

表 1.2.8 覆工の諸元

	覆工項目	諸元
一次覆工	外径 D_{o1} (mm)	9 800
	内径 D_{i1} (mm)	9 000
	厚さ t_1 (mm)	400
	幅 b (mm)	1 200
二次覆工	外径 D_{o2} (mm)	9 000
	仕上がり内径 D_{i2} (mm)	8 600
	厚さ t_2 (mm)	200

3) 限界状態
①覆工の限界状態
　覆工の限界状態は，限界状態Ⅰとする．したがって，図 1.1.1 に示す設計フローにより，耐久性を考慮する構造物としてひび割れ幅を照査する．

また，この例では二次覆工の耐力についての照査を行うものとする．
②安全係数
二次覆工のひび割れ発生モーメントの算出に用いる安全係数は，表 1.2.9 に示すとおりとした．

表 1.2.9 検討に用いる安全係数

項　目		安全係数
材料係数 γ_m	圧縮	1.3
	曲げ	1.3
荷重係数 γ_f	覆工自重	1.05
	地盤反力	1.0
部材係数 γ_b	圧縮	1.3
	曲げ	1.15
構造解析係数 γ_a		1.0
構造物係数 γ_i		1.1

4) 地盤条件
地盤条件は，表 1.2.10 に示すとおりであり，土質は均一な砂質土とする．

表 1.2.10 地盤条件

土被り H (m)	17.250
地下水位 (m)	GL -0.7
土質	粘性土

5) 荷重条件
荷重条件は，以下のとおりであり，二次覆工には自重のみが作用するものとする．
　①二次覆工の自重　　$g = \gamma_c \times t_2 = 24.0 \times 0.2 = 4.8\,\mathrm{kN/m^2}$
　　　　　　　　　　　ここに，γ_c：SFRC の単位重量 ($=24.0\,\mathrm{kN/m^3}$)
　　　　　　　　　　　　　　　t_2：二次覆工厚 ($=0.2\,\mathrm{m}$)
　②自重反力　　　　　$P_g = \pi \times g = 15.08\,\mathrm{kN/m^2}$
　③地盤反力係数　　　$k = 1\,000\,\mathrm{kN/m^3}$

6) 荷重条件
設計荷重は，5) の各荷重に表 1.2.11 の安全係数を考慮して算出する．
設計荷重は，表 1.2.11 および図 1.2.6 に示すとおりとする．

表 1.2.11 設計荷重

	設計荷重	安全係数
二次覆工自重	$5.04\,\mathrm{kN/m^2}$	1.05
自重反力	$15.83\,\mathrm{kN/m^2}$	1.05
地盤反力係数	$1\,000\,\mathrm{kN/m^3}$	1.00

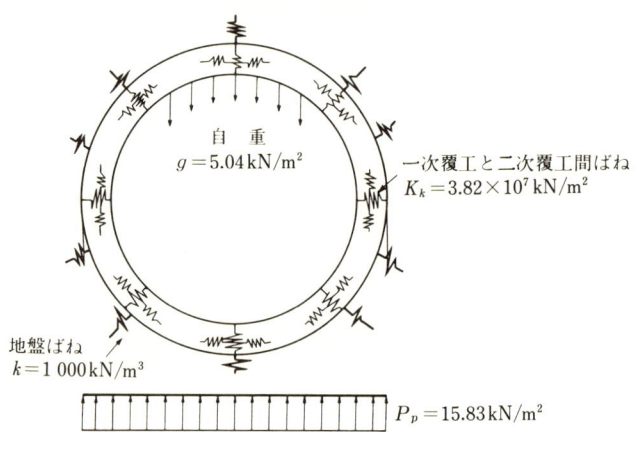

図 1.2.6 設計荷重

図中:
- 自重 $g = 5.04 \text{ kN/m}^2$
- 一次覆工と二次覆工間ばね $K_k = 3.82 \times 10^7 \text{ kN/m}^2$
- 地盤ばね $k = 1\,000 \text{ kN/m}^3$
- $P_p = 15.83 \text{ kN/m}^2$

7) 覆工材料

①覆工材料の特性値—一次覆工および二次覆工の覆工材料の特性値は,表 1.2.12 に示すとおりである.

なお,本試設計では,一次覆工と二次覆工間に防水シートは用いないものとする.

表 1.2.12 覆工材料の特性値

項　目		特性値
一次	コンクリートの設計基準強度 f'_{ck} (N/mm²)	48
	コンクリートの弾性係数 E_1 (N/mm²)	36 000
二次	コンクリートの設計基準強度 f'_{ck} (N/mm²)	18
	コンクリートの弾性係数 E_2 (N/mm²)	22 000
一次覆工と二次覆工のせん断ばね定数 K_k (kN/m)		38 200 000

・一次覆工と二次覆工のせん断ばね定数は,以下の式により求める.
　なお,圧縮ばね定数は無限大,引張ばね定数は 0 とした.

$$K_k = (\pi \times D_o / N) / \{(h_1/2)/(E_1 \times b_1) + (h_2/2)/(E_2 \times b_2)\}$$

ここに,K_k：一次覆工と二次覆工のせん断ばね定数 (kN/m)
　　　　D_o：一次覆工の内径 (m) (=9.0 m)
　　　　N：解析モデルの分割数 (=88 分割)
　　　　h_1, h_2：一次覆工および二次覆工厚 (m) (=0.4 m, 0.2 m)
　　　　E_1, E_2：一次覆工および二次覆工の弾性係数 (kN/m²)
　　　　b_1, b_2：一次覆工および二次覆工幅 (m) (=1.2 m)

②SFRC の強度特性

SFRC の強度特性は,表 1.2.13 に示すとおりである.
なお,SF は,以下に示す長さおよび混入率とする.

　　　　SF の長さ　　：50 mm
　　　　SF の混入率　：0.75%

表 1.2.13 SFRC の強度特性

項目	強度特性
設計基準強度 f'_{ck} (N/mm^2)	18
設計圧縮強度 f'_{cd} (N/mm^2)	13.8
設計引張強度 f_{tfd} (N/mm^2)	1.75

1. $f'_{cd} = f'_{ck}/\gamma_m = 18/1.3 = 13.8$ (N/mm^2)
 ここに，γ_m：SFRC の材料係数 (=1.3)
2. $f_{tfd} = f_{tf22.5}/\gamma_m = 2.275/1.3 = 1.75$ (N/mm^2)
 ここに，γ_m：SFRC の材料係数 (=1.3)
3. 試験結果より，$f_{tf} = 2.5$ (N/mm^2) となった場合，覆工厚は 200 (mm) であるので，材料の寸法影響を考慮し，$k_{tf} = 0.91$ で補正した．
 $f_{tf22.5} = f_{tf}/k_{tf} = 2.5/0.91 = 2.275$ (N/mm^2)
 ここに，f_{tf}：ひび割れ面での SF が受け持つ引張強度 (15 cm 角の曲げ試験結果より)

8) 計算モデル
 計算モデルは，図 1.2.7 に示すような 2 層 3 リングのはり-ばねモデルによる．
 また，一次覆工の変形に対しては地盤反力が期待できるものとし，一次覆工と二次覆工の間は，圧縮力およびせん断力のやりとりを行う覆工間ばねを考慮するものとする．

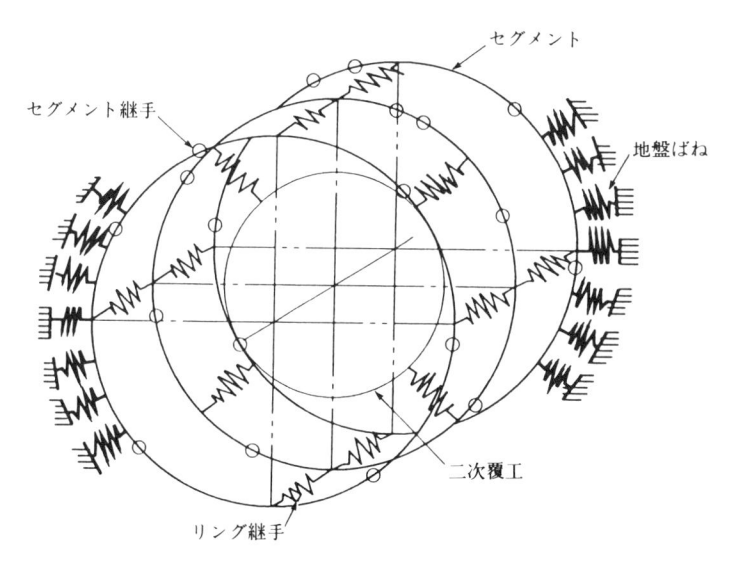

図 1.2.7 解析モデル図

(2) 解析結果
 1) 設計用断面力
 二次覆工に自重が作用したときの最大発生断面力（曲げモーメント，軸力）の計算結果は，表 1.2.14 および図 1.2.8 に示すとおりである．

なお，構造解析係数は，$\gamma_a = 1.0$ とした．

表 1.2.14 自重および内水圧作用時の最大発生断面力

項目		最大発生断面力	
自重・内水圧時	正曲げ	M (kN·m)	20.3
		N (kN)	73.0
	負曲げ	$-M$ (kN·m)	-10.2
		N (kN)	51.7

(軸力：N の符号は，負は引張力，正は圧縮力を示す)

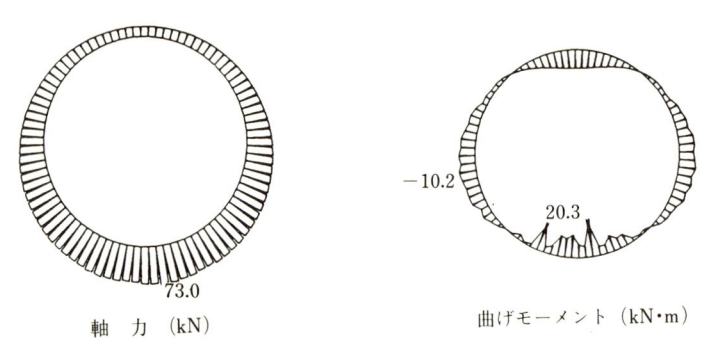

図 1.2.8 発生断面力図

2) 限界状態 I

限界状態 I の照査は，ひび割れ幅により行う．まず，ひび割れ発生の有無を確認する．

ひび割れ発生の有無は，式 (5.2.4) で求められる引張縁ひずみが引張限界ひずみを超えているかどうかで確認する (付属資料 2.1 参照)．引張限界ひずみは「コンクリート標準示方書 (施工編)」により 100×10^{-6} とする．

$$\sigma = \frac{N}{A} - \frac{M}{Z} \tag{1.2.3}$$

$$\varepsilon = \frac{\sigma}{E} \tag{1.2.4}$$

ここに，σ：引張応力度
N：軸力
M：曲げモーメント
Z：断面係数
ε：引張縁ひずみ
E：弾性係数

本設計の条件では，覆工厚 200 mm，弾性係数が 22 000 N/mm^2 であるので，引張縁

1.2 限界状態Ⅰの設計計算例　**163**

ひずみは次のとおりとなる．

$$\sigma = \frac{73 \times 10^3}{200 \times 1\,000} - \frac{20.3 \times 10^6}{(200^3 \times 1\,000/12)/100} = 2.680\,\text{N/mm}^2$$

$$\varepsilon = \frac{2.680}{22\,000} = 121 \times 10^{-6}$$

よって，引張縁ひずみは 121×10^{-6} となり引張限界ひずみ 100×10^{-6} 以上であるため，ひび割れが発生する．

次にひび割れ幅について検討する．

ひび割れ幅についての検討は，「付属資料 2.1 設計断面力が作用した場合のひび割れ幅の算定方法」により行う．この手法は，後述する M_{ud}, N'_{ud} 性能曲線に限界ひび割れ幅Ⅰ(0.25 mm) を越える範囲を重ねて図示することにより，設計断面力により発生するひび割れ幅が限界ひび割れ幅Ⅰ(0.25 mm) を越えるかどうか検証するものである．

図 1.2.9 に付属計算ソフトによる検討結果を示す．

この図に示すとおり，本設計例の設計断面力は，性能曲線の内側に位置しながら，限界ひび割れ幅Ⅰ(0.25 mm) を超えるひび割れ幅が発生する範囲と重ならない．このことから，発生ひび割れ幅 (W) は限界ひび割れ幅Ⅰ(0.25 mm) に達しないと判断できる．

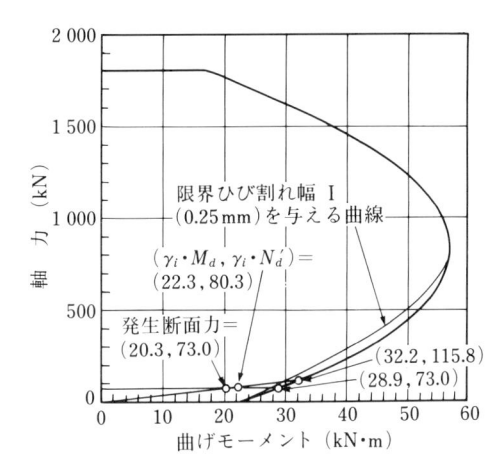

図 **1.2.9** M_{ud}, N'_{ud} 曲線

3) 設計断面耐力の照査
① 設計断面耐力

設計断面耐力は，図 1.2.10 より，式 (1.2.5) および式 (1.2.6) により求める．

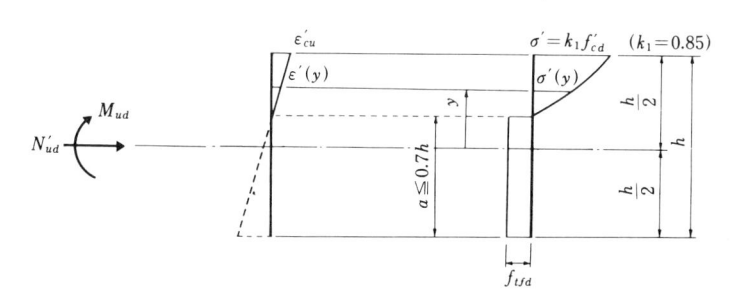

図 **1.2.10** 設計断面耐力算定のひずみ，応力分布図

$$M_{ud} = \frac{\int_{-h/2}^{h/2} \sigma'(y) \cdot y \cdot b \, dy}{\gamma_b} \tag{1.2.5}$$

$$N'_{ud} = \frac{\int_{-h/2}^{h/2} \sigma'(y) \cdot b \, dy}{\gamma_b} \tag{1.2.6}$$

ここに,h：二次覆工厚 ($=200$ mm)
　　　　b：幅（単位幅）($=1\,000$ mm)
　　　　γ_b：部材係数（曲げ）($=1.15$)

設計断面耐力は, 圧縮縁ひずみ, 圧縮縁応力およびひび割れ深さを以下のとおりとし M_{ud}, N'_{ud} 性能曲線で表す.

$\varepsilon'_{cu} = 0.0035$
$k_1 \cdot f'_{ck} = 0.85 \times 13.8 = 11.7 \quad (\text{N/mm}^2)$
$0.7h = 0.7 \times 200 = 140 \quad (\text{mm})$

ひび割れ幅の検討で示した図 1.2.9 の M_{ud}, N'_{ud} 性能曲線は, この計算結果を示したものである.

② 安全性の照査

断面耐力に対する安全性の照査は, 構造物係数を $\gamma_i = 1.1$ とし, 照査式 (1.2.7) および図 1.2.11 により行う.

$$\gamma_i \cdot \frac{S_d}{R_d}, \quad \text{and,} \quad \frac{S_{md}}{R_{md}} \leq 1.0 \tag{1.2.7}$$

本設計例では, 図 1.2.9 から以下のとおりとなる.

$$\gamma_i \cdot \frac{S_d}{R_d} = 1.1 \times \frac{\sqrt{73.0^2 + 20.3^2}}{\sqrt{115.8^2 + 32.2^2}}$$
$$= 0.69 < 1.0$$
$$\gamma_i \cdot \frac{S_{md}}{R_{md}} = 1.1 \times \frac{20.3}{28.9}$$
$$= 0.77 < 1.00$$

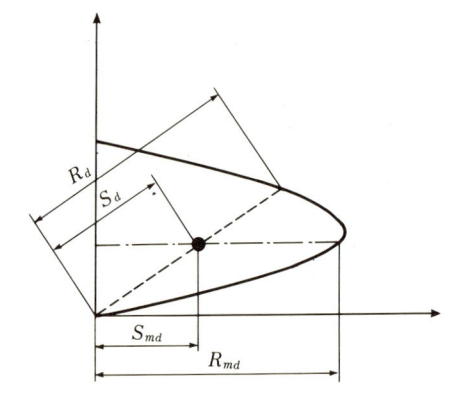

図 1.2.11　断面耐力に対する安全性の照査方法

したがって, 設計条件に対して, 覆工の安全性は確保できる.

1.3 限界状態 II の設計計算例

1.3.1 二次覆工を有する ECL 工法の一次覆工

都市部での ECL 工法は，現在，一時覆工を鉄筋コンクリートとし，本設構造物として用いている．

この設計例は，ECL 工法の一次覆工に SFRC を用い，一次覆工を仮設，二次覆工を永久構造物とする場合の，一次覆工脱型時の安全性を検討するものである．

(1) 設計条件
 1) トンネル位置
 トンネル位置は，図 1.3.1 に示すとおりである．

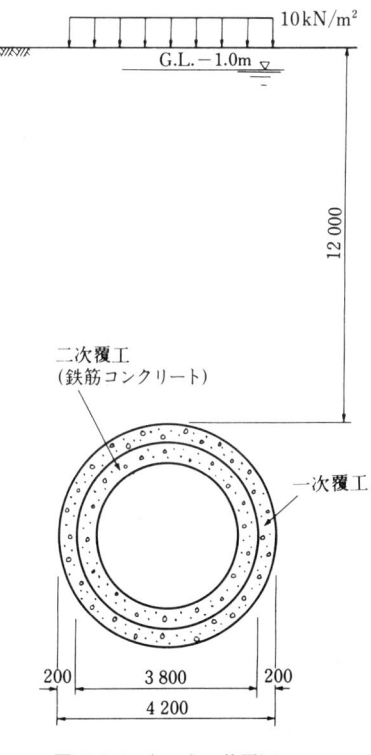

図 **1.3.1** トンネル位置図

2) 覆工の諸元
覆工の諸元は，表 1.3.1 に示すとおりであり．

表 1.3.1 覆工の諸元

覆工項目		諸元
一次覆工	外径 D_{o1} (mm)	4 200
	内径 D_{i1} (mm)	3 800
	厚さ t_1 (mm)	200

＊計算幅は 1 000 mm とする．

3) 限界状態
①覆工の限界状態
覆工の限界状態は限界状態 II とする．したがって，図 1.1.2 に示す設計フローにより，覆工断面の耐力を照査する．
②安全係数
覆工の耐力の算定に用いる安全係数は，表 1.3.2 に示すとおりである．

表 1.3.2 検討に用いる安全係数

項 目		安全係数
材料係数 γ_m	圧縮	1.3
	曲げ	1.3
荷重係数 γ_f	覆工自重	1.05
	地盤反力	1.0
部材係数 γ_b	圧縮	1.3
	曲げ	1.15
構造解析係数 γ_a		1.0
構造物係数 γ_i		1.0

4) 地盤条件
地盤条件は，表 1.3.3 に示すとおりであり，土質は均一な粘性土とする．

表 1.3.3 地盤条件

土被り H (m)	12.000
地下水位 GL (m)	-1.0
土質	粘性土
単位重量 γ (kN/m^3)	18
水中質量 γ' (kN/m^3)	8
内部摩擦角 ϕ (°C)	0
粘着力 C (kN/m^2)	10
N 値	1～2

5) 荷重条件
荷重条件は，以下のとおりであり，二次覆工に作用する土水圧および一次覆工の自重を考慮する．

1.3 限界状態IIの設計計算例

①鉛直荷重　　　鉛直荷重は，N 値 1～2 の粘性土であるので，全土被り荷重とする．
　　　　　　　　また，上載荷重 $10\,\mathrm{kN/m^2}$ を考慮する．
　　　　　　　　なお，鉛直荷重は，土水一体で考える．
②水平荷重　　　側方土圧係数は，$\lambda = 0.65$ とする．
③一次覆工の自重　$g = \gamma_c \times t_1 = 24 \times 0.2 = 4.8\,\mathrm{kN/m^2}$
　　　　　　　　ここに，γ_c：SFRC の単位重量（$=24\,\mathrm{kN/m^3}$）
　　　　　　　　　　　　t_1：一次覆工厚（$=0.20\,\mathrm{m}$）
④自重反力　　　$P_g = \pi \times g = 15.08\,\mathrm{kN/m^2}$
⑤地盤反力係数　法線方向　$k_r = 1\,000\,\mathrm{kN/m^3}$
　　　　　　　　接線方向　$k_s = k_r/3 = 330\,\mathrm{kN/m^3}$

6) 設計荷重

設計荷重は，5) の各荷重および土水圧に表 1.3.2 の安全係数を考慮して算定する．なお，土水圧に対する安全係数は，$\gamma_f = 1.0$ とした．

設計荷重は，表 1.3.4 および図 1.3.2 に示すとおりである．

表 1.3.4　設計荷重

		設計荷重	安全係数
一次覆工自重		$5.04\,\mathrm{kN/m^2}$	1.05
自重反力		$15.83\,\mathrm{kN/m^2}$	1.05
地盤反力係数	法線方向	$1\,000\,\mathrm{kN/m^3}$	1.00
	接線方向	$33\,\mathrm{kN/m^2}$	1.00

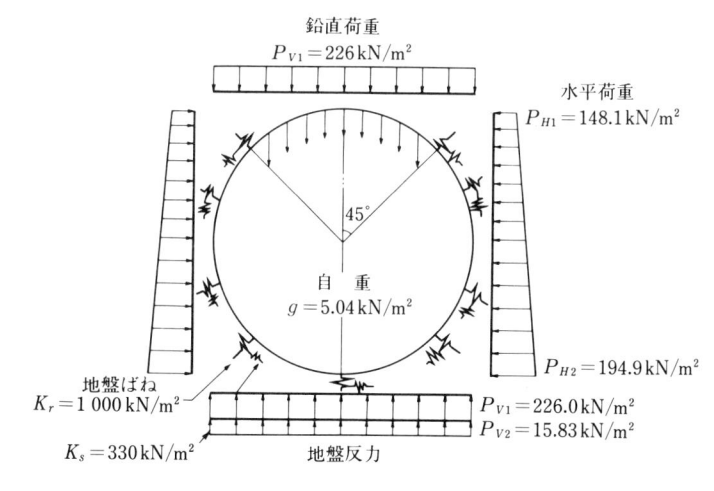

図 1.3.2　荷重図

鉛直荷重　$P_{V1} = 226\,\mathrm{kN/m^2}$
水平荷重　$P_{H1} = 148.1\,\mathrm{kN/m^2}$
自重　$g = 5.04\,\mathrm{kN/m^2}$
$P_{H2} = 194.9\,\mathrm{kN/m^2}$
地盤ばね　$K_r = 1\,000\,\mathrm{kN/m^2}$
$K_s = 330\,\mathrm{kN/m^2}$
地盤反力　$P_{V1} = 226.0\,\mathrm{kN/m^2}$
$P_{V2} = 15.83\,\mathrm{kN/m^2}$

7) 覆工材料
①覆工材料の特性値
一次覆工の覆工材料の特性値は，表 1.3.5 に示すとおりである．
②SFRC の強度特性

表 1.3.5 覆工材料の特性値

項目	特性値
コンクリートの設計基準強度 f'_{ck} (N/mm^2)	30
コンクリートの脱型時強度 f'_c (N/mm^2)	15
コンクリートの弾性係数 E (N/mm^2)	13 500

SFRC の強度特性は，表 1.3.6 に示すとおりである．
なお，SF は，以下に示す長さおよび混入率とする．
    SF の長さ　　　：30 mm
    SF の混入率　　：1.0%

表 1.3.6 覆工材料の特性値

項目	強度特性
脱型時強度　　f'_c (N/mm^2)	15
設計圧縮強度　f'_{cd} (N/mm^2)	15.4
設計引張強度　f_{tfd} (N/mm^2)	1.4

1. $f'_{cd} = f'_{ck}/\gamma_m = 20/1.3 = 15.4$ (N/mm^2)
 ここに，γ_m：SFRC の材料係数 (=1.3)
2. $f_{tfd} = f_{tf20}/\gamma_m = 1.82/1.3 = 1.4$ (N/mm^2)
 ここに，γ_m：SFRC の材料係数 (=1.3)
3. 試験結果より，$f_{tf} = 2$ (N/mm^2) となった場合，覆工厚は 200 (mm) であるので，材料の寸法影響を考慮し，$k_{tf} = 0.91$ で補正した．
 $f_{tf20} = f_{tf} \times k_{tf} = 2 \times 0.91 = 1.82$ (N/mm^2)
 ここに，f_{tf}：ひび割れ面での SF が受け持つ引張強度 (15 cm 角の曲げ試験結果より)

8) 計算モデル
計算モデルは，はり−ばねモデルによる．
 また，地盤反力は，図 1.3.2 に示すように部分ばねモデル（天端 90°C の範囲は，ばねなしとする）で評価し，自重による変形に対しても地盤反力が期待できるものとした．

(2) 解析結果
1) 設計用断面力
一次覆工脱型時の最大発生断面力（曲げモーメント，軸力）の計算結果は，表 1.3.7 および図 1.3.3 に示すとおりである．
 なお，構造解析係数は，$\gamma_a = 1.0$ とした．

表 1.3.7 脱型時の最大発生断面力

項目		最大断面力	
脱型時	正曲げ	M (kN·m)	35.9
		N (kN)	364.7
	負曲げ	$-M$ (kN·m)	-28.6
		N (kN)	461.2

（軸力：N の符号は，負は引張力，正は圧縮力を示す）

軸　力（kN）　　　　　　曲げモーメント（kN・m）

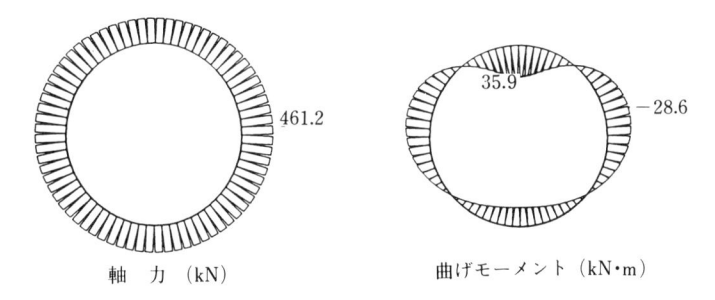

図 1.3.3　発生断面力図

2) 設計断面耐力の照査
①設計断面耐力
設計断面耐力は，図 1.3.4 より，式 (1.3.1) および式 (1.3.2) により求める．

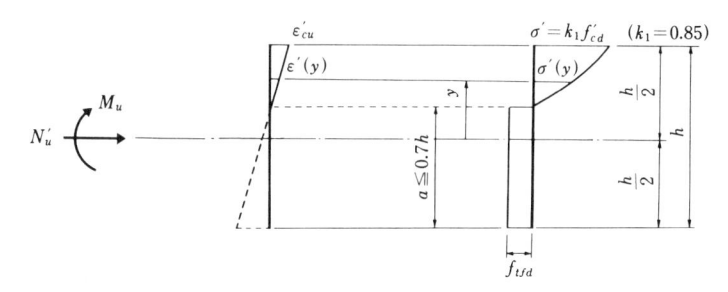

図 1.3.4　設計断面耐力算定のひずみ，応力分布図

$$M_{ud} = \frac{\int_{-h/2}^{h/2} \sigma'(y) \cdot y \cdot b\, dy}{\gamma_b} \tag{1.3.1}$$

$$N'_{ud} = \frac{\int_{-h/2}^{h/2} \sigma'(y) \cdot b\, dy}{\gamma_b} \tag{1.3.2}$$

ここに，h：二次覆工厚 ($=200\,\mathrm{mm}$)
　　　　b：幅（単位幅）($=1\,000\,\mathrm{mm}$)
　　　　γ_b：部材係数（曲げ）($=1.15$)
　設計断面耐力は，圧縮縁ひずみ，圧縮縁応力およびひび割れ深さを以下のとおりとし (M_{ud}, N'_{ud}) 性能曲線で表す．

$$\varepsilon'_{cu} = 0.0035$$
$$k_1 \cdot f'_{cd} = 0.85 \times 15.4 = 13.1 \quad (\mathrm{N/mm^2})$$
$$0.7h = 0.7 \times 200 = 140 \quad (\mathrm{mm})$$

図 1.3.5 は計算結果を示したものである．

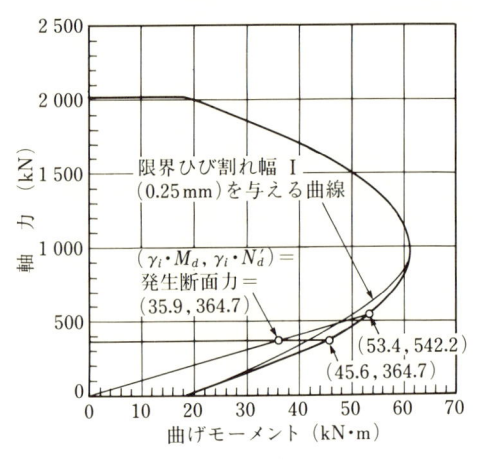

図 1.3.5 M_{ud}, N'_{ud} 性能曲線

① 安全性の照査

断面耐力に対する安全性の照査は，構造物係数を $\gamma_i = 1.0$ とし，照査式 (1.3.3) および図 1.3.6 により行う．

$$\gamma_i \cdot \frac{S_d}{R_d}, \quad \text{and,} \quad \frac{S_{md}}{R_{md}} \leq 1.0 \tag{1.3.3}$$

本設計例では，図 1.3.5 から以下のとおりとなる．

$$\gamma_i \cdot \frac{S_d}{R_d} = 1.0 \times \frac{\sqrt{364.7^2 + 35.9^2}}{\sqrt{542.2^2 + 53.4^2}}$$
$$= 0.67 < 1.0$$
$$\gamma_i \cdot \frac{S_{md}}{R_{md}} = 1.0 \times \frac{35.9}{45.6}$$
$$= 0.79 < 1.00$$

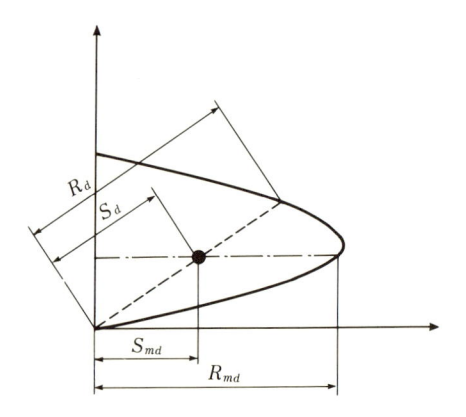

図 1.3.6 断面耐力に対する安全性の照査方法

したがって，設計条件に対して，一次覆工の安全性は確保できる．

1.4 限界状態 III の設計計算例

1.4.1 吹付け SFRC によるトンネル支保工

通常，NATM による吹付けコンクリートは，地山の被覆，掘削面の平滑化，亀裂の開口の抑制および軸力の滑らかな伝達等の効果を目的とした支保部材として用いられている．

しかし，膨張性地山では，局部的な支保工の変形が大きくなり，ひび割れが連続してはく落が起こる．このため，通常増し吹き，増しボルトおよび増し支保工等により地山の変形を抑制し，はく落を防止している．

この計算例は，道路トンネルの NATM による吹付けコンクリートとして変形能力に優れた SFRC を用いた場合を想定したものである．

(1) 計算結果

図 1.4.1 は，インバートが閉合される前のトンネル断面図であり，膨張性地山を考えて，一次覆工厚を 20 cm としている．

いま，FEM 等による計算結果より，支保工に発生する最大曲げモーメント（または最大変位量）位置の節点回転角が，$\theta = 0.04 \, \text{rad}$ であったとする．

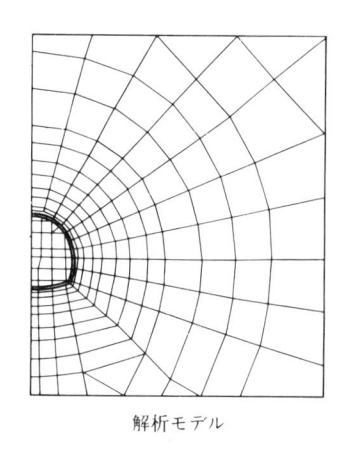

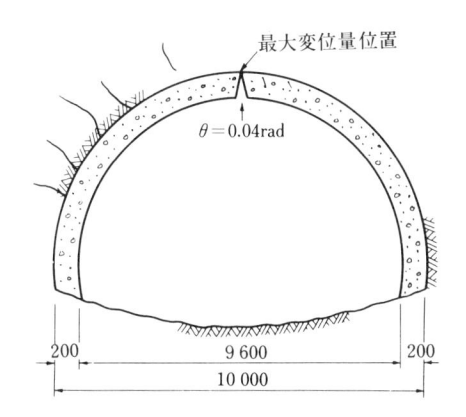

図 1.4.1 トンネル断面図

(2) 安全性の照査

安全性の照査は，ひび割れ幅 (W_{III}) により行う．

図 1.4.2 に示すように，部材の回転中心の上縁とすれば，部材厚が 20 cm であり，この節点の回転角は，$\theta = 0.04 \, (\text{rad})$ であるから，ひび割れ幅 (W) は，以下のとおりである．

$$W = d \times \theta = 20 \times 0.04 = 0.80 \, (\text{cm}) = 8.00 \, (\text{mm})$$

また，限界ひび割れ幅 (W_{III}) は，部材厚 15 cm の場合で 10 mm であり，この場合の部材回転角は部材厚 20 cm の場合でも同じであるから，限界ひび割れ幅は $W_{\text{III}} = (20 \, \text{cm}/15 \, \text{cm}) \times$

$10\,\text{mm} = 13.3\,\text{mm}$ となる．

$$W/W_{\text{III}} = 8.00 \times 13.3 = 0.60 < 1.00$$

したがって，設計条件に対して，一次覆工の安全性は確保できる．

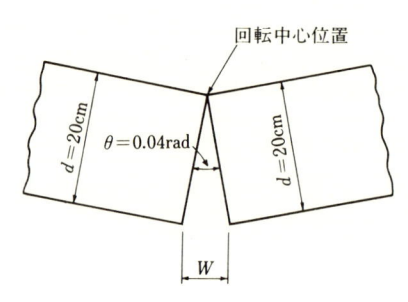

図 **1.4.2** ひび割れ幅の算定

付属資料 2

$M\text{-}N$ 性能曲線の作成方法 他

- **2.1** 設計断面力が作用した場合のひび割れ幅の算定方法　*174*
- **2.2** 曲げ試験結果から引張強度を求める近似式の誘導　*179*
- **2.3** 引張強度算出用荷重 P_t と $P_{0.25\,\mathrm{mm}}$, $P_{0.86\,\mathrm{mm}}$ との関係　*181*
- **2.4**　$M-N$ 性能曲線　*183*
- **2.5**　$M-N$ 性能曲線についての補足　*189*

2.1 設計断面力が作用した場合のひび割れ幅の算定方法

設計断面力の評価が可能な場合で,限界状態Ⅰを満足するかどうか判断する必要があるときには,設計断面力により覆工部材に発生するひび割れ幅が限界ひび割れ幅Ⅰ (0.25 mm) 以下であることを確認しなければならない.ここでは設計断面力が作用した場合の部材に生ずるひび割れ幅の算定方法の概要を示す.
　まず,ひび割れ発生の有無を,式 (2.1.1) で求められる引張縁ひずみが引張限界ひずみを超えているかでチェックする.引張限界ひずみは,土木学会の『コンクリート標準示方書(施工編)』で採用されている 100×10^{-6} とする.

$$\sigma = \frac{N}{A} - \frac{M}{Z}, \qquad \varepsilon = \frac{\sigma}{E} \tag{2.1.1}$$

ここに,N:覆工に作用する軸力,M:覆工に作用する曲げモーメント,A:覆工の断面積,Z:覆工の断面係数,E:覆工のヤング係数である.式 (2.1.1) で求められる引張縁ひずみが引張限界ひずみを超える場合には,次に述べる方法でひび割れ幅を算定する.
　本文 **2.2.3**「応力-ひずみ曲線」で採用されている鋼繊維補強コンクリートの応力-ひずみ関係に基づくと覆工体内のひずみ分布と応力分布の状況は図 2.1.1 のように表される.

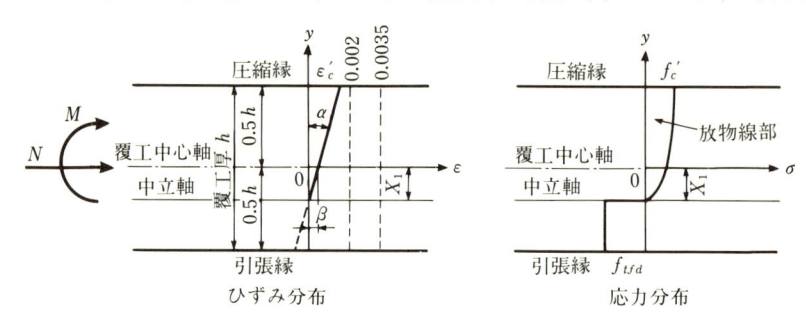

(a) 圧縮縁ひずみ ε'_c が 0.002 以下のとき

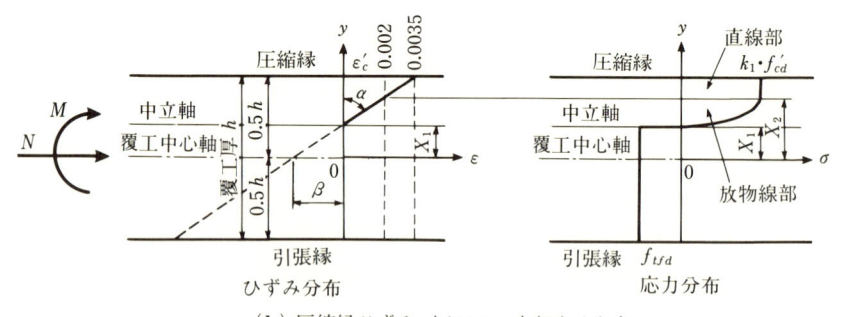

(b) 圧縮縁ひずみ ε'_c が 0.002 を超えるとき

図 **2.1.1** 覆工体内のひずみと応力分布の状況

2.1 設計断面力が作用した場合のひび割れ幅の算定方法 **175**

　図 2.1.1 において，X_1：中立軸の位置，X_2：圧縮ひずみが 0.002 になる位置（応力 − ひずみ曲線が放物線から直線に変化する位置），α：ひずみ直線の勾配，β：ひずみ直線が覆工中心軸を横切る位置，h：覆工厚，f'_{cd}：SFRC の設計圧縮応力度，f_{tfd}：SFRC の設計引張応力度，k_1：0.85 である．b：覆工幅，γ_b：部材係数，ε'_{cu}：限界圧縮ひずみ 0.0035 とし，圧縮ひずみ $\varepsilon(y)$ が式 (2.1.2) で表されるものとする．

$$\varepsilon(y) = \alpha y + \beta \tag{2.1.2}$$

　圧縮応力部は圧縮ひずみの状況により放物線部と直線部に分かれるので，圧縮側では曲げモーメントと軸力を放物線部と直線部に分けて計算する．
　圧縮側放物線部において圧縮応力は次式で表される．

$$\begin{aligned}
\sigma'_c(y) &= k_1 \cdot f'_{cd} \cdot \frac{\varepsilon(y)}{0.002} \cdot \left(2 - \frac{\varepsilon(y)}{0.002}\right) \\
&= \frac{k_1 \cdot f'_{cd}}{0.002^2} \cdot \{2 \times 0.002 \times (\alpha y + \beta) - \alpha^2 y^2 - 2\alpha\beta y - \beta^2\}
\end{aligned} \tag{2.1.3}$$

放物線部の圧縮応力による曲げモーメント M_p：

$$\begin{aligned}
M_p &= \frac{1}{\gamma_b} \int_{-0.5h}^{0.5h} \sigma'_c(y) \cdot b \cdot y \cdot dy \\
&= \frac{b}{\gamma_b} \int_{x_1}^{x_2} \sigma'_c(y) \cdot y \cdot dy \\
&= \frac{b}{\gamma_b} \cdot \frac{k_1 \cdot f'_{cd}}{0.002^2} \int_{x_1}^{x_2} \{2 \times 0.002 \times (\alpha y^2 + \beta y) - \alpha^2 y^3 - 2\alpha\beta y^2 - \beta^2 y\} dy
\end{aligned}$$

ここで，

$$C_0 = \frac{b}{\gamma_b} \cdot \frac{k_1 \cdot f'_{cd}}{0.002^2}, \quad C_{m1} = 2 \times 0.002 \times \frac{\alpha}{3}, \quad C_{m2} = 2 \times 0.002 \times \frac{\beta}{2}$$

$$C_{m3} = -\frac{\alpha^2}{4}, \quad C_{m4} = -\frac{2}{3}\alpha\beta, \quad C_{m5} = -\frac{\beta^2}{2}$$

とおくと，

$$\begin{aligned}
M_p = &C_0\{C_{m1}(X_2^3 - X_1^3) + C_{m2}(X_2^2 - X_1^2) + C_{m3}(X_2^4 - X_1^4) \\
&+ C_{m4}(X_2^3 - X_1^3) + C_{m5}(X_2^2 - X_1^2)\}
\end{aligned} \tag{2.1.4}$$

放物線部の圧縮応力による軸力 N_p：

$$\begin{aligned}
N_p &= \frac{1}{\gamma_b} \int_{-0.5h}^{0.5h} \sigma'_c(y) \cdot b \cdot y \cdot dy \\
&= \frac{b}{\gamma_b} \int_{x_1}^{x_2} \sigma'_c(y) \, dy \\
&= \frac{b}{\gamma_b} \cdot \frac{k_1 \cdot f'_{cd}}{0.002^2} \int_{x_1}^{x_2} \{2 \times 0.002 \times (\alpha y + \beta) - \alpha^2 y^2 - 2\alpha\beta y - \beta^2\} dy
\end{aligned}$$

ここで，

$$C_{n1} = 0.002\alpha, \quad C_{n2} = 2 \times 0.002\beta, \quad C_{n3} = -\frac{\alpha^2}{3}$$
$$C_{n4} = -\alpha\beta, \quad C_{n5} = -\beta^2$$

とおくと，

$$\begin{aligned}N_p =& C_0\{C_{n1}(X_2^2 - X_1^2) + C_{n2}(X_2 - X_1) + C_{n3}(X_2^3 - X_1^3) \\ & + C_{n4}(X_2^2 - X_1^2) + C_{n5}(X_2 - X_1)\}\end{aligned} \quad (2.1.5)$$

圧縮側直線部において圧縮応力は次式で表される．

$$\sigma'_c(y) = k_1 \cdot f'_{cd}$$

直線部の圧縮応力による曲げモーメント M_l：

$$\begin{aligned}M_l &= \frac{1}{\gamma_b}\int_{-0.5h}^{0.5h}\sigma'_c(y)\cdot b\cdot y\cdot dy \\ &= \frac{b}{\gamma_b}\cdot k_1\cdot f'_{cd}\int_{x_2}^{0.5h} y\cdot dy \\ &= \frac{b}{\gamma_b}\cdot k_1\cdot f'_{cd}\cdot\frac{1}{2}\{(0.5h)^2 - X_2^2\}\end{aligned} \quad (2.1.6)$$

直線部の圧縮応力による軸力 N_l：

$$\begin{aligned}N_l &= \frac{1}{\gamma_b}\int_{-0.5h}^{0.5h}\sigma'_c(y)\cdot b\cdot dy \\ &= \frac{b}{\gamma_b}\cdot k_1\cdot f'_{cd}\int_{x_2}^{0.5h} dy \\ &= \frac{b}{\gamma_b}\cdot k_1\cdot f'_{cd}\cdot(0.5h - X_2)\end{aligned} \quad (2.1.7)$$

引張応力は直線部のみであるので次のように引張応力による曲げモーメントと軸力を求めることができる．

引張応力による曲げモーメント M_t：

$$\begin{aligned}M_t &= -\frac{1}{\gamma_b}\int_{-0.5h}^{0.5h} f_{tfd}\cdot b\cdot y\cdot dy \\ &= -\frac{b}{\gamma_b}\cdot f_{tfd}\int_{-0.5h}^{x_1} y\cdot dy \\ &= -\frac{b}{\gamma_b}\cdot f_{tfd}\cdot\frac{1}{2}\{X_1^2 - (0.5h)^2\}\end{aligned} \quad (2.1.8)$$

2.1 設計断面力が作用した場合のひび割れ幅の算定方法　**177**

引張応力による軸力 N_t：

$$N_t = -\frac{1}{\gamma_b} \int_{-0.5h}^{0.5h} f_{tfd} \cdot b \cdot dy$$

$$= -\frac{b}{\gamma_b} \cdot f_{tfd} \int_{-0.5h}^{x_1} dy$$

$$= -\frac{b}{\gamma_b} \cdot f_{tfd} \cdot (X_1 + 0.5h) \tag{2.1.9}$$

以上により外力による曲げモーメント M と軸力 N は次のように表される．

$$M = M_p + M_l + M_t \tag{2.1.10}$$
$$N = N_p + N_l + N_t \tag{2.1.11}$$

式 (2.1.10)，(2.1.11) において圧縮縁ひずみ ε'_c が 0.002 以下のときは $M_l = 0$，$N_1 = 0$ とする（図 2.1.1 参照）．

式 (2.1.10)，(2.1.11) を満足する α と β を求めると中立軸の位置 X_1 は式 (2.1.12) で，また，ひび割れ幅 W は中立軸からの距離に比例するものとすると式 (2.1.13) により求めることができる．

$$X_1 = -\frac{\beta}{\alpha} \tag{2.1.12}$$

$$W = (0.5h \cdot \alpha - \beta) \cdot (0.5h + X_1) \tag{2.1.13}$$

このようにして外力による曲げモーメント M と軸力 N が作用したときに SFRC 覆工体に生ずるひび割れ幅を求めることができる．ただし，このひび割れ幅は本文 **2.3.4**「限界状態 II」に示した仮定に基づくものであるから，覆工体に生ずる初期ひび割れ幅ではなく，本文図 2.3.1 に示したひずみ分布と応力分布状態におけるひび割れ幅であることに注意する必要がある．

以上の方法で，設計断面力が与えられたときのひび割れ幅を求めた例として **1.3.1**「二次覆工を有する ECL 工法の一次覆工」の計算結果を図 2.1.2 に示す．

$\alpha = 8.571 \times 10^{-5}$
$\beta = 6.442 \times 10^{-5}$
圧縮縁ひずみ $\varepsilon'_c = 0.000922$
中立軸の位置 $x = -0.752\,\mathrm{cm}$
ひび割れ幅 $W = 0.073\,\mathrm{mm}$

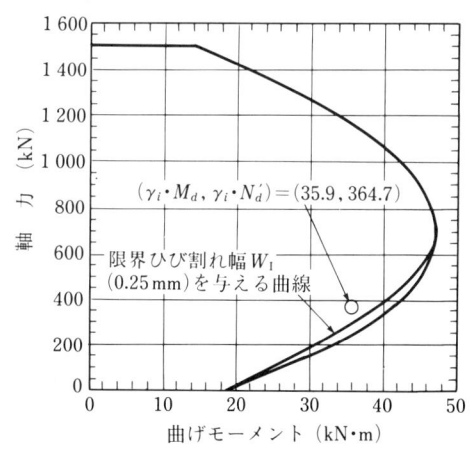

図 2.1.2 設計断面力が与えられたときのひび割れ幅を求めた例

なお，図 2.1.2 には参考までに限界ひび割れ幅 W_I (0.25 mm) を与える曲線も示している．この曲線と $M-N$ 性能曲線に囲まれる三日月の範囲では，設計断面力は設計断面耐力以上であるが，ひび割れ幅は 0.25 mm を超えていることを示している．

以上述べた方法は与えられた設計断面力に対応するひび割れ幅を求めるものであったが，計算プログラムが必要である．

計算されたひび割れ幅が限界ひび割れ幅 $W_I = 0.25$ mm 以下であれば，覆工体を永久覆工体として設計することが可能であるので，実務上の便宜のために，$M_{ud} - N'_{ud}$ 曲線の算出プログラムとともに，$M_{ud} - N'_{ud}$ 曲線内部での，限界ひび割れ幅 $W_I = 0.25$ mm を与える曲線の計算ソフトを CD-ROM で添付した．使用法などは CD-ROM 内の「使用方法」を参照のこと．

2.2 曲げ試験結果から引張強度を求める近似式の誘導

本文 **2.3.4**「限界状態 II」に述べた限界状態 II における SFRC 部材の引張強度 f_{tf} は，解説図 2.3.6 のひずみ分布および応力分布を仮定し，曲げ試験から得られる曲げモーメント $M = PL/6$ および軸圧縮力 $N = 0$ の釣合い式から求める．

$$M = \frac{PL}{6} = f_{tf} \cdot 0.7h \cdot 0.15h \cdot b + b \int_0^{0.3h} \sigma(y)(y + 0.2h)\,dy \tag{2.2.1}$$

$$N = f_{tf} \cdot 0.7h \cdot b - b \int_0^{0.3h} \sigma(y)\,dy = 0 \tag{2.2.2}$$

ここに，

$$\sigma(y) = k_1 \cdot f_c' \cdot \frac{\varepsilon(y)}{0.002} \cdot \left(2 - \frac{\varepsilon(y)}{0.002}\right) \tag{2.2.3}$$

$$\varepsilon(y) = \frac{\varepsilon_c'}{0.3h} \cdot y \tag{2.2.4}$$

また，P は曲げ荷重，L は曲げ試験の供試体スパン長，b，h は供試体の幅と高さである．

当マニュアルで採用している鋼繊維補強コンクリートの応力 – ひずみ曲線では式 (2.2.3) の適用範囲はコンクリートの圧縮ひずみが 0.002 以下であるが，鋼繊維補強コンクリートの曲げ試験のように供試体に軸力が作用していない状態では，鉄筋コンクリートの場合と異なり，引張側強度が圧縮側強度に比べて弱いので，一般の場合圧縮ひずみは 0.002 を超えることは少ないと考えられる．そこで応力 – ひずみ関係は (2.2.3) を採用する．

式 (2.2.1) および式 (2.2.2) には，ε_c'，f_{tf} および f_c' の 3 つの変数があるが，条件式は 2 つであるので解析的に f_{tf} を求めることはできない．そこでまず式 (2.2.2) を f_c' について解くと次の式になる．

$$f_c' = \frac{f_{ft}}{\varepsilon_c'(182.143 - 30\,357.1\varepsilon_c')}$$

この式を式 (2.2.1) に代入して f_{tf} について解くと次式が求められる．

$$\begin{aligned}
f_{tf} &= \frac{-0.166667 \times (0.006 - \varepsilon_c')}{-0.00231 + 0.4025\varepsilon_c'} \cdot \frac{PL}{bh^2} \\
&= k \cdot \frac{PL}{bh^2}
\end{aligned} \tag{2.2.5}$$

ここに，$\quad k = \dfrac{-0.166667 \times (0.006 - \varepsilon_c')}{-0.00231 + 0.4025\varepsilon_c'}$

k と ε_c' の関係をグラフ化すると図 2.2.1 のようになる．

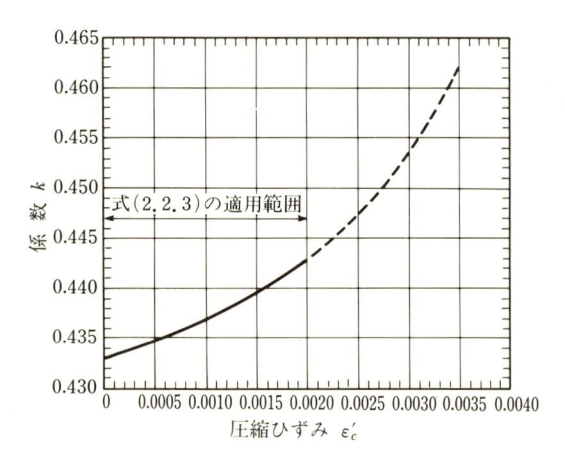

図 2.2.1 圧縮ひずみと引張強度式の係数の関係

一般の場合，曲げ試験における圧縮ひずみは 0.002 以下であるので引張強度式の係数 k は平均的に 0.44 を採用して，次式から引張強度を求めてよい．

$$f_{tf} = 0.44 \frac{PL}{bh^2} \tag{2.2.6}$$

2.3 引張強度算出用荷重 P_t と $P_{0.25\,\mathrm{mm}}$, $P_{0.86\,\mathrm{mm}}$ との関係

SFRC の圧縮強度・引張強度および曲げ試験の条件が与えられると，計算により設計で想定している $P-W$ 曲線（本文図 2.3.7「試験および計算から求まる $P-W$ 曲線と用語の定義」の計算による $P-W$ 曲線）を求めることができる．ただし，この計算による $P-W$ 曲線はひび割れ幅の増加と共に荷重が単純増加しており，ひび割れ幅の増加と共に荷重が減少する実際の $P-W$ 曲線とは異なっている．この理由は解説図 2.3.4 の引張軟化曲線においてひび割れ幅にかかわらず引張伝達応力を一定と仮定したためである．この計算による $P-W$ 曲線において引張強度算出用荷重 P_t と $P_{0.25\,\mathrm{mm}}$, $P_{0.86\,\mathrm{mm}}$ の関係を調べると図 2.3.1 および図 2.3.2 の直線関係が得られた．

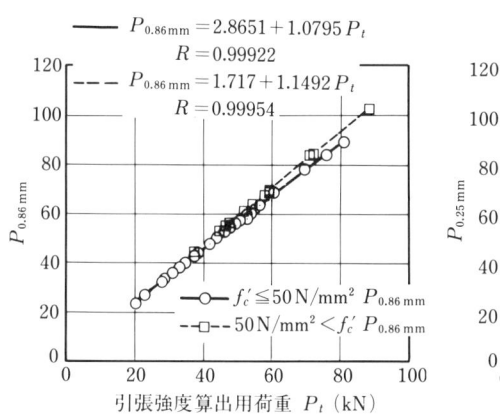

図 2.3.1 P_t と $P_{0.86\,\mathrm{mm}}$ の関係

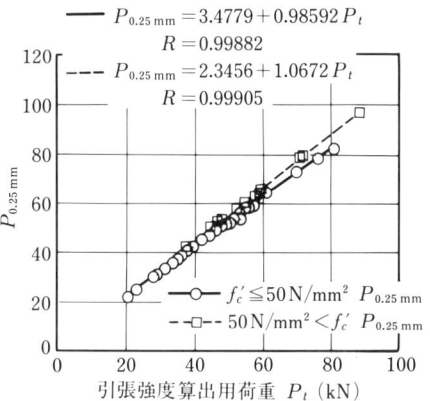

図 2.3.2 P_t と $P_{0.25\,\mathrm{mm}}$ の関係

図 2.3.1 および図 2.3.2 では，コンクリートの圧縮強度 f'_c が $50\,\mathrm{N/mm^2}$ 以下の場合と $50\,\mathrm{N/mm^2}$ を超える場合とに分けて示したが，両者には大きな差異はないので，図 2.3.3 および図 2.3.4 に示すように，まとめて取り扱ってよいものとした．

図 2.3.3 および図 2.3.4 にある回帰直線の式の係数を丸めると次式が得られる．

$$P_{0.86\,\mathrm{mm}} = 1.5 + 1.12 P_t \tag{2.3.1}$$

$$P_{0.25\,\mathrm{mm}} = 1.9 + 1.04 P_t \tag{2.3.2}$$

ただし，$20\,\mathrm{kN} \leq P_t \leq 80\,\mathrm{kN}$

引張強度算出用荷重 P_t と $P_{0.25\,\mathrm{mm}}$, $P_{0.86\,\mathrm{mm}}$ の関係として式 (2.3.1), (2.3.2) を用いることとした．

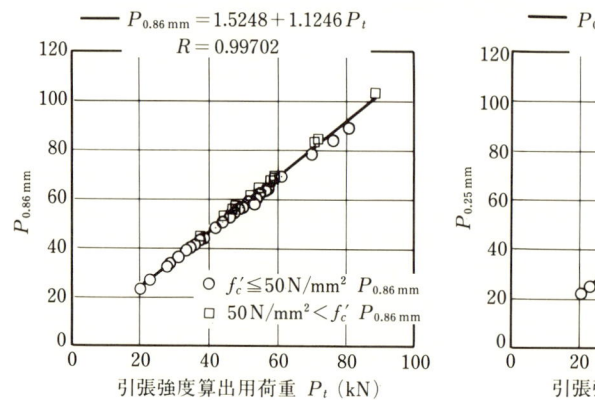

図 2.3.3　P_t と $P_{0.86\,\mathrm{mm}}$ の関係

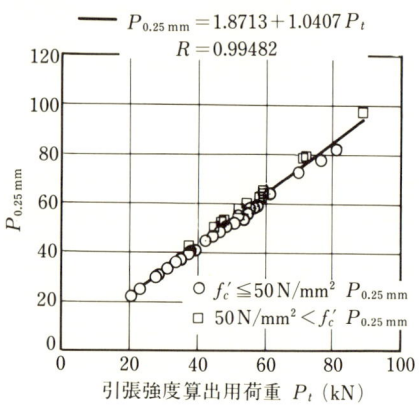

図 2.3.4　P_t と $P_{0.25\,\mathrm{mm}}$ の関係

2.4 $M - N$ 性能曲線

$M_{ud} - N'_{ud}$ 曲線の作成方法を,以下に示す.
(1) 仮定条件
設計断面耐力を断面力の作用方向に応じて,部材断面あるいは単位幅について算定する場合,以下の①～⑤の仮定に基づいて行うものとする.
① 圧縮側のひずみは,断面の中立軸からの距離に比例する.
② SFRC 部材の圧縮応力 – ひずみ曲線は,本マニュアルの **2.2.3**「応力 – ひずみ曲線」によることを原則とする.
③ SFEC の部材の引張側応力は,SF の受け持つ設計引張強度 f_{tfd} を考慮する.
④ ひび割れ深さは,部材の高さの 70% までとする.
⑤ SF の受け持つ引張強度 f_{tf} の想定されるひび割れ面について,限界ひび割れ幅 W_{II} を考慮する.

(2) 算定式
設計断面耐力の算定は,図 2.4.1 に基づき,式 (2.4.1) および式 (2.4.2) により行うものとする.
また,引張側の応力状態は,ひび割れ深さ a までの範囲に SF の受け持つ設計引張強度 f_{tfd} が等分布になっているものとする.

$$M_{ud} = \frac{\int_{-h/2}^{h/2} \sigma'(y) \cdot y \cdot b \, dy}{\gamma_b} \tag{2.4.1}$$

$$N'_{ud} = \frac{\int_{-h/2}^{h/2} \sigma'(y) \cdot b \, dy}{\gamma_b} \tag{2.4.2}$$

ここに,M_{ud}:設計曲げ耐力
N'_{ud}:設計軸方向圧縮耐力
h:覆工厚
b:単位幅 $(=100\,\mathrm{cm})$
γ_b:部材係数 (曲げ部材)$(=1.1.5)$
k_1:$(=0.85)$
f'_{cd}:$(= f'_{ck}/\gamma_c = f'_{ck}/1.3)$

なお,設計軸圧縮耐力の上限値 N'_{oud} は,式 (2.4.3) により算定するものとする.

$$N'_{oud} = (0.85 f'_{cd} \cdot A_c/\gamma_b) \tag{2.4.3}$$

ここに,A_c:覆工の断面積
f'_{cd}:コンクリートの設計圧縮強度
γ_b:部材係数 (圧縮部材)$(=1.3)$

付属資料2　M-N 性能曲線の作成方法 他

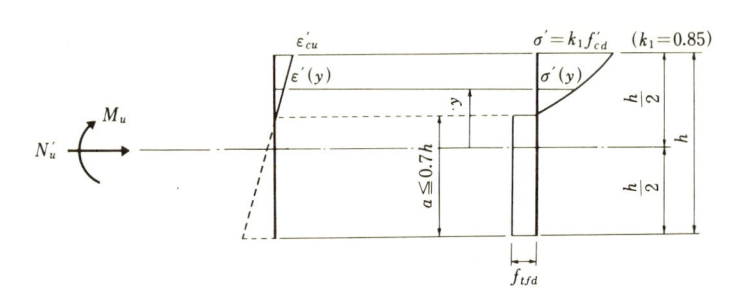

図 2.4.1 部材断面耐力の算定方法

設計軸圧縮力の低減に伴う限界状態は，図 2.4.2 (a)～図 2.4.2 (d) に示すよう移行するものとして (M_{ud}, N'_{ud}) 曲線を作成する．

1) 全断面がコンクリートの終局圧縮ひずみ ε'_{cu} となる状態

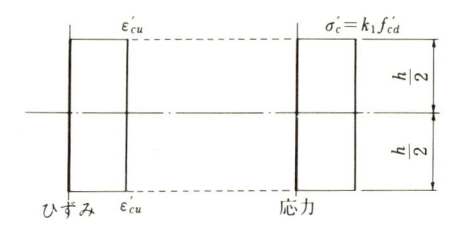

図 2.4.2 (a)　応力度分布図 1

2) 上縁がコンクリートの終局圧縮ひずみ ε'_{cu}，下縁が $\varepsilon' = 0$ となる状態

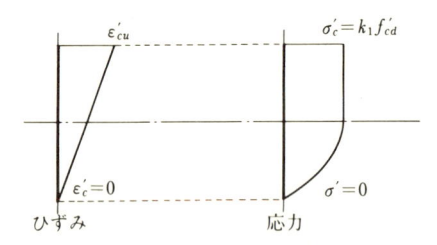

図 2.4.2 (b)　応力度分布図 2

3) 上縁がコンクリートの終局圧縮ひずみ ε'_{cu}，下縁の引張応力が設計引張強度 f_{tfd} で，かつひび割れ深さが $a = 0.7h$ （最大値）となる状態

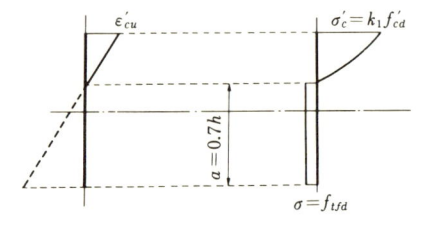

図 2.4.2 (c)　応力度分布図 3

4) 設計軸圧縮力 $N'_{ud} = 0$ となる状態

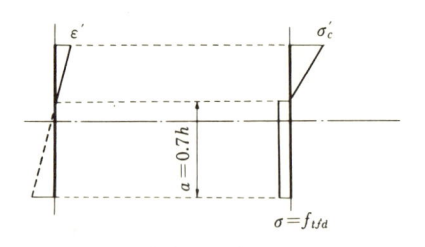

図 2.4.2 (d)　応力度分布図 4

(3) $M_{ud} - N'_{ud}$ 曲線

参考のため，覆工厚ごとの $M_{ud} - N'_{ud}$ 曲線を以下に示す．

① 覆工厚：$h = 150\,\text{mm}$ .... 図 2.4.3 (a)
② 覆工厚：$h = 200\,\text{mm}$ .... 図 2.4.3 (b)
③ 覆工厚：$h = 250\,\text{mm}$ .... 図 2.4.3 (c)
④ 覆工厚：$h = 300\,\text{mm}$ .... 図 2.4.3 (d)
⑤ 覆工厚：$h = 350\,\text{mm}$ .... 図 2.4.3 (e)
⑥ 覆工厚：$h = 400\,\text{mm}$ .... 図 2.4.3 (f)
⑦ 覆工厚：$h = 450\,\text{mm}$ .... 図 2.4.3 (g)

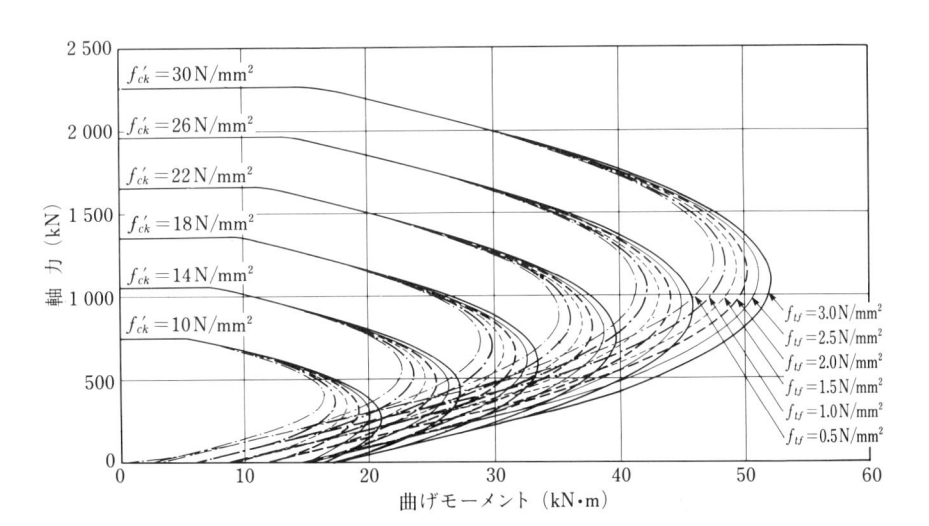

図 2.4.3 (a) $M_{ud} - N'_{ud}$ 曲線（覆工厚：$h = 150\,\text{mm}$）

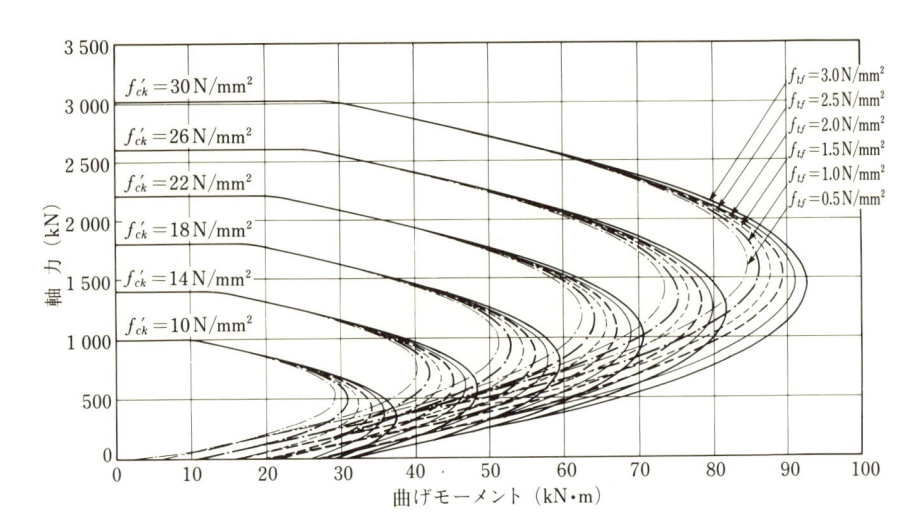

図 2.4.3 (b) $M_{ud} - N'_{ud}$ 曲線 (覆工厚: $h = 200\,\mathrm{mm}$)

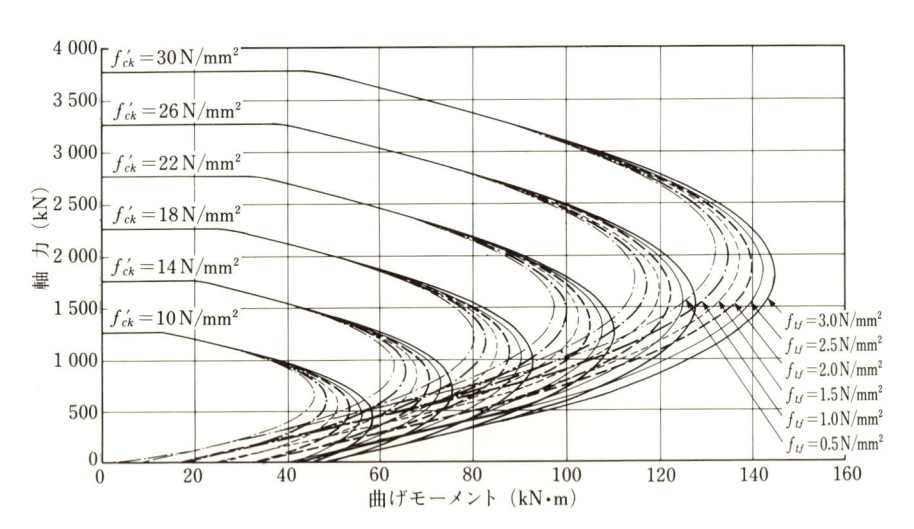

図 2.4.3 (c) $M_{ud} - N'_{ud}$ 曲線 (覆工厚: $h = 250\,\mathrm{mm}$)

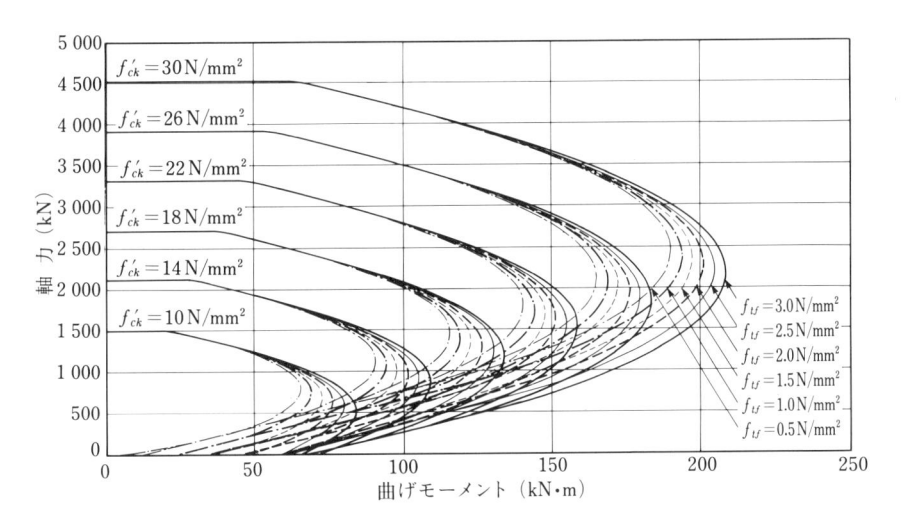

図 2.4.3 (d) $M_{ud} - N'_{ud}$ 曲線（覆工厚：$h = 300$ mm）

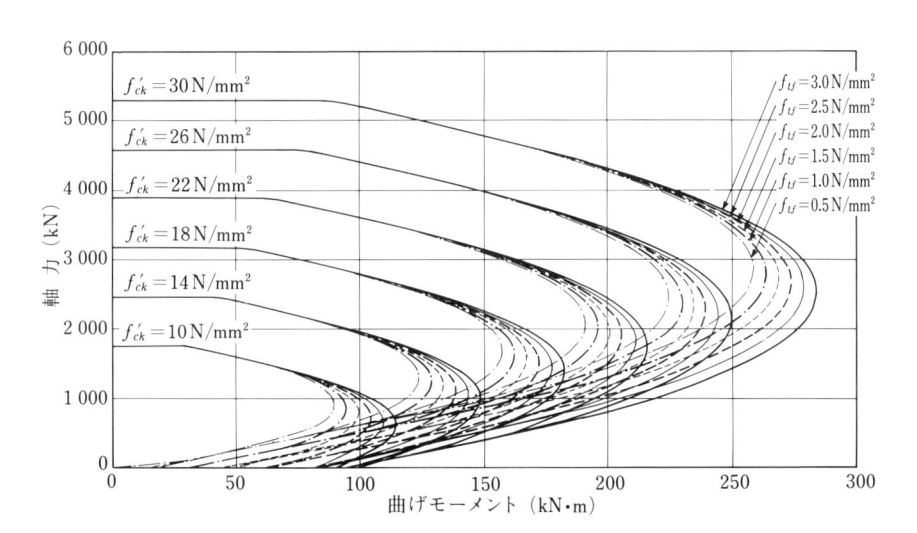

図 2.4.3 (e) $M_{ud} - N'_{ud}$ 曲線（覆工厚：$h = 350$ mm）

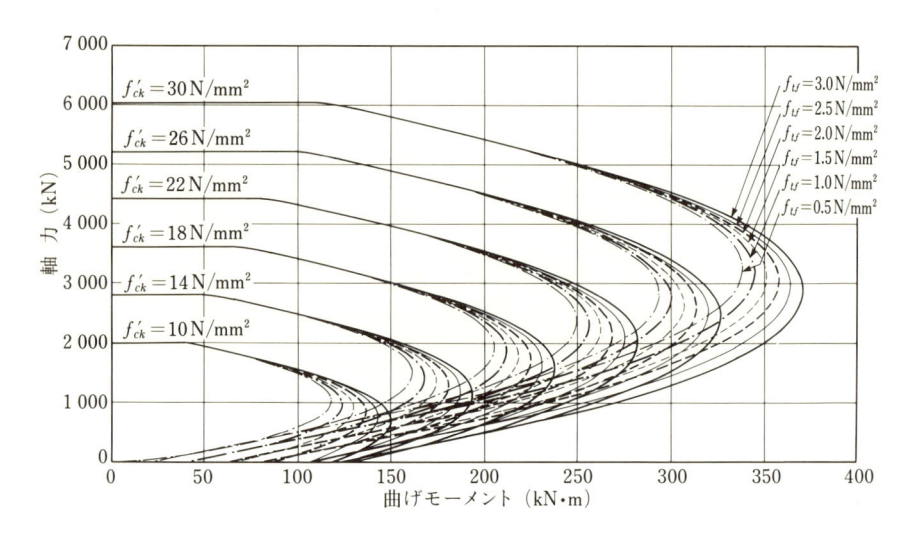

図 2.4.3 (f) $M_{ud} - N'_{ud}$ 曲線（覆工厚：$h = 400\,\mathrm{mm}$）

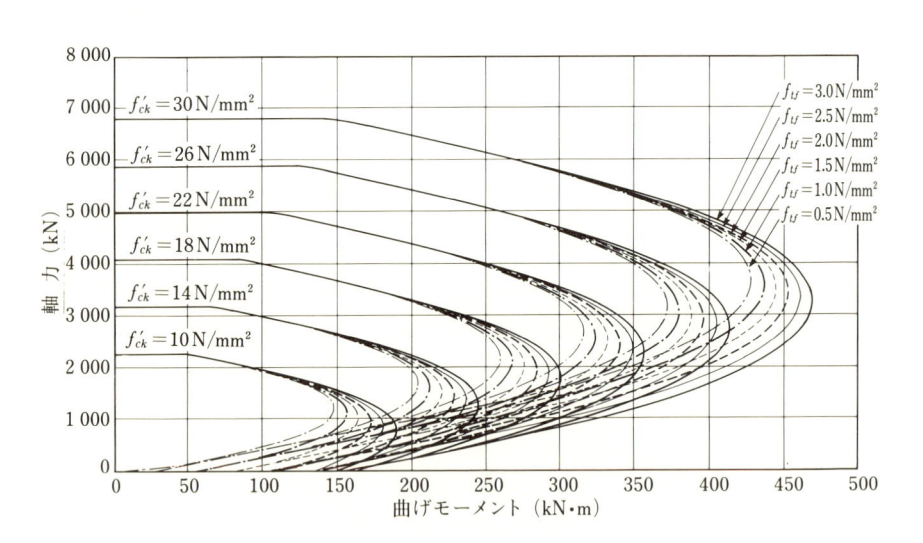

図 2.4.3 (g) $M_{ud} - N'_{ud}$ 曲線（覆工厚：$h = 450\,\mathrm{mm}$）

2.5 $M-N$ 性能曲線についての補足

$M-N$ 曲線の作成方法については付属資料 2.4「$M-N$ 性能曲線」に述べているが，ここでは例としてある覆工部材を取り上げ，$M_{ud}-N'_{ud}$ 曲線の性質，$M_{ud}-N'_{ud}$ 曲線上における圧縮側縁ひずみ・中立軸の位置・ひび割れ幅の変化状況について補足説明を行う．

図 2.5.1 は，覆工幅 100 cm，覆工厚 40 cm，設計基準強度 30.0 N/mm^2，設計圧縮強度 23.1 N/mm^2，設計引張強度 1.50 N/mm^2 の条件で $M_{ud}-N'_{ud}$ 曲線を計算したものである．

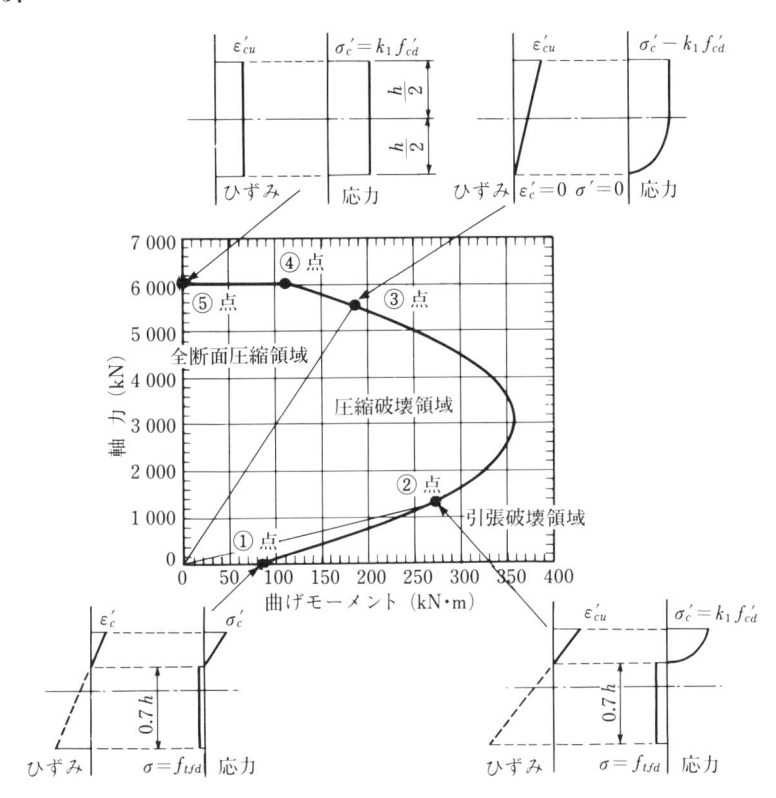

図 **2.5.1** $M_{ud}-N'_{ud}$ 曲線の例

図 2.5.1 において各点，各領域の意味は次のようである．

原点−①点−②点で囲まれる領域	引張破壊領域
原点−②点−③点−④点−⑤点で囲まれる領域	圧縮破壊領域
原点−③点−④点−⑤点で囲まれる領域	全断面圧縮領域

④点−⑤点の範囲の曲線	設計圧縮力の上限値 N'_{OUD} で決まる範囲 (γ_b=1.3)
①点−②点−③点−④点の範囲の曲線	部材係数 $\gamma_b = 1.15$ の範囲
①点−②点の範囲の曲線	圧縮側縁ひずみが 0.0035 以下である範囲
②点−③点−④点−⑤点の範囲の曲線	圧縮側縁ひずみが 0.0035 である範囲

②点で限界ひび割れ幅(この場合 2.3 mm)となる.

図 2.5.2 は $M_{ud} - N'_{ud}$ 曲線上における圧縮側縁ひずみの変化状況を示している.図中の点番号は図 2.5.1 の $M_{ud} - N'_{ud}$ 曲線上における番号を表す.圧縮側縁ひずみは軸力がゼロである①点で 0.0004 程度であり,②点の限界ひずみ 0.0035 まで増加し,その後一定となっている.

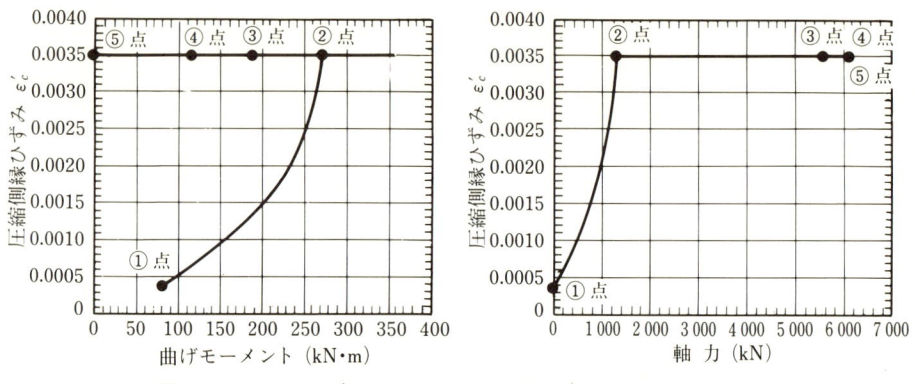

図 2.5.2 $M_{ud} - N'_{ud}$ 曲線上における圧縮側縁ひずみの変化状況

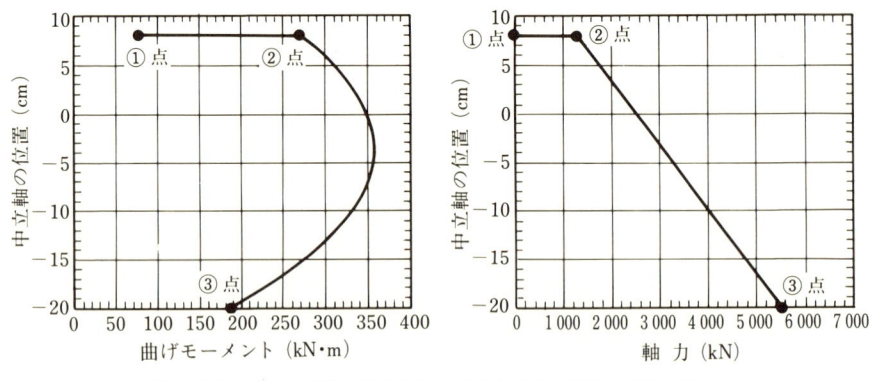

図 2.5.3 は $M_{ud} - N'_{ud}$ 曲線上における中立軸の位置の変化を示している.中立軸の位置は,覆工中心軸から中立軸までの距離を表し,符号は中立軸の位置が覆工中心軸より引張側にあるときに負,圧縮側にあるときに正としている.①点−②点の範囲では中立軸の位置は 0.2h (h:覆工部材厚)(この場合 8.0 cm)にあり,圧縮側縁ひずみが限界ひずみ 0.0035 となる②点に達すると中立軸の位置が引張側に移動し始めることがわかる.

図 2.5.3 $M_{ud} - N'_{ud}$ 曲線上における中立軸の位置の変化状況

2.5 $M-N$ 性能曲線についての補足

図 2.5.4 は $M_{ud} - N'_{ud}$ 曲線上におけるひび割れ幅の変化状況を示している．①点でのひび割れ幅は 0.25 mm 程度であり，曲げモーメントの増加とともにひび割れ幅は増加し，②点で最大ひび割れ幅 2.3 mm まで達した後，減少に移り，③点でひび割れ幅がゼロとなることがわかる．

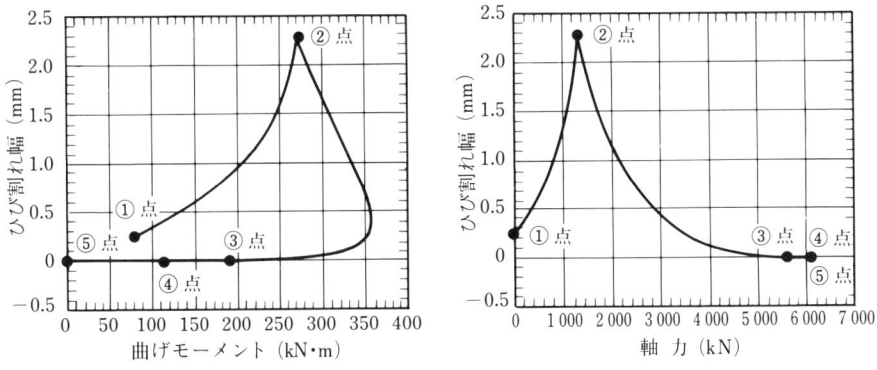

図 2.5.4 $M_{ud} - N'_{ud}$ 曲線上におけるひび割れ幅の変化状況

付属資料 3

鋼繊維補強コンクリート関連試験法

本資料は(社)土木学会『コンクリート標準示方書（規準編）土木学会規準』【2002年制定】より，同学会の許可を受けて抜粋したものである．

3.1 品質規格 *194*
    3.1.1 コンクリート用鋼繊維品質規格 *194*
    附属書：鋼繊維の引張強度試験方法 *197*

3.2 鋼繊維補強コンクリートに関する試験方法 *198*
    3.2.1 試験室における鋼繊維補強コンクリートの作り方 *198*
    3.2.2 鋼繊維補強コンクリートの強度およびタフネス試験用供試体の作り方 *200*
    3.2.3 吹付け鋼繊維補強コンクリートの強度およびタフネス試験用供試体の作り方 *205*
    3.2.4 鋼繊維補強コンクリートの曲げ強度および曲げタフネス試験方法 *207*

3.1 品質規格

3.1.1 コンクリート用鋼繊維（JSCE-E 101–2001）
Specification for steel fiber for concrete

1. 適用範囲 この規準は，SFRC に用いる鋼繊維（ステンレス鋼繊維を含む）について規定する．

 備考 この規準はセメント中のアルカリと反応し鋼繊維とマトリックスとの付着を低下させるおそれのある亜鉛または真ちゅうめっきを施した鋼繊維には適用しない．

2. 引用規格 次に掲げる規格は，この規準に引用されることによって，この規準の規定の一部を構成する．これらの引用規格は，その最新版を適用する．

 JIS G 3101 一般構造用圧延鋼材
 JIS G 3141 冷間圧延鋼板及び鋼帯
 JIS G 3532 鉄線
 JIS G 4303 ステンレス鋼棒
 JIS G 4305 冷間圧延ステンレス鋼板及び鋼帯
 JIS G 4308 ステンレス鋼線材
 JIS G 4309 ステンレス鋼線
 JIS Z 2251 ヌープ硬さ試験方法
 JIS Z 9001 抜取検査通則

3. 種類および記号 鋼繊維の種類および記号は表–1 による．

表 1 種類および記号

種類		記号
1 種	断面が角形なもの	SFR 1
2 種	断面が円形なもの	SFR 2
3 種	断面が三日月形なもの	SFR 3

 備考 1 種は鋼板のせん断によるもの，2 種は鉄線の切断によるもの．3 種は鋼材の切削によるもので，おおむね三日月形の断面形状を呈している．

4. 寸法・質量および許容差

 4.1 寸法 鋼繊維の寸法は，鋼繊維の種類に応じて，表 2 の○印の項目を確認する．
 4.2 質量 鋼繊維の質量 (mg) は 100 本当りの計算質量として次式によって計算する．

$$W = 100 \times A \times l_f \times \rho$$

 ここに，W：鋼繊維 100 本当りの計算質量 (mg)
     A：公称断面積 (mm^2)
     l_f：公称長さ (mm)
     ρ：鋼材密度 (mg/mm^3) [1]

 注[1] 通常の鋼繊維は 7.85，ステンレス鋼繊維は 7.70 とする．

表 2 確認すべき寸法の項目

鋼繊維の種類	公称長さ (mm)	厚さ・幅 (mm)	直径 (mm)	換算直径 (mm)	公称断面積 (mm^2)
1 種	○	○			
2 種	○		○		○
3 種	○			○	○

備考 1. 公称長さおよびアスペクト比は，それぞれ 20 mm から 60 mm および 30 から 80 の範囲を標準とする．
　　 2. 換算直径とは公称断面積に基づいて求めた円断面換算の直径である．

4.3 長さの許容差
長さの許容差は，表 3 による．

表 3 鋼繊維の長さの許容差

公称長さ l_f (mm)	許容差 M (mm)
30 未満	±1
30 以上	±2

備考 試料は鋼繊維 1 ロットごとに 100 本の割合でランダムに採取する．なお，ロットの定義は **JIS Z 9001** による．
長さの許容差 M は次式によって計算する．

$$M = \frac{\sum_{i=1}^{i=100} l_i}{100} - l_f$$

ここに，l_i：個々の試料の長さ（$i = 1 \sim 100$）

4.4 質量の許容差
質量の許容差は，表 4 による．

表 4 鋼繊維の質量の許容差

種　類	許容差 N (%)
1 種，2 種，3 種	±15

備考 試料は鋼繊維 1 ロットごとに 100 本の割合でランダムに採取する．なお，ロットの定義は **JIS Z 9001** による．
長さの許容差 N は次式によって計算する．

$$N = \frac{W_i - W}{W} \times 100$$

ここに，W_i：100 本の試料質量 (mg)
　　　　W：100 本当りの計算質量 (mg)（**5.2** による）

5. 鋼繊維の引張強度
鋼繊維の引張強度は 600 N/mm^2 以上とする．

6. 外　観
鋼繊維は，その表面に有害量のさび[2] があってはならない．
注[2] 有害量のさびとは，表面のさびにより鋼繊維が相互に密着しているようなものをいう．

7. 材　料
鋼繊維に用いる材料は，JIS G 3141 の鋼板，または JIS G 3532 の鉄線，および JIS G 3101 の鋼材，またはこれと同等以上の鋼材とする．

ステンレス鋼繊維に用いる材料は，JIS G 4303, JIS G 4305, JIS G 4308, または JIS G 4309 のステンレス鋼材，またはこれと同等以上のステンレス鋼材とする．

8. 製造方法　鋼繊維の製造方法は，次による．
   a) 鋼材を用いて製造する場合は，切断または切削による．
   b) ステンレス鋼材を用いて製造する場合は，切断または溶鋼抽出法による．

9. 試　験　鋼繊維の引張試験は，次による．
   a) 引張試験は，附属書による．
   b) 材料および鋼繊維の引張強度がともに規定値 $600\,\mathrm{N/mm^2}$ 以上の場合には，同一製造方法による限り，材料の引張強度によってその鋼繊維の引張強度が規定値以上であることを確認してもよい．
   c) 鋼繊維の引張強度と硬さとの関係が明らかな場合には，鋼繊維の硬さによってその鋼繊維の引張強度が規定値以上であることを確認してもよい．硬さ試験は，JIS Z 2251 による．

10. 検　査　鋼繊維の質量，形状寸法およびそれらの許容差と引張強度，外観が **4.**, **5.** および **6.** の規定に適合しなければならない．

付属書：鋼繊維の引張強度試験方法

1. 適用範囲　この付属書は，鋼繊維の引張強度試験方法について規定する．
2. 試験用器具
2.1　引張試験機　引張試験機はひょう量 10 N を読み取れるもので，変位制御型試験機を標準とする．
2.2　取付け用チャック　試料の取付け用チャックは平板用チャックを用いる．
3. 試　験
3.1　試料の取付け　試料の上下のチャックへの取付けは，**附属書図 1** に示すように，それぞれかみしろが鋼繊維長さの 1/3 とする[(1)]．
　　注[(1)]　一般に平板用チャックは，両端が完全に固定されてしまうので，荷重の作用線と試料の軸線とが一致しない場合，上下のチャック付近で破断することがあるので注意を要する．

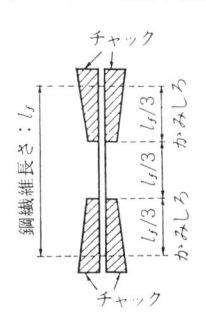

附属書図 1　試料の取付け方

3.2　載荷速度　載荷速度は，変位制御型試験機のクロスヘッド速度で 0.3 mm/min を標準とする．
3.3　試料の本数　試料の本数は 5 本以上とする．
3.4　強度の計算　引張強度は次式によって求める[(2)]．

$$\sigma_t = \frac{P}{A}$$

　　ここに，σ_t：引張強度 (N/mm^2)
　　　　　　P：破断荷重 (N)
　　　　　　A：公称断面積 (mm^2)
　注[(2)]　上下のチャック付近で破断した場合の値は除く．

3.2 鋼繊維補強コンクリートに関する試験方法

3.2.1 試験室における鋼繊維補強コンクリートの作り方（JSCE-F 551–1999）
Method of making steel fiber reinforced concrete in laboratory

1. **適用範囲**　この規準は，各種の試験を行うための試料の試験室における作り方について規定する．
2. **材料の準備**　材料の準備は，次による．
   a) 材料は練り混ぜる前に原則として $20\pm3°C$ の温度に保つ．
   b) セメントは，防湿容器に密閉しておく．
   c) 骨材は，粒度がバッチごとに変化しないよう準備する．骨材は，一様な含水状態に調整して準備する．
3. **材料の計量**
   a) 各材料は，質量で別々に計量する．ただし，水および液状の混和剤，または水溶液とした混和剤は，容積で計量してもよい．
   b) 計量は，1回の計量分の 0.5 %まで読み取れる計量器を用い，正確に行わなければならない．
   c) 計量した骨材は，練り混ぜるまでに乾燥しないようにする．
4. **コンクリートの練混ぜ**
   a) コンクリートの練混ぜは，原則として $20\pm3°C$，湿度 60 %以上に保たれた試験室内で行う．
   b) コンクリートは，必ずミキサを用いて練り混ぜる．この場合，まず鋼繊維以外の材料でマトリックスとなるコンクリートを練り混ぜ，その後，鋼繊維をミキサに投入するものとする．
   c) コンクリートの1回の練混ぜ量は，試験に必要な量より $5l$ 以上多くし，ミキサの公称容量の 1/2 以上で，かつ公称容量を超えない量とする．
      参考　SFRC は，練り混ぜ時のミキサに対する負荷が大きいので，練混ぜ量はミキサの公称容量の 80 %程度以下とするのがよい．
   d) マトリックスとなるコンクリートを練り混ぜる場合は，練り混ぜるコンクリートと等しい配合の少量のコンクリートをあらかじめ練り混ぜ，ミキサ内にモルタル分が付着した状態とし，各材料は，なるべくミキサに付着しないような，また速やかに均一となるような投入順序で投入し，均一となるまで練り混ぜる[1]．
      注[1]　練り混ぜ時間は，ミキサの容量，形式およびコンクリートの配合などによって異なるが，一般に，可傾式ミキサの場合 3 分以上，強制練りミキサの場合 2 分以上とするのがよい．
   e) 鋼繊維の投入は，マトリックスとなるコンクリートの練混ぜに引き続き，ミキサを回転させながら，鋼繊維がコンクリート中にできるだけ均一に分散するように行う[2]．鋼繊維の全量を投入した後，さらに練り混ぜる[3]．
      注[2]　鋼繊維の投入時間は，練混ぜ量および投入する鋼繊維量混入率などによって異なるが，一般に 1～2 分程度とする．
      [3]　この場合の練混ぜ時間は，1 分程度とするのがよい．
   f) 練り混ぜたコンクリートは，練り板に受け，コンクリート用ショベルで均一となるまで練り直すものとする．
      参考　この場合，ショベルの先端は，できるだけ練り板上を滑らせるように動かすのがよい．

g) f) に用いる練り板は，水密性のものとし，あらかじめ練り混ぜるコンクリートと等しい配合のコンクリートのモルタル分が付着した状態としておく．

5. 報　告　報告には，下記の事項について行う．
　a) 試験の目的
　b) バッチ番号
　c) 試料作製日時
　d) 試験室の温度および湿度
　e) 使用した各材料の名称，種類，製造会社名または産地
　f) 使用した各材料の温度
　g) 鋼繊維の形状および寸法
　h) 骨材の最大寸法，粒度，比重，吸水率および含水率
　i) コンクリートの配合
　j) ミキサの種類，容量ならびにコンクリートの1回の練混ぜ量および練混ぜ時間
　k) 材料の投入順序
　l) コンクリートの温度，スランプ，空気量

3.2.2 鋼繊維補強コンクリートの強度およびタフネス試験用供試体の作り方
（JSCE-F 552–1999）Method of making specimens for strength and toughness of steel fiber reinforced concrete

1. 適用範囲 この規準は，SFRC の圧縮強度試験，曲げ強度試験，せん断強度試験，圧縮タフネス試験および曲げタフネス試験のための型枠成型供試体の作り方について規定する[(1), (2)]．

注[(1)] 吹付け SFRC による強度およびタフネス試験用供試体の作り方は別途定める．
[(2)] コアによる強度およびタフネス試験用供試体の作り方は，JIS A 1107（コンクリートからのコア及びはりの切取り方法並びに強度試験方法）による．

2. 引用規格 次に掲げる規格は，この規準に引用されることによって，この規準の一部を構成する．これらの引用規格は，その最新版を適用する．

JSCE-F 551 試験室における鋼繊維補強コンクリートの作り方
JIS A 1107 コンクリートからのコア及びはりの切取り方法並びに強度試験方法
JIS A 1115 フレッシュコンクリートの試料採取方法
JIS A 8610 コンクリート棒形振動機

3. コンクリートの試料 コンクリートの試料は，次による．
　a) コンクリートの試料を試験室で作る場合には，JSCE-F 551 の規定による．
　b) コンクリートの試料をミキサ，ホッパ，コンクリート運搬装置および打ち込んだ箇所などから採取する場合，その採取方法は，JIS A 1115 による．

4. 供試体の数 供試体の数は，次による．
　a) **3.** a) によって練り混ぜた試料によって供試体をつくる場合，同一条件[(3)]の試験に対して必要な供試体の数は 3 個以上[(4)]とする．この 3 個以上の供試体は，2 バッチ以上のコンクリートから作るのが望ましい．

注[(3)] この条件の中には，供試体の試験材齢も含まれる．
[(4)] 曲げ強度試験およびタフネス試験のための供試体の数は 4 個以上とするのが望ましい．

　b) **3.** b) によって採取した試料によって供試体をつくる場合の供試体の数は，試験の目的によって定める．

5. 圧縮強度試験および圧縮タフネス試験のための供試体

5.1 供試体の寸法 供試体は，直径の 2 倍の高さをもつ円柱形とする．供試体の直径は，鋼繊維長さが 40 mm を超える場合には，原則として 150 mm とする．鋼繊維長さが 40 mm 以下の場合には，供試体の直径を原則として 100 mm とする．

5.2 供試体の製造用器具 供試体の製造器具は，次による．
　a) 型枠は，金属製円筒で（縦に 1 つまたは 2 つの継目を持つ），側板および底板からなり，適当な留め金具で組み立てられるものとする．
　b) 型枠は，供試体を作るときに変形および漏水のないものでなければならない．
　c) 型枠の寸法の誤差は，直径で 1/200，高さで 1/100 以下でなければならない．
型枠底板の面の平面度[(5)]は，0.02 mm 以内でなければならない．
組み立てたとき，型枠の側板（円筒）の軸と底板とは直角でなければならない．

注[(5)] ここでいう平面度は，平面部分の最も高い所と最も低い所を通る 2 つの平行な平面を考え，この平面間の距離をもって表す．

　d) 型枠は，継目に油土，硬いグリースなどを薄くつけて組み立てる．
型枠の内面には，コンクリートを打ち込む前に鉱物性の油を塗るものとする．
　e) 木づちを用いて締め固める場合，木づちは対象となるコンクリートを十分締め固めることのできる質量[(6)]および寸法のものとする．

注[6] 一般に締固めに用いる木づちは，質量約 1 000 g 程度のものが用いられる．
- f) 棒形振動機によって締め固める場合，振動機は JIS A 8610 に規定するものとする．
- g) 振動台式振動機によって締め固める場合，振動機は，対象となるコンクリートを十分締め固めることのできる性能のものとする．
- h) キャッピングに用いる押し板は，磨き板ガラスまたは磨き鋼板で厚さ 6 mm 以上とし，大きさを型枠の直径より 25 mm 以上大きくする．
押し板の面の平面度は，0.02 mm 以内でなければならない．

5.3 コンクリートの打込み

5.3.1　木づちを用いる場合　コンクリートは，供試体の直径が 150 mm の場合にはほぼ等しい 2 層に分けて詰め，直径が 100 mm の場合では 1 層に詰め，型枠側面を木づちにより 1 層当り約 30 回打撃し，表面の凹凸が平らになるように締め固める[7]．

注[7] この方法は，コンクリートのスランプが 5 cm 以上の場合に適している．また，材料分離を生ずる見込みの場合には，分離を生じない程度に打撃回数を減らす．

5.3.2　棒形振動機を用いる場合　コンクリートは，供試体の直径が 15 cm の場合にはほぼ等しい 2 層に分けて詰め，直径が 10 cm の場合では 1 層に詰め，コンクリートの表面の凹凸が平らになるまで型枠側面に棒形振動機を当てて締め固める[8]．ただし，原則として，棒形振動機をコンクリート中に挿入して内部振動締固めを行ってはならない．

注[8] 棒形振動機を型枠の 1 か所だけに当てて締固めを行ってはならない．

5.3.3　振動台式振動機を用いる場合　コンクリートは，型枠に 1 層に詰め，型枠を振動台にしっかり密着させて振動を与え締め固める．振動締固め時間は，コンクリートの品質および振動機の性能に応じて，コンクリートが十分締め固められるように決める．締固め時間が長すぎると鋼繊維が沈下するので注意する[9]．

注[9] 振動数 3 000 rpm の振動台でスランプ 7±1 cm のコンクリートを締め固める場合，締固め時間は 5〜10 秒程度で十分である．

5.3.4　最上層の詰め方は，硬練りコンクリートの場合には型枠頂面まで詰め，締固め終了時のでき上がり上面が型枠頂面からわずかに下になるようにする．

5.4 供試体の上面仕上げ

供試体の上面仕上げは，次による．
- a) 供試体の上面は，次の方法で供試体の軸に垂直な平面に仕上げなければならない．
仕上げた面の平面度[5] は，0.05 mm 以内でなければならない．
キャッピングによる場合は，その厚さをできるだけ薄くする．
- b) 型枠を取り外す前にキャッピングをするときは，コンクリートを詰め終わってから適当な時期[10] に上面を水で洗ってレイタンスを取り去り，水をふきとった後セメントペーストを置き，押し板で型枠の頂面まで一様に押し付ける．
セメントペースト（水セメント比 27〜30%）は，用いるほぼ 2 時間前に練り混ぜておき，水を加えずに練り返して用いるものとする．ただし，硬化後に上面を正しく平滑に磨き上げる場合には，練りたてのセメントペーストを用いてもよい．
押し板がセメントペーストに固着するのを防ぐため，押し板の下面に丈夫な薄紙をはさむなど対策を考える．

注[10] 硬練りコンクリートでは 2〜6 時間以後，軟練りコンクリートでは 6〜24 時間以後とする．

- c) 型枠を取り外した状態でキャッピングをするには，硫黄と鉱物質の粉末との混合物[11] または硬質石こうもしくは硬質石こうとポルトランドセメントとの混合物を用いる．この場合には，供試体の軸とキャッピングの面とが直角になるように適当な装置を用いなければならない．また，キャッピングのペーストが硬化するまでの間，供試体を湿布で覆って乾燥するのを防がなければならない．

備考 1．硫黄を用いてキャッピングをするには，硫黄と鉱物質の粉末との混合物を用いる．この混合物を 130〜145°C [12] に加熱し，磨き鋼板の上に広げ，供試体を一様に押し付

ける．硫黄を用いてキャッピングした場合には，強度試験までに2時間以上置かなければならない．
注(11) 鉱物質の粉末としては，耐火粘土の粉末，フライアッシュ，岩石粉末など，硫黄とともに熱して化学的に変化しないものを用いる．硫黄と鉱物質の粉末との混合割合は，質量で3：1～6：1が適当である．
(12) これ以上の温度に高めるとゴム状になり，強度も弱くなる．
備考2. コンクリートの圧縮強度が $30.0\,N/mm^2$ 以下の見込みの場合には，硬質石こうまたは硬質石こうとポルトランドセメントとの混合物を用いてキャッピングしてもよい．この場合には，キャッピングに用いる硬質石こうまたは硬質石こうとポルトランドセメントとの混合物のペーストと同じ配合で作った $40 \times 40 \times 160\,mm$ のはりの切片の圧縮強度が $30.0\,N/mm^2$ 以上であることを確かめておかなければならない．キャッピングをするには，硬質石こうまたは硬質石こうとポルトランドセメントとの混合物に所要の水を加え，均一となるまで練り混ぜ，押し板の上に広げて供試体を一様に押し付ける．
d) キャッピングを行わないときは，端面を研磨によって仕上げるものとする．

6. 曲げ強度試験，曲げタフネス試験およびせん断強度試験のための供試体

6.1 供試体の寸法 供試体の断面は正方形で，その一辺の長さは，鋼繊維長さが $40\,mm$ を超える場合には原則として $150\,mm$ とする．鋼繊維長さが $40\,mm$ 以下の場合には，その一辺の長さを原則として $100\,mm$ とする．

供試体の長さは，曲げ強度および曲げタフネス試験用供試体の場合，断面の一辺の長さの3倍より $80\,mm$ 以上長くしなければならない．せん断強度試験用供試体の場合，断面の一辺の長さの2倍以上で，かつ4倍以内でなければならない(13)．
注(13) 曲げ強度試験用供試体を用いてせん断強度を求めてもよいが，曲げ強度試験後の切片で試験を行ってはならない．

6.2 供試体の製造器具 供試体の製造器具は，次による．
a) 型枠は，金属製の底板および側板からなり，適当な留め金具で組み立てられるものとする．
b) 型枠は，供試体を作るときに変形および漏水のないものでなければならない．
c) 型枠の寸法誤差は，断面の寸法の1/100以下でなければならない．
側面の平面度(5)は $0.05\,mm$ 以内とし，組み立てられた際の2つの側板の面は平行であって，傾いたりねじれてはならない．
d) 型枠は，継目に油土，硬いグリースなどを薄く付けて組み立てる．
型枠内面には，コンクリートを打ち込む前に鉱物性の油を塗るものとする．
e) 木づちを用いて締め固める場合，**5.2 e)** に規定したものとする．
f) 棒形振動機を用いて締め固める場合，**5.2 f)** に規定したものとする．
g) 振動台式振動機を用いて締め固める場合，**5.2 g)** に規定したものとする．

6.3 コンクリートの打込み コンクリートの打込みは，次による．
a) コンクリートは，供試体を水平にして打ち込まなければならない．
b) 型枠への試料の詰め方は，載荷時における最大曲げモーメント区間に相当する部分が弱点とならないように，大きめの練りスコップを使用して行う(14)．
注(14) 型枠への試料の詰め方は，図1の要領で行う．最大曲げモーメント区間に相当する部分（①）の試料は，他の部分（②）より多量に詰めることが望ましい．

（注）番号は詰める順序を示す．

図1 型枠への試料の詰め方

c) **木づちを用いる場合** コンクリートは，ほぼ相等しい 2 層に分けて詰める．各層ごとに木づちを用いて約 30 回型枠を打撃し，表面の凹凸が平らになるまで締め固める．ただし，$10 \times 10 \times 40\,cm$ の供試体を作る場合には 1 層詰めとする．
各層ごとに，型枠の側面および端面に沿ってスページングを行い，型枠側面を木づちで軽くたたく．
d) **棒形振動機を用いる場合** コンクリートは，ほぼ相等しい 2 層に分けて詰める．各層ごとに，表面の凹凸が平らになるまで型枠側面に棒形振動機を当てて締め固める．ただし，$10 \times 10 \times 40\,cm$ の供試体を作る場合には 1 層詰めとする．
棒形振動機をコンクリート中に挿入して内部振動締固めを行ってはならない．
各層ごとに，**6.3 c)** に準じてスページングを行い，型枠側面を木づちで軽くたたく．
e) **振動台式振動機を用いる場合** コンクリートは 1 層に詰める．コンクリートの量は，締固めを終った際に型枠上面よりやや盛り上がる程度とする．型枠は，振動台にしっかり密着させて振動を与え締め固める．振動締固め時間は，**5.3.3** に準じて定める．
f) 打込みが終わったのち，上面の余分のコンクリートを取り除き[15]，こて仕上げを行う．
曲げ強度および曲げタフネス試験用供試体では，一般に打込み方向に対し直角方向に載荷するが，載荷方向と打込み方向が一致する場合には，ブリーディングが終了するころに載荷面をペーストキャッピングする[16]．

図 2 余分の試料の取り除き方

注[15] 余分な試料を取り除く場合には，載荷時における最大曲げモーメント区間に相当する部分が弱点とならないように，図 2 に示す斜線部等を取り除く．
[16] せん断強度用供試体の場合にも，載荷方向と打込み方向が一致する場合には，同様にペーストキャッピングを施さねばならない．一般には打込み方向に対して直角に載荷するので，ペーストキャッピングは不要である．

7. 型枠の取り外しおよび養生 型枠の取り外しおよび養生は，次による．
a) コンクリートを詰め終わったのち，その硬化を待って型枠を取り外す．型枠の取り外し時期は，原則として，詰め終わってから 24 時間以上 48 時間以内とする．この間，供試体上面は板ガラス，鋼板または湿布で覆い，水分の蒸発を防がなければならない．
b) 供試体の製造および養生中の温度は，標準として $20 \pm 3°C$ [17]とする．この場合，供試体は，型枠を取り外したのち，湿潤状態で強度試験を行うまで養生しなければならない．
湿潤状態を保つには，供試体を水槽中，湿砂中または飽和湿気中[18]におく．
供試体は，絶えず新鮮な水で洗われるような状態で養生してはならない．
注[17] この温度以外の場合には，製造および養生中の温度を記録しておく．
[18] 湿砂中または湿布で覆って養生する場合，その中の温度が水分の蒸発によって周囲の気温より常に低くなるから注意しなければならない．

8. 供試体の運搬
現場で作った供試体を **7. b)** によって養生する場合の試験室に運搬する時期は，供試体が損なわれない範囲で早くする．
8. 報　告 報告は，次の事項について行う．

a) 試験の目的
b) 供試体の個数
c) 使用材料の種類と品質
d) コンクリートの配合
e) 供試体の作製日時，強度試験時の材齢および強度試験の日時
f) 試料の作り方または試料採取方法
g) 供試体の形状寸法および打込み方法
h) 供試体の作製時の気温および湿度
i) 養生方法

3.2.3 吹付け鋼繊維補強コンクリートの強度およびタフネス試験用供試体の作り方
   (JSCE-F 553–1999) Method of making specimens for strength and toughness of sprayed steel fiber reinforced concrete

1. 適用範囲
　この規準は，吹付けによる SFRC の圧縮強度試験，曲げ強度試験，せん断強度試験，圧縮タフネス試験および曲げタフネス試験のための供試体の作り方について規定する．

2. 引用規格　次に掲げる規格は，この規準に引用されることによって，この規準の一部を構成する．これらの引用規格は，その最新版を適用する．
　　JSCE-F 552　鋼繊維補強コンクリートの強度およびタフネス試験用供試体の作り方

3. 吹付けコンクリート供試体　吹付けコンクリート供試体は，あらかじめ準備した大型パネルに吹き付けたコンクリートから切り出したものとする[1]．
　　注[1]　一般の品質管理に用いられている小型型枠（100 × 100 × 400 mm など）に直接吹き付けた供試体を用いてはならない．

4. 供試体の寸法および数　供試体の寸法および数は，JSCE-F 552 による．

5. 供試体の製造用器具　供試体の製造用器具は，次による．
   a) カッターは，所定の寸法に供試体を切断することのできるコンクリート用カッターまたはコンクリート用コアドリルを用いなければならない．
   b) コンクリートを吹き付ける大型パネルは，目的とする試験に応じた寸法を有するものとし，その寸法は少なくとも切り出す供試体の寸法より 50 mm 以上大きな断面および長さでなければならない．

6. 供試体の製造　供試体の製造は，次による．
   a) コンクリートの吹付けは，大型パネルに垂直に吹き付けることを原則とし，吹付け方法は目的に応じて選定する[2]．
      注[2]　実構造物の品質管理などの目的の場合には，実構造物の施工と同様な方法で行う．
   b) 供試体を切り出す方向は，目的に応じて選定することを原則とする．
      参考　一般にトンネル工事の場合，図 1 のような方向に切り出すことが多い．

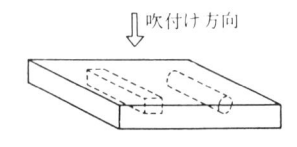

図 1　サンプルの切出し方の例

   c) 切出しは，コンクリートが十分硬化して鋼繊維，粗骨材等とモルタルとの付着が切出し作業によって害を受けない時期[3]に行わなければならない．また，切出しは，供試体が破損したり，粗骨材や鋼繊維が緩んだりしないように行わなければならない．
      注[3]　一般には材齢 14 日以後とするのがよい．
   d) 切り出す際に破損したり，鋼繊維や粗骨材が緩んだりした供試体を試験に用いてはならない．

e) 切出し時には必ず供試体面に吹付け方向を記入し，目的に応じた載荷ができるように配慮する．
f) 供試体は，いずれも所定の寸法以内に納まるように切断することを原則とするが，特に切断面に凹凸があったり平行度が悪い場合には，載荷部にキャッピング[(4)]を施すか，研磨仕上げとしなければならない．
  注[(4)] キャッピング材としては硫黄または石こうを用いてもよいが，キャッピング部分が先に破壊してはならない．

5. 報 告 報告は，次の事項について行う．
  a) 試験の目的
  b) 試験場所
  c) 吹付け方法（施工機械，条件等）
  d) 使用材料の種類と品質
  e) コンクリートの配合
  f) 供試体の作製日時，強度試験時材齢および日時
  g) 切り出した方向およびパネルの形状・寸法
  h) 供試体の形状・寸法
  i) 供試体の個数
  j) 養生方法

3.2.4 鋼繊維補強コンクリートの曲げ強度および曲げタフネス試験方法
（JSCE-G 552–1999）Test method for bending strength and bending toughness of steel fiber reinforced concrete

1. 適用範囲
　この規準は，3等分点荷重による SFRC および吹付け SFRC の曲げ強度および曲げタフネス試験方法について規定する．
2. 引用規格　次に掲げる規格は，この規準に引用されることによって，この規準の一部を構成する．これらの引用規格は，その最新版を適用する．
　　　JSCE-F 552　　鋼繊維補強コンクリートの強度およびタフネス試験用供試体の作り方
　　　JSCE-F 553　　吹付け鋼繊維補強コンクリートの強度およびタフネス試験用供試体の作り方
　　　JIS A 1106　　コンクリートの曲げ強度試験方法
　　　JIS B 7733　　圧縮試験機
　　　JIS Z 8401　　数値の丸め方
2. 試験用機械器具
3.1　試験機　試験機は，JIS B 7733 に規定するものであって，曲げ試験装置の取付けが可能なもので，最大容量が 1 000 kN 以下の油圧式のものを標準とする．
3.2　曲げ試験装置　3等分点荷重を載荷するための装置[1]は，所定のたわみ量まで供試体の変形をわずかでも拘束するような構造であってはならない．
　　注[1]　図1は，試験装置の原理の一例を示したものである．曲げ支承は，供試体の長手方向に回転可能な上下1組のローラ（φ30 mm 程度）を用いる．また，SFRC は大きな変形量となるので，曲げ支承は鋼棒と船底形接点を併用したものが最も好ましい．

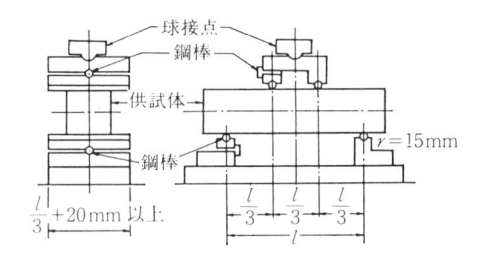

図1　曲げ試験装置

3.3　たわみ測定装置　供試体の荷重 − たわみ曲線を計測する場合に用いるたわみ測定装置は，電気的な変位計およびそれを固定する治具からなり，たわみを精度よく測定できるものでなければならない．図2は，たわみ測定装置の一例を示したものである[2], [3], [4]．
　　注[2]　たわみ測定装置のアルミ棒または鋼棒を支持するピンおよびアングル状切片は，接着剤により供試体に取り付けてもよい．
　　[3]　曲げタフネスを厳密に求める場合には，たわみを載荷点の位置（図2 (a)）で測定しなければならない．しかし，通常はスパンの中央の位置（図2 (b)）で測定したたわみを用いてもよい．
　　[4]　供試体の荷重 − ひび割れ幅の関係を求める場合，たわみ測定装置に加えて，ひび割れ変位計およびストレインゲージを用いて，ひび割れ幅および純曲げ区間の圧縮縁ひずみを測定しておくことが望ましい．

図 2 たわみ測定装置

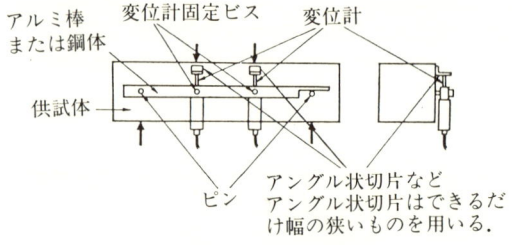

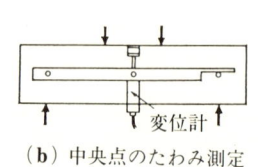

(a) 載荷点のたわみ測定
(b) 中央点のたわみ測定

4. **供試体** 供試体の作製は，次による．
   a) 供試体は，JSCE-F 552 または JSCE-F 553 の規定によって作るものとする．
   b) 供試体は，所定の養生を終わった直後の状態で試験しなければならない．
5. **試験方法** 試験方法は，次による．
   a) 試験機は，秤量の 1/5 から秤量までの範囲で使用する．同一試験機で秤量を変えることができる場合には，それぞれの秤量を別個の秤量とみなす．
   b) 供試体は，鋼繊維補強コンクリートを型枠に詰めたときの側面を上下の面とし，支承の幅の中央に置いて，スパンの 3 等分点に上部加圧装置を接触させる．この場合，載荷装置の接触面と供試体との間にすき間が認められないようにしなければならない．
   c) スパンは供試体の高さの 3 倍とする．
   d) 供試体には，衝撃を与えないように一様に荷重を加える．最大荷重までの載荷速度は，JIS A 1106 に準ずる．最大荷重以後のたわみを測定する場合には，たわみ速度をほぼ一定に保つように載荷しなければならない．この場合，たわみ速度は毎分，スパンの 1/1 500～1/3 000 の範囲とする．
   e) 供試体が破壊するまでに試験機が示す最大荷重を有効数字 3 けたまで読む．
   f) 破壊断面の幅は，3 か所において 0.2 mm まで測定し，その平均値を有効数字 4 けたまで求める．
   g) 破壊断面の高さは，2 カ所において 0.2 mm まで測定し，その平均値を有効数字 4 けたまで求める．
   h) 曲げ強度および曲げタフネスの値は，4 個以上の供試体の平均値で示す．
6. **計算**

6.1 曲げ強度 供試体が引張側表面のスパン方向の中心線の 3 等分点の間で破壊したときは，曲げ強度を次の式で計算し，JIS Z 8401 によって有効数字 3 けたまで求める．

$$f_b = \frac{Pl}{bh^2}$$

ここに，f_b：曲げ強度（N/mm^2）
　　　　P：試験機の示す最大荷重（N）
　　　　l：スパン（mm）
　　　　b：破壊断面の幅（mm）
　　　　h：破壊断面の高さ（mm）

供試体が引張側表面のスパン方向の中心線の 3 等分点の外側で破壊した場合は，その結果を無効とする．

6.2 曲げタフネス 曲げタフネスは，次による．
a) 曲げタフネスは曲げじん性係数で表わす．
b) **図3**に示すように載荷点のたわみがスパンlの 1/150 となるまでの荷重－たわみ曲線下の面積（T_b）を計測し，JIS Z 8401 によって有効数字3けたに丸める[5]．

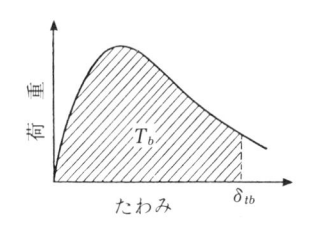

図3 荷重－たわみ曲線

注[5] スパン l の 1/150 たわみとはスパンが 300 mm の場合には 2 mm を，またスパンが 450 mm の場合には 3 mm を意味する．

c) 換算曲げ強度を次の式で計算し，JIS Z 8401 によって有効数字3けたに丸める．

$$\bar{f}_b = \frac{T_b}{\delta_{tb}} \cdot \frac{l}{bh^2}$$

ここに，$\bar{f}_b$：曲げじん性係数（N/mm²）
T_b：**図3**に示す δ_{tb} までの面積（N·mm）
δ_{tb}：スパンの 1/150 のたわみ（mm）
l：スパン（mm）
b：破壊断面の幅（mm）
d：破壊断面の高さ（mm）

7. 報告 報告には，次の事項について行う．
a) 供試体の個数
b) 材齢
c) 供試体の高さと幅
d) 最大荷重
e) 曲げ強度
f) たわみの測定位置
g) 曲げタフネス係数
h) 養生方法および養生温度

付属資料 4

SFRCライニングに関する実績調査

4.1　SFRCライニングに関する実績調査　*212*
　4.1.1　はじめに　*212*
　4.1.2　実績調査結果　*212*
　4.1.3　おわりに　*224*

4.1 SFRCライニングに関する実績調査

4.1.1 はじめに

　SFRC は無筋コンクリートに比べ，曲げ強度，せん断強度，曲げタフネスなどが著しく大きい．このため，ひび割れが発生しにくいうえに，ひび割れ発生後においても部材としての耐力を保持できる特徴を有している．また，SFRC のもつ大きな曲げタフネスは，構造部材に大きな変形性能を付与し，その急激な崩壊を効果的に防止できるため，仮設的な部材への適用にはとくに大きなメリットがある．
　永久構造部材においても，作用する曲げモーメントの大きさによっては，SFRC 単独で十分な場合も多く，大きな曲げモーメントを受ける場合でも，鉄筋コンクリートと併用することによって，その緻密性や耐久性が格段に向上し，構造物の劣化防止に著しい効果をもたらすとの報告がある．
　本マニュアルの初版の編集時（平成 7 年）に施主，施工者およびコンサルタントなどに実施したアンケートでは，トンネル覆工体への SFRC の主な採用理由としてあげられたのは，吹付けコンクリートでは，①曲げタフネス，ひび割れ抵抗性の向上，②支保耐力の向上，③はく離防止などであり，二次覆工コンクリートでは，①曲げタフネスの向上，②膨張性地山対策，③強度対策，④ひび割れ防止，⑤鉄筋の省略による作業の効率化などであった．これらの採用理由はいずれも SFRC の特性を有効に活用したものである．
　(社)日本鉄鋼連盟スチールファイバー委員会は，SFRC の設計・施工に関する技術水準の向上と，SFRC を使用するために必要な技術指針の確立とをめざして調査研究を続けており，本マニュアルの改訂に伴い，平成 2 年以降の「山岳トンネルにおける SFRC の施工実績」の調査を新たに実施し，表-1 調査結果一覧表に追加した．この報告は施工実績調査結果から SFRC の配合および強度などについてとりまとめたものである．

4.1.2 実績調査結果

　報告する SFRC の実績調査結果は，平成 2 年以降に施工された山岳トンネル（都市 NATM を含む）139 件の施工実績から配合および強度などについて明確に記述されていたものを選択して集計し，とりまとめたものである．
　平成 2 年以前の施工実績と大きく変わった点については，それぞれその要因を含めてとりまとめて比較している．
　なお，表-1 はこれら調査結果の一覧表であり，打設方法別に表示している．

(1) 水セメント比

　図-1 は，水セメント比の使用実績を示したものである．今回の調査結果では，水セメント比は，打込み方式の場合，50〜60%の範囲で使用され，とくに 50%台が多くなっている．これは，前回の調査結果での 45〜50%の範囲に匹敵する件数である．一方，吹付け方式の場合には，乾式，湿式ともに 60%が多くなっている．
　図-2 および図-3 は，水セメント比と圧縮強度および曲げ強度との関係を示したものである．
　一般に，SFRC の圧縮強度は主に水セメント比の影響を受け，また，曲げ強度は水セメント比の影響を受けるとともに，鋼繊維（SF）混入率の影響が顕著となる傾向にあるとい

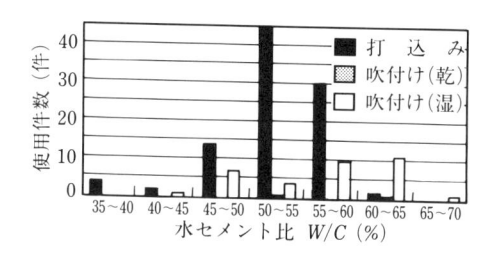

図-1 水セメント比の使用実績

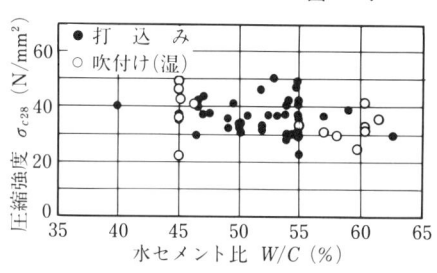

図-2 水セメント比と圧縮強度との関係

図-3 水セメント比と曲げ強度との関係

われている．

今回の調査結果を見ると，打込み方式，吹付け方式にかかわらず，水セメント比が大きくなるにつれ若干圧縮強度が低くなる傾向がみられるものの，前回の調査時ほどの相関はみられず，$25 \sim 50 \mathrm{N/mm^2}$の範囲にあることがわかる．また，曲げ強度については，図示にあたり SF 混入率が考慮されていないこともあり，水セメント比との間には顕著な相関が認められず，水セメント比に関係なく曲げ強度は $4 \sim 8 \mathrm{N/mm^2}$ の範囲にあることがわかる．

(2) 単位水量

単位水量は，コンクリートのコンシステンシーと密接な関係にあり，これを増加させると材料分離の傾向が増大し，水密性の低下，乾燥収縮の増加などを招くため，できるだけ少なくすることが求められる．図-4 は，単位水量の使用件数を示したものである．また，図-5 および図-6 は，単位水量と圧縮強度および曲げ強度との関係を示したものである．

今回の調査結果では，単位水量は，打込み SFRC の場合 $170 \sim 220 \mathrm{kg/m^3}$ の範囲で使用され，特に $170 \mathrm{kg/m^3}$ 台の使用実績が全体の 30% 以上を占めている．高性能 AE 減水剤の普及と性能の向上により，SF 混入時においても単位水量を $175 \mathrm{kg/m^3}$ 以下に抑えることが可能になったことが，この結果に大きく影響しているものと考えられる．しかし，**解説図 3.3.10** に示したように，SF 混入率が 0.5% を超える場合には，高性能 AE 減水剤の使用によっても単位水量は増加する傾向が見られている．

吹付け SFRC の場合は単位水量が $220 \sim 250 \mathrm{kg/m^3}$ の範囲で使用されており，$230 \mathrm{kg/m^3}$ 前後の使用件数が多くなっている．また，強度との関係から見ると，打込み SFRC，吹付け SFRC ともに単位水量との間には顕著な相関は見られず，圧縮強度および曲げ強度はそれぞれ $30 \sim 50 \mathrm{N/mm^2}$，$5 \sim 10 \mathrm{N/mm^2}$ の範囲となっている．

付属資料4　SFRC ライニングに関する実績調査

表-1　調査結果

No.	施工期間 初	施工期間 終	SFの使用目的	打設方法	セメント種類	鋼繊維混入率 (%)	水セメント比 W/C (%)	細骨材率 S/a (%)	鋼繊維の形状寸法 換算直径 (mm)	長さ (mm)	アスペクト比
1	90	91	補強工として使用（強度・剛性）	打込み	普通	0.75	47.5	48.5	0.8	60	75
2	91	91	補強工として使用（強度・剛性）	打込み	普通	1.00	49.0	61.1	0.8	60	75
3	92	96	膨張性地山対策等（タフネス向上）	打込み	普通	1.0	45	60	0.7	50	71
4	93	93	RC構造の代替（施工性改善）	打込み	普通	1.0	55.0	62.0	0.7	50	71
5	93	93	RC構造の代替（施工性改善）	打込み	BB	0.5	54.3	50.0	0.7	50	71
6	93	94	補強工として使用（強度・剛性）	打込み	普通	0.60	62.6	49.8	0.8	60	75
7	93	93	補強工として使用（強度・剛性）	打込み	普通	0.50	55.0	48.0	0.8	60	75
8	94	94	膨張性地山対策等（タフネス向上）	打込み	BB	0.75	46.5	55.0	0.7	50	71
9	94	94	膨張性地山対策等（タフネス向上）	打込み	BB	0.5	55	47.3	0.6	30	50
10	94	94	補強工として使用（強度・剛性）	打込み	高B	0.50	59.0	46.8	0.8	60	75
11	94	94	補強工として使用（強度・剛性）	打込み	高B	0.50	57.8	48.4	0.8	60	75
12	95	96	膨張性地山対策等（タフネス向上）	打込み	普通	0.75	55.0	55.7	0.7	45	64
13	95	95	膨張性地山対策等（タフネス向上）	打込み	BB	1.0	55.0	50.8	0.6	30	50
14	95	95	膨張性地山対策等（タフネス向上）	打込み	BB	0.75	46.5	51.2	0.7	50	71
15	95	95	RC構造の代替（施工性改善）	打込み	BB	0.75	47.0	49.0	0.7	50	71
16	95	96	補強工として使用（強度・剛性）	打込み	BB	0.75	50	52.4	0.7	50	71
17	95	95	耐久性向上	打込み	BB	0.5	52	55.5	0.7	50	71
18	95	95	RC構造の代替（施工性改善）	打込み	高B	0.50	52.0	55.3	0.8	60	75
19	95	95	補強工として使用（強度・剛性）	打込み	高B	0.75	47.0	49.5	0.8	60	75
20	95	95	補強工として使用（強度・剛性）	打込み	高B	1.00	57.0	53.9	0.8	60	75
21	95	95	補強工として使用（強度・剛性）	打込み	高B	1.00	55.0	50.8	0.6	30	50
22	95	95	RC構造の代替（施工性改善）	打込み	普通	0.50	55.0	52.4	0.8	60	75
23	95	95	膨張性地山対策等（タフネス向上）	打込み	高B	0.75	46.5	48.6	0.8	60	75
24	95	95	補強工として使用（強度・剛性）	打込み	普通	1.00	45.0	60.0	0.8	30/60	38/75
25	95	95	補強工として使用（強度・剛性）	打込み	普通	0.50	53.5	49.8	0.8	60	75
26	95	95	補強工として使用（強度・剛性）	打込み	普通	0.50	52.0	49.0	0.8	60	75
27	96	97	補修・補強、内空断面確保	打込み	普通	1.0	54	56.8	0.6	30	50
28	96	00	耐久性向上	打込み	早強	1.0	38	68	0.6	25	42
29	96	97	膨張性地山対策等（タフネス向上）	打込み	普通	0.5	53	53	0.6	30	50
30	96	96	膨張性地山対策等（タフネス向上）	打込み	高B	0.75	50.0	52.6	0.8	60	75
31	96	96	補修・補強、内空断面確保	打込み	普通	0.50	52.0	56.1	0.8	60	75
32	96	96	補強工として使用（強度・剛性）	打込み	普通	1.00	55.0	52.9	0.8	30	38
33	96	96	補強工として使用（強度・剛性）	打込み	高B	0.75	50.7	56.2	0.8	60	75
34	97	97	RC構造の代替（施工性改善）	打込み	普通	0.625	50	50.4	0.7	50	71
35	97	97	補強工として使用（強度・剛性）	打込み	BB	0.660	55	53.2	0.7	50	71
36	98	98	補強工として使用（強度・剛性）	打込み	普通	1.0	55	49.3	0.6	30	50
37	98	98	補強工として使用（強度・剛性）	打込み	高B	0.75	50.2	53.3	0.8	60	75
38	98	98	膨張性地山対策等（タフネス向上）	打込み	高B	0.75	50.2	52.2	0.8	60	75
39	98	98	補強工として使用（強度・剛性）	打込み	高B	0.75	51.9	54.2	0.8	60	75
40	98	98	膨張性地山対策等（タフネス向上）	打込み	高B	0.75	51.9	54.1	0.8	60	75
41	98	98	補強工として使用（強度・剛性）	打込み	高B	0.60	49.0	49.9	0.8	60	75
42	99	99	RC構造の代替（施工性改善）	打込み	普通	0.56	55	50.1	0.7	50	71
43	99	99	RC構造の代替（施工性改善）	打込み	BB	0.625	52.5	51.2	0.7	50	71
44	99	00	RC構造の代替（施工性改善）	打込み	BB	0.68	42.1	51.6	0.7	50	71
45	99	00	補強工として使用（強度・剛性）	打込み	BB	0.5	49.8	46.9	0.7	50	71
46	99	99	補強工として使用（強度・剛性）	打込み	BB	0.75	49.5	51.7	0.7	50	71
47	99	99	RC構造の代替（施工性改善）	打込み	BB	0.57	55	50.1	0.7	50	71
48	99	99	補強工として使用（強度・剛性）	打込み	普通	0.75	54	52.8	0.6	30	50
49	99	00	耐久性向上	打込み	BB	0.5	54.9	54	0.7	50	71
50	99	〜	膨張性地山対策等（タフネス向上）	打込み	普通	1.00	39.9	56.0	0.8	30/60	38/75

4.1 SFRC ライニングに関する実績調査

一覧表 (その 1)

粗骨材最大寸法 (mm)	スランプ (cm)	空気量 (%)	鋼繊維 SF	水 W	セメント C	細骨材 S	粗骨材 G	混和材 AE減水	混和材 高性能	混和材 急結材	28d	7d	3d	1d	28d	7d	設計方法	場所
20	12	4.5	60	174	366	844	906	0.92	/	/	37.5				8.1		許容	長野
20	18	4.5	80	209	427	978	636	1.06	/	/	31.9				7.5		限界	岩手
40	15	4.0	80	220	489	898	622	1.83	/	/	37	28.8			6.83		限界	熊本
25	15	4.5	80	219	398	971	606	/	/	3.91	/	28.8			5.93		限界	群馬
25	15	4.5	40	190	350	850	860	0.88	/	/	29.9	19.9			4.37		許容	佐賀
40	15	4.5	50	187	299	961	884	0.75	/	/	30				4.8		不明	長野
25	15	4.5	40	186	338	809	910	0.85	/	/	31.5	19.4			8.3		許容	佐賀
25	15	4.5	60	202	435	865	720	0.87	/	/	40.1	23.2			6.61	5	許容	京都
20	15	4.5	40	187	340	779	840	0.85	/	/		23.3	11.6			5.02	許容	大阪
40	12	4.5	40	186	315	798	930	0.79	/	/	38.7	19.6			5.53	3.17	許容	京都
40	15	4.5	40	194	336	856	884	0.84	/	/		56.1		25.9		8.9	不明	岡山
25	15	4.5	60	202	367	914	751	/	4.04	/	37				6.84		許容	岩手
20	15	4.5	80	214	389	796	785	0.97	/	/	33.6	23.3			4.63		限界	岩手
20	15	4.5	60	211	454	783	758	1.14	/	/	29.2	16.9			4.91	3.44	許容	高知
25	15	4.5	60	201	428	772	816	1.07	/	/	43.3				7.92		許容	大阪
20	15	4.5	60	215	430	794	753	1.08	/	/	32.1				7.32		許容	愛媛
20	15	4.5	40	185	356	934	762	/	5.34	/							許容	徳島
20	15	4.5	40	185	356	934	762	0.89	/	/					7.33	6.17	許容	富山
25	15	4.5	60	204	439	769	803	1.1	/	/	37.2				7.55		許容	岐阜
20	12	4.5	80	196	344	895	805	0.69	/	/							許容	京都
20	15	4.5	80	214	389	796	785	0.97	/	/	34.8	19.3			8.27		限界	鹿児島
25	15	4.5	40	160	291	960	888	/	3.49	/	40.6				6.51		限界	鹿児島
20	12	4.5	60	196	421	793	845	1.05	/	/	42.2				6.67		限界	徳島
25	15	4.5	20/60	220	489	898	622	1.22	/	/	35.7	20.5			5.63	5.53	限界	京都
25	15	4.5	40	190	356	825	849	0.71	/	/					5.96		限界	富山
25	15	4.5	40	194	373	813	853	0.93	/	/	33	24.8			5.2		許容	岩手
25	15	4.5	80	175	322	989	908	/	2.58	/	40.6				6.42		限界	高知
15	2		78.5	190	500	1159	532	/	1.8	/					6.32		限界	愛媛
25	15	4.5	40	197	372	906	869	0.93	/	/					6.09		限界	高知
20	15	4.5	60	215	430	796	751	0.86	/	/	33.8				6.09		限界	愛媛
25	21	4.5	40	187	360	958	761	0.9	/	/					7.08		限界	香川
25	15	4.5	80	185	337	938	846	1.01	/	/	41.8	30.2			5.1		限界	長野
20	15	4.5	60	197	389	907	737	0.97	/	/	36.7				5.56		限界	秋田
20	15	4.5	50	195	390	825	825	/	3.9	/					4.97		限界	宮城
25	15	4.5	52	194	353	862	764	/	3.53	/					7.4		限界	山形
25	15	4.5	80	200	354	799	836	0.91	/	/	33.6				6.64		限界	愛媛
20	15	4.5	60	215	428	810	725	1.07	/	/	34.0				5.15		限界	岡山
20	8	4.5	60	197	392	833	783	0.98	/	/	30.7				4.86		限界	岡山
20	15	4.5	60	200	385	892	825	0.96	/	/	32.0	17.2			5.81		限界	岡山
20	8	4.5	60	186	358	924	857	0.9	/	/	45.9	24.8			7.6		−	静岡
20	15	4.5	50	206	420	774	817	1.05	/	/	35.8				10.1		−	神奈川
20	15	4.5	45	224	407	−	−	/	/	/	22.5	10.2			5.46		許容	鹿児島
20	15	4.5	50	200	381	823	803	0.13	/	/	36.9	16.9			6.5	3.74	−	長野
20	15	4.5	55	180	427	795	833	/	1.128	/					4.7		許容	熊本
20	15	4.5	40	192	386	742	880	1.93	/	/					6.35	3.56	許容	熊本
20	15	4.5	60	214	432	791	762	1.08	/	/	41.1	20.1			6.38	4.64	許容	京都
20	15	5	45	210	407	770	775	1.19	/	/	36.4	21.2			7.73	5.76	−	京都
25	12	4.5	60	196	363	883	810	1.45	/	/	28.1	12.6			11.4	5.3	−	鳥取
25	15	4.5	40	173	315	959	828	/	3.94	/	30.5	20.2			6.28	4.56	−	長崎
25	15	4.5	30/50	217	544	834	663	/	3.81	/					6.44		許容	静岡

表-1 調査結果

No.	施工期間 初	施工期間 終	SFの使用目的	打設方法	セメント種類	鋼繊維混入率(%)	水セメント比 W/C(%)	細骨材率 S/a(%)	換算直径(mm)	長さ(mm)	アスペクト比
51	99	~	膨張性地山対策等(タフネス向上)	打込み	普通	1.00	39.7	53.0	0.8	60	75
52	99	99	補強工として使用(強度・剛性)	打込み	高B	0.60	38.3	47.5	0.8	60	75
53	99	99	RC構造の代替(施工性改善)	打込み	高B	0.50	54.2	51.8	0.8	60	75
54	99	99	補強工として使用(強度・剛性)	打込み	普通	0.75	52.0	49.4	0.8	60	75
55	00	00	補修・補強、内空断面確保	打込み	BB	0.5	54	52.8	0.7	50	71
56	00	00	補強工として使用(強度・剛性)	打込み	BB	0.50	55	49.3	0.7	50	71
57	00	00	耐久性向上	打込み	BB	0.5	54.9	55.1	0.7	50	71
58	00	00	耐久性向上	打込み	BB	0.5	54.9	53.4	0.7	50	71
59	00	00	耐久性向上	打込み	BB	0.5	54.9	53	0.7	50	71
60	00	00	耐久性向上	打込み	BB	0.5	54.9	54	0.7	50	71
61	00	01	耐久性向上	打込み	普通	0.5	53.2	51	0.8	50	63
62	00	01	耐久性向上	打込み	普通	0.5	55	54	0.8	50	63
63	00	01	耐久性向上	打込み	普通	0.5	53.8	52	0.8	50	63
64	00	01	耐久性向上	打込み	普通	0.5	53	54.6	0.8	50	63
65	00	01	耐久性向上	打込み	BB	0.5	54.9	50.6	0.8	50	63
66	00	01	耐久性向上	打込み	BB	0.5	54.8	55	0.9	50	56
67	00	01	耐久性向上	打込み	BB	0.5	55	54.6	0.9	50	56
68	00	01	耐久性向上	打込み	BB	0.5	57	53.7	0.6/0.8	30/50	50/71
69	00	00	耐久性向上	打込み	普通	0.50	44.5	53.2	0.8	30/60	38/75
70	00	00	耐久性向上	打込み	高B	0.50	60.7	53.0	0.8	30/60	38/75
71	00	00	耐久性向上	打込み	高B	0.50	56.7	51.0	0.8	30/60	38/75
72	00	00	耐久性向上	打込み	高B	0.50	58.0	48.5	0.8	30/60	38/75
73	00	00	耐久性向上	打込み	普通	0.50	54.9	55.7	0.8	30/60	38/75
74	00	00	耐久性向上	打込み	高B	0.50	55.2	54.0	0.8	30/60	38/75
75	00	00	耐久性向上	打込み	高B	0.50	58.0	49.6	0.8	30/60	38/75
76	00	00	耐久性向上	打込み	高B	0.50	55.1	47.0	0.8	30/60	38/75
77	00	00	耐久性向上	打込み	高B	0.50	58.3	52.0	0.8	30/60	38/75
78	00	00	耐久性向上	打込み	高B	0.50	53.1	54.0	0.8	30/60	38/75
79	00	00	耐久性向上	打込み	高B	0.50	56.1	55.6	0.8	30/60	38/75
80	00	00	耐久性向上	打込み	普通	0.50	52.1	51.0	0.8	30/60	38/75
81	00	00	耐久性向上	打込み	普通	0.50	53.2	51.0	0.8	30/60	38/75
82	00	00	耐久性向上	打込み	高B	0.50	53.1	52.0	0.8	30/60	38/75
83	00	00	耐久性向上	打込み	普通	0.50	56.3	53.0	0.8	30/60	38/75
84	00	00	耐久性向上	打込み	普通	0.50	49.4	53.0	0.8	30/60	38/75
85	00	00	耐久性向上	打込み	普通	0.50	53.1	50.0	0.8	30/60	38/75
86	00	00	耐久性向上	打込み	高B	0.50	54.9	52.9	0.8	30/60	38/75
87	00	00	耐久性向上	打込み	普通	0.50	55.0	45.7	0.8	30/60	38/75
88	00	00	耐久性向上	打込み	普通	0.50	54.7	55.0	0.8	30/60	38/75
89	00	00	耐久性向上	打込み	普通	0.50	54.9	55.2	0.8	30/60	38/75
90	00	00	耐久性向上	打込み	普通	0.50	50.7	54.2	0.8	30/60	38/75
91	00	00	耐久性向上	打込み	普通	0.50	54.7	54.0	0.8	30/60	38/75
92	00	00	耐久性向上	打込み	普通	0.50	53.0	52.0	0.8	30/60	38/75
93	00	00	耐久性向上	打込み	普通	0.50	53.1	52.0	0.8	30/60	38/75
94	00	00	耐久性向上	打込み	高B	0.50	55.8	57.0	0.8	30/60	38/75
95	00	00	耐久性向上	打込み	高B	0.50	52.5	48.2	0.8	30/60	38/75
96	00	00	耐久性向上	打込み	普通	0.50	49.0	53.0	0.75	43	57
97	00	00	耐久性向上	打込み	高B	0.50	55.0	47.0	0.75	43	57

一覧表（その2）

粗骨材最大寸法 (mm)	スランプ (cm)	空気量 (%)	単位量 (kg/m³) 鋼繊維 SF	水 W	セメント C	細骨材 S	粗骨材 G	混和材 AE減水	高性能	急結材	圧縮強度 28d	7d	3d	1d	曲げ強度 28d	7d	設計方法	場所
25	10	4.5	80	201	504	828	744	/	3.52	/	40.3	24.9			7.31	5.64	許容	
20	15	4.5	50	206	538	696	795	1.34	/	/					8.67		−	長野
20	15	4.5	40	198	365	855	842	0.91	/	/	42.1				5.78			長野
25	15	4.5	60	176	338	857	891	1.06	/	/	31.7				6.36		許容	長野県
20	15	4.5	40	201	372	845	793	0.93	/	/	29.8	18.3			6.9	6.38	許容	大阪府
25	15	4.5	40	200	364	811	840	0.91	/	/	33.3	22.1			5.88	5.04	限界	静岡県
20	15	4.5	40	173	315	951	790	6.62	/	/	33				5.82		−	岩手県
20	15	4.5	40	173	315	955	826	/	2.52	/	33.1				6.12		限界	熊本県
20	15	4.5	40	173	315	931	810	/	5.67	/	41.4	21			8.27	5.45	限界	鹿児島
20	15	4.5	40	173	315	940	805	/	5.36	/	48.3	24.4			9.41	7.66	限界	鹿児島
25	15	4.5	40	170	325	905	875	/	4.875	/	36.8				7.2		限界	鹿児島
25	15	4.5	40	175	318	936	836	/	4.929	/	36.4	20.1			9.17	5.41	限界	鹿児島
25	15	4.5	40	175	325	891	861	/	4.55	/	37.2				7.32		限界	鹿児島
25	15	4.5	40	175	330	960	820	/	4.29	/	50.2				11.97		許容	長野
20	15	4.5	40	173	315	957	1018	/	5.67	/	48.7				13.9		許容	長野
20	15	4.5	40	170	310	989	826	/	3.72	/	46.9				9.97		限界	大分
20	15	4.5	40	173	315	950	836	/	4.568	/	30.6				7.32		限界	京都
20	15	4.5	20/20	173	304	940	885	/	6.38	/	36.7				7.69		限界	新潟
25	15	4.5	20/20	169	380	927	830	/	3.8	/							−	静岡
25	15	4.5	20/20	170	280	949	844	/	3.36	/							−	静岡
20	15	4.5	20/20	170	300	894	877	/	4.5	/							−	兵庫
20	15	4.5	20/20	174	300	848	948	/	3.15	/							−	大分
20	15	4.5	20/20	173	315	975	775	/	5.98	/							−	高知
25	15	4.5	20/20	174	315	941	812	/	3.46	/							−	岐阜
20	15	4.5	20/20	174	300	888	915	/	3.3	/							−	大分
25	15	4.5	20/20	174	316	820	932	3.16	/	/							−	京都
20	15	4.5	20/20	175	300	906	867	/	1.65	/							−	鹿児島
20	15	4.5	20/20	170	320	947	885	/	3.84	/							−	岐阜
20	15	4.5	20/20	170	303	987	820	/	3.94	/							−	岐阜
25	15	4.5	20/20	172	330	893	906	/	2.64	/							−	福島
25	15	4.5	20/20	173	325	896	872	/	4.23	/							−	長野
25	15	4.5	20/20	170	320	932	851	/	3.2	/							−	福井
20	15	4.5	20/20	183	325	930	829	/	3.9	/							−	長野
25	15	4.5	20/20	170	344	938	843	/	2.58	/							−	静岡
20	15	4.5	20/20	175	330	870	897	/	3.96	/							−	山形
20	15	4.5	20/20	173	315	923	835	/	4.1	/							−	愛媛
20	15	4.5	20/20	173	315	799	955	/	5.67	/							−	岐阜
25	15	4.5	20/20	175	320	929	855	/	5.44	/							−	秋田
20	15	4.5	20/20	173	315	958	791	/	6.3	/							−	福井
20	15	4.5	20/20	170	335	951	850	/	4.02	/							−	岐阜
20	15	4.5	20/20	175	320	960	808	/	5.12	/							−	岐阜県
20	15	4.5	20/20	175	330	903	865	/	5.93	/							−	山形県
25	15	4.5	20/20	173	326	929	851	/	3.26	/							−	
20	15	4.5	20/20	173	310	1006	818	/	4.34	/							−	岡山
25	15	4.5	20/20	175	334	829	891	/	3.34	/							−	北海
25	15	4.5	40	172	351	936	837	/	2.63	/							−	静岡
25	15	4.5	40	174	316	820	937	/	1.9	/							−	北海道

表-1 調査結果

No.	施工期間 初	施工期間 終	SFの使用目的	打設方法	セメント種類	鋼繊維混入率(%)	水セメント比 W/C (%)	細骨材率 S/a (%)	鋼繊維の形状・寸法 換算直径(mm)	長さ(mm)	アスペクト比
98	93	96	構造不安定部分の補強	吹付乾式	普通	1.0	50	60	0.6	30	50
99	94	94	補修・補強	吹付乾式	普通	1.0	60	60	0.6	25	42
100	90	90	構造不安定部分の補強	吹付湿式	普通	1.0	46.3	80	0.6	25	41.7
101	92	92	不良地山部塑性変形対策	吹付湿式	普通	1.0	55	50.5	0.6	30	50
102	92	92	不良地山部塑性変形対策	吹付湿式	普通	1.0	53.3	75	0.6	25	42
103	93	94	構造不安定部分の補強	吹付湿式	普通	1.0	55	50.5	0.6	30	50
104	93	93	その他	吹付湿式	普通	1.0	50	75	0.6	25	42
105	94	95	不良地山部塑性変形対策	吹付湿式	普通	1.0	60.3	67	0.6	25	42
106	94	95	膨張性地山対策	吹付湿式	普通	1.0	42.8	75	0.6	25	42
107	94	94	補修・補強	吹付乾式	普通	1.00	−	−	0.8	30	38
108	95	96	膨張性地山対策	吹付湿式	普通	1.0	55	60	0.6	25	42
109	95	96	構造不安定部分の補強	吹付湿式	普通	1.0	63	58	0.6	25	41.7
110	95	95	不良地山部塑性変形対策	吹付湿式	普通	1.00	60.3	67.0	0.8	30	38
111	95	96	補修・補強	吹付湿式	普通	1.00	61.4	70.0	0.8	30	38
112	95	95	補修・補強	吹付湿式	普通	1.00	−	−	0.8	30	38
113	96	96	不良地山部塑性変形対策	吹付湿式	普通	1.0	56	65	0.6	25	42
114	96	96	不良地山部塑性変形対策	吹付湿式	普通	1.0	59	72	0.6	25	42
115	96	96	その他	吹付湿式	普通	1.0	65	65	0.6	25	42
116	96	96	不良地山部塑性変形対策	吹付湿式	普通	1.0	59.7	65	0.6	25	42
117	96	96	補修・補強	吹付湿式	普通	1.0	45	60	0.6	30	50
118	96	96	不良地山部塑性変形対策	吹付湿式	普通	1.0	60	75	0.6	25	42
119	96	96	不良地山部塑性変形対策	吹付湿式	普通	0.75	51.5	61.6	0.6	25	42
120	96	96	不良地山部塑性変形対策	吹付湿式	普通	1.00	60.3	63.0	0.8	30	38
121	96	96	構造不安定部分の補強	吹付湿式	普通	1.00	−	−	0.8	30	38
122	97	01	不良地山部塑性変形対策	吹付湿式	普通	1.0	51.5	61.6	0.6	25	42
123	97	98	構造不安定部分の補強	吹付湿式	普通	0.75	62	63	0.6	25	42
124	97	97	膨張性地山対策	吹付湿式	普通	1.00	45.0	70.0	0.8	30	38
125	97	97	不良地山部塑性変形対策	吹付湿式	普通	1.00	−	−	0.8	30	38
126	97	97	不良地山部塑性変形対策	吹付湿式	普通	1.00	−	−	0.8	30	38
127	98	98	構造不安定部分の補強	吹付湿式	普通	0.75	62	63	0.6	25	42
128	98	98	永久覆工	吹付湿式	普通	1.0	55	66	0.6	30	50
129	98	00	構造不安定部分の補強	吹付湿式	普通	1.0	58	69	0.6	25	42
130	98	98	構造不安定部分の補強	吹付湿式	普通	0.75	45.0	70.0	0.6	30	50
131	98	98	構造不安定部分の補強	吹付湿式	普通	0.75	57.0	58.0	0.8	30	38
132	98	98	構造不安定部分の補強	吹付湿式	普通	0.75	45.0	70.0	0.6	30	50
133	98	98	構造不安定部分の補強	吹付湿式	普通	1.00	−	−	0.8	30	38
134	00	00	不良地山部塑性変形対策	吹付湿式	普通	1.0	63.3	62	0.6	30	50
135	00	00	永久覆工	吹付湿式	普通	1.0	60	65	0.6	30	50
136	00	00	膨張性地山対策	吹付湿式	普通	0.5	55	61.5	0.8	30	38
137	01	01	その他	吹付湿式	普通	0.75	45	70	0.6	30	50
138	01	01	その他	吹付湿式	普通	0.75	45.1	65	0.6	30	50
139	01	01	構造不安定部分の補強	吹付湿式	普通	0.5	60	62	0.8	30	38

注1) 混和材（剤）欄の「/」は使用していないことを示す．注2) 配合欄の「−」は詳細なデータがないため

4.1 SFRC ライニングに関する実績調査

一覧表（その3）

粗骨材最大寸法(mm)	スランプ(cm)	空気量(%)	鋼繊維 SF	水 W	セメント C	細骨材 S	粗骨材 G	AE減水	高性能	急結材	28d	7d	3d	1d	28d	7d	設計方法	場所
15	−	−	80	175	350	1100	739	/	/	17.5							−	山梨
15	−	−	80	252	420	−	−	/	/	−							−	和歌山
15	12	−	80	220	475	1257	320	/	5	−	41.3	33.8			5.8	4.6	−	京都
15	15	−	80	210	381	−	−	/	/	−							−	静岡
15	−	−	80	240	450	−	−	/	/	−							−	長野
15	−	−	80	210	381	−	−	/	/	−							−	岩手
15	−	−	80	220	450	−	−	/	/	−							−	京都
15	8	−	80	225	373	1121	561	/	/	26	31.0				6.09		−	静岡
15	12	−	80	214	500	1199	403	/	/	−					5.3		−	山梨
15	−	−	80	−	−	−	−	/	/	−							−	兵庫
15	15	−	80	198	360	−	−	/	/	−							−	兵庫
15	−	−	80	252	400	−	−	/	/	−					4.89		−	兵庫
13	10	−	80	225	373	1121	561	/	/	−	41.5				4.97		−	兵庫
15	10	−	80	215	350	1241	538	/	/	−	35.7				6		−	山形
15	−	−	80	−	−	−	−	/	/	−							−	兵庫
15	−	−	80	220	392	−	−	/	/	−							−	新潟
15	−	−	80	230	390	−	−	/	/	−							−	新潟
15	−	−	80	245	377	−	−	/	/	−							−	京都
15	8	−	80	225	377	1041	567	/	/	−	24.9				4.28		−	岩手
15	12	−	80	171	380	1096	744	/	/	22.8	22.1				5.51		−	新潟
15	−	−	80	261	436	−	−	/	/	−							−	兵庫
15	−	−	60	184	357	−	−	/	/	−							許容	長野
15	10	−	80	223	367	1069	656	/	/	−	33.1	22			9.09	6.31	−	兵庫
15	−	−	80	−	−	−	−	/	/	−							−	埼玉
15	−	−	80	185	360	−	−	/	/	−							−	兵庫
15	−	−	60	238	384	−	−	/	/	−							−	岐阜
15	20	−	80	225	450	1119	482	/	4.5	−	49.7				6.19		−	群馬
15	−	−	80	−	−	−	−	/	/	−							−	静岡
15	−	−	80	−	−	−	−	/	/	−							−	北海道
15	−	−	60	239	385	−	−	/	/	−							−	岐阜
15	−	−	80	228	415	1176	401	/	/	28.14	33.4						−	広島
15	12	−	80	220	380	1190	537	3.04	/	−	29.9				4.85		−	静岡
10	18	−	60	203	450	1111	480	/	5.4	−	46.3				5.3		−	神奈川
15	10	−	80	205	350	1050	738	/	/	−	30.5				5.7		−	長野
10	18	−	60	210	467	1146	498	/	4.67	−	36				8.27		−	滋賀
15	−	−	80	−	−	−	−	/	/	−							−	三重
15	−	−	80	228	360	−	−	/	/	−							−	新潟
15	12	−	80	230	383	−	−	/	/	−							−	静岡
15	15	−	40	220	400	1033	653	/	2.4	40				12.2	4.5		−	大阪
15	18	−	60	202	450	1086	610	/	7.65	45							−	群馬
15	18	4	60	203	450	1154	498	/	−	45	43				6.3		−	神奈川
15	10.5	−	40	216	360	1064	660	3.04	−	−	28.9	19.7		3.64			−	愛知

不明．注3）強度欄の「空欄」は不明もしくは未実施を示す．

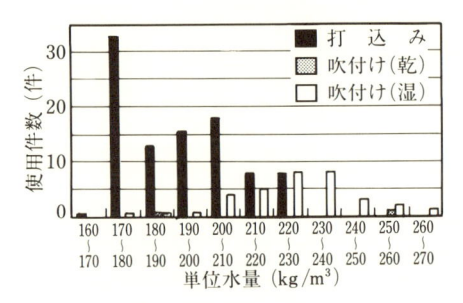

図-4 単位水量の実績

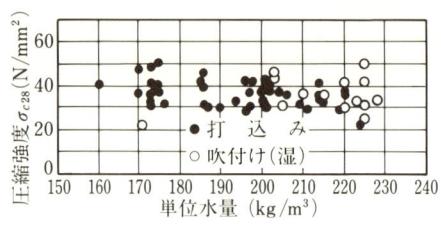

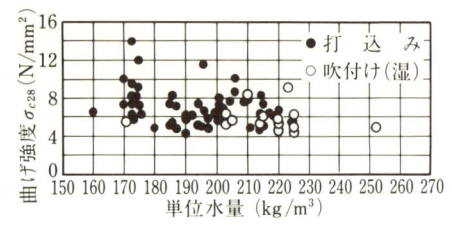

図-5 単位水量と圧縮強度との関係

図-6 単位水量と曲げ強度との関係

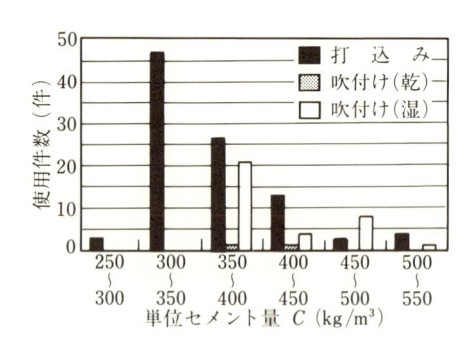

(3) 単位セメント量

　一般に，単位セメント量は，コンクリートの品質，はね返り，ホースの閉塞などの作業性および経済性に大きな影響を与えるといわれている．本来，コンクリートの強度は，単位セメント量と直接的に関係するものではないが，実績における単位セメント量と強度との相関を調べた．

　図-7 は，単位セメント量の使用実績を示したものである．また，図-8 および図-9 は，単位セメント量と圧縮強度および曲げ強度との関係を示したものである．

　今回の調査結果では，単位セメント量は，打込み SFRC の場合 $250 \sim 500 \, \mathrm{kg/m^3}$ の範囲で使用されており，とくに前回の調査では $400 \, \mathrm{kg/m^3}$ が多かったのに対して $350 \, \mathrm{kg/m^3}$ が多くなっている．これは，トンネル二次覆工の耐久性の向上を目的に使用される事例に

図-7 単位セメント量の実績

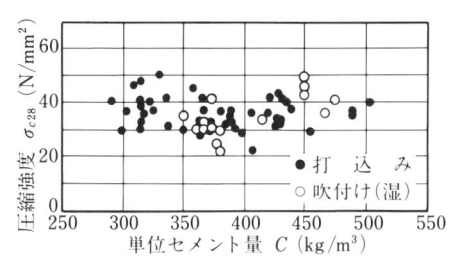

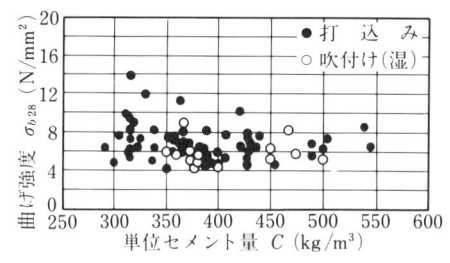

図-8 単位セメント量と圧縮強度との関係

図-9 単位セメント量と曲げ強度との関係

おいて，単位水量の上限を $175\,\mathrm{kg/m^3}$ としたことが密接に関連していると考えられる．

一方，吹付け SFRC の場合，単位水量は乾式で $350\sim400\,\mathrm{kg/m^3}$ の範囲で，湿式では $350\sim500\,\mathrm{kg/m^3}$ の範囲で使用されている．

また，強度との関係から見ると，打込み SFRC，吹付け SFRC ともに単位セメント量との間には顕著な相関は見られず，圧縮強度および曲げ強度はそれぞれ $30\sim50\,\mathrm{N/mm^2}$，$5\sim10\,\mathrm{N/mm^2}$ の範囲となっている．

前回の調査に比べて，単位水量および単位セメント量と強度との相関が明確に認められない理由は高性能 AE 減水剤の普及と密接な関係があるものと考えられる．

(4) 細骨材率

図-10 は，細骨材率の使用実績を示したものである．また，図-11 および図-12 は細骨材率と圧縮強度および曲げ強度との関係を示したものである．

打込み SFRC の場合，細骨材率は $45\sim60\%$ の範囲で使用されており，そのときの圧縮強度および曲げ強度は，それぞれ $30\sim50\,\mathrm{N/mm^2}$，$4\sim9\,\mathrm{N/mm^2}$ の範囲となっている．また，吹付け SFRC の場合，細骨材率は乾式で $65\sim70\%$，湿式で $55\sim80\%$ の範囲で使用されており，このときの圧縮強度および曲げ強度は，それぞれ $25\sim50\,\mathrm{N/mm^2}$，$4\sim8\,\mathrm{N/mm^2}$ の範囲となっている．

(5) 粗骨材の最大寸法

図-13 は，粗骨材の最大寸法の使用実績を示したものである．図から，粗骨材の最大寸法は製造方法により使用範囲が異なっており，打込み SFRC の場合で $20\sim25\,\mathrm{mm}$ が最も

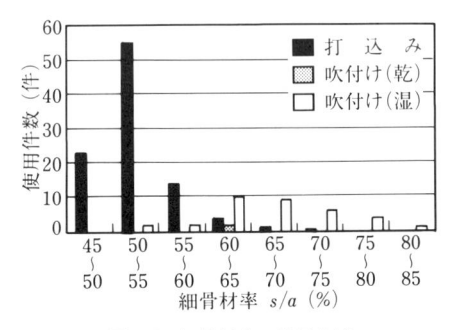

図-10 細骨材率の使用実績

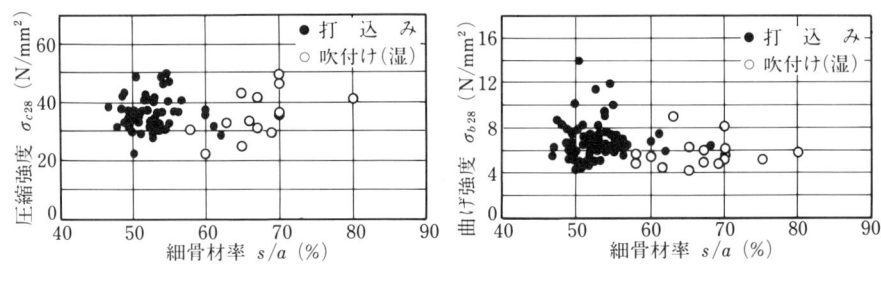

図-11 細骨材率と圧縮強度との関係

図-12 細骨材率と曲げ強度との関係

多く，吹付け SFRC の場合で 15 mm が最も多くなっている．

(6) スランプ

図-14 は，スランプの使用実績を示したものである．スランプの範囲は，打込み SFRC で 15 cm が最も使用実績が多く，湿式の吹付け SFRC では 10～18 cm のものが多く使用されていることがわかる．

(7) SF の形状寸法および混入率

図-15 および図-16 は，使用されていた SF の長さおよびアスペクト比（SF 長さ/SF 直径）の使用実績を示したものであり，施工時期が平成 2 年以前とそれ以降に分けて示してある．また，図-17 は SF の長さと粗骨材の最大寸法との関係を示したものである．

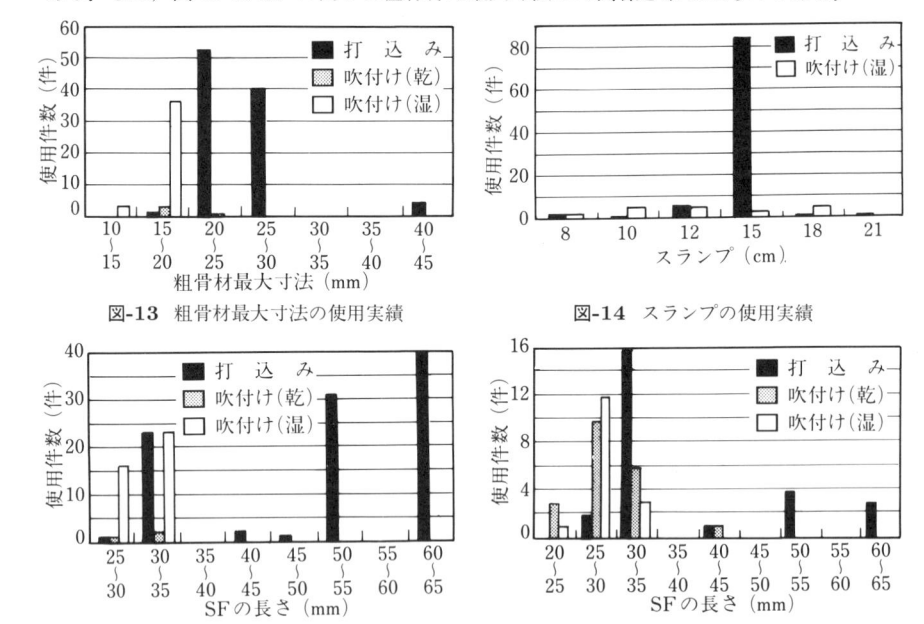

図-13 粗骨材最大寸法の使用実績

図-14 スランプの使用実績

図-15 (1) SF の長さの使用実績（H3～）

図-15 (2) SF の長さの使用実績（～H2）

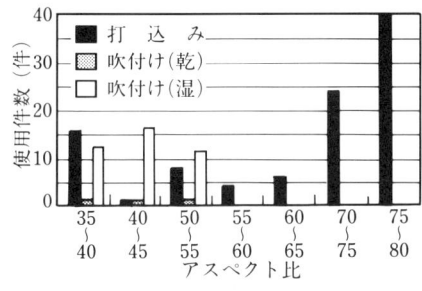

図-16 (1)　アスペクト比の使用実績 (H3~)

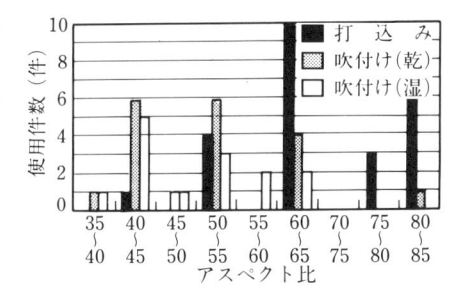

図-16 (2)　アスペクト比の使用実績 (~H2)

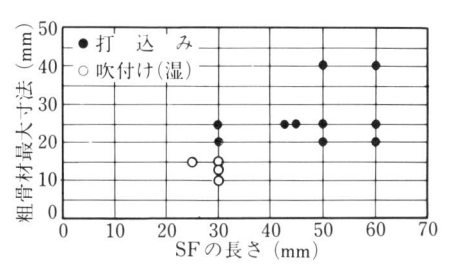

図-17　SF の長さと粗骨材最大寸法との関係

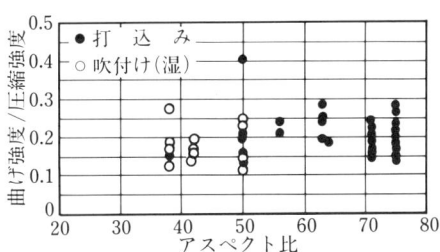

図-18　アスペクト比の強度比との関係

　SF の長さは打込み SFRC の場合，平成 2 年以前では 30 mm が最も多く使用されていたが，平成 2 年以降では 30 mm に代わり 50 mm もしくは 60 mm と長い SF の使用件数が著しく増加している．その理由として一般に SF の曲げ強度ならびに曲げタフネスに対する補強効果はアスペクト比が大きいほど，また長さが長いほど大きくなる傾向にあることなどが挙げられる．吹付け SFRC の場合も，平成 3 年以降は 25 mm に代わり 30 mm のものが最も多く使用されている．粗骨材の最大寸法と SF の長さとの比をそれぞれの使用割合の最大値でとると，打込み SFRC で約 1/3，吹付け SFRC で約 1/2 となっている．
　また，アスペクト比は，打込み SFRC の場合は 40~75 の範囲であった．ただし，アスペクト比が 40 の SF はそのほとんどがアスペクト比 75 のものと折半して使用されていた．一方，吹付け SFRC の場合にはアスペクト比 40~50 の範囲のものが多く使用されていた．
　図-18 および図-19 は，アスペクト比および SF 混入率と強度比（曲げ強度/圧縮強度）との関係を示したものである．また，図-20 は SF 混入率の使用実績を表したものである．
　SF 混入率は 0.5~1.0％の範囲となっており，打込み SFRC の場合では 0.5％，吹付け SFRC の場合では 1.0％の使用実績が多い．
　一般に，SFRC の曲げ強度とアスペクト比との関係は，アスペクト比の大きい SF を用いるほど曲げ強度は増加するが，その増加割合はアスペクト比の値が 60 を超えると小さくなるといわれている．また，SF 混入率と曲げ強度との関係は，SF 混入率が約 0.5％以上になると曲げ強度は SF 混入率にほぼ比例して増大する傾向があるといわれている．今回の調査結果では個々のデータの水セメント比が異なるため，アスペクト比および SF 混入率と強度比との関係にはあまり明確な傾向は見られなかった．

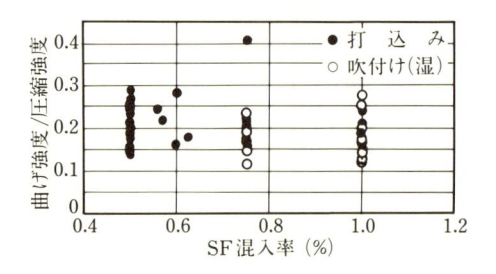

図-19 SF混入率と強度率との関係

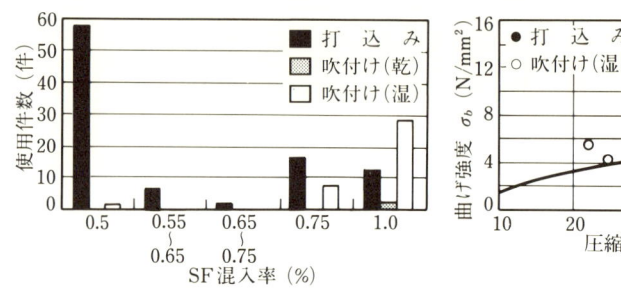

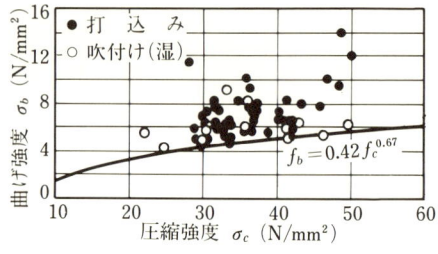

図-20 SF混入率の使用実績

図-21 圧縮強度と曲げ強度との関係

(8) 圧縮強度と曲げ強度の関係

図-21にSF混入率0.5～1.0%における圧縮強度と曲げ強度との関係を示す．図中の実線は，土木学会『コンクリート標準示方書（設計編）』（平成8年版）に示されている計算式から無筋コンクリートの圧縮強度と曲げ強度との関係を求めたものである．

SFRCは，製造方法により多少のばらつきはあるが，SF混入率が0.5～1.0%の範囲では，無筋コンクリートに比べ，曲げ強度が大きくなっていることがわかる．

(9) 混和剤

打込みSFRCの場合は，減水剤の使用割合が高く，ほとんどの現場で使用している．最近では高性能AE減水剤を使用したケースが目立って増加している．吹付けSFRCの場合には，減水剤の使用件数は2件，高性能AE減水剤の使用件数が6件となっている．急結剤はすべての事例で使用されているものと思われるが，一部を除きその添加率は不明であった．また，乾式の場合では粉じん低減剤を使用した例も見られた．

打込みSFRCも吹付けSFRCも何らかの混和剤を使用しており，最近では，早期強度の発現，コンシステンシーの調節など，目的に応じて種々の混和剤が開発されている．SFRCに用いる混和剤は，今後さらに多岐にわたるものと想定される．

4.1.3 おわりに

今回の実績調査結果から，現状のトンネルに適用されているSFRCの使用目的，配合および強度などが明らかになった．これらの結果は，試験室で行われた試験結果ではなく，実際の施工データであるため，とくに貴重なものである．

施工に伴うばらつきなどにより，配合と強度との相関が明確でないものもあるが，SFRCの使用目的とそれに対応する配合および得られる強度などについては参考になるものと思われる．

今後，SFRCを用いたトンネル覆工の設計ならびに施工の規準化が進められ，適用事例もますます増加するものと思われる．SFRCの適用を検討する際に，これらのデータが一助になれば幸いである．

最後に，実績調査の実施に際して，ご協力いただいた学識経験者，諸官庁，コンサルタント，施工業者および関係団体などの方々に感謝の意を表する次第である．

付属資料 5

設計施工事例

5.1 上信越自動車道　日暮山トンネル（一期線）工事　*229*
 5.1.1　はじめに　*229*
 5.1.2　設計（曲げ引張強度の算定）　*229*

5.2 北多摩一号東幹線工事　*234*
 5.2.1　はじめに　*234*
 5.2.2　二次覆工コンクリートの設計　*234*
 5.2.3　二次覆工コンクリートの施工　*237*
 5.2.4　供用開始後の現地調査結果　*239*

5.3 九州新幹線　第二今泉トンネル工事　*240*
 5.3.1　はじめに　*240*
 5.3.2　二次覆工コンクリートの設計　*240*
 5.3.3　施工　*242*

5.4 上信越自動車道 上今井トンネル工事（二期線）　*244*
 5.4.1　はじめに　*244*
 5.4.2　SFRCを用いた二次覆工コンクリートの施工　*244*
 5.4.3　配合と施工状況　*244*

5.5 第二東名高速道路 清水第一トンネル工事　*246*
 5.5.1　はじめに　*246*
 5.5.2　分割練混ぜ（SEC）工法を用いたSFRCの直接製造　*246*
 5.5.3　配合と施工状況　*246*

5.6 奥只見発電所増設放水路トンネル工事　*248*
 5.6.1　はじめに　*248*
 5.6.2　SFRC吹付けコンクリートを永久覆工とした放水路
    トンネルの設計　*248*
 5.6.3　施工状況　*251*

5.7 神戸送水路1工区トンネル工事 *253*
 5.7.1 はじめに *253*
 5.7.2 SFRC ライナーの構造概要 *253*
 5.7.3 設計 *254*
 5.7.4 鋼繊維補強コンクリートの配合 *256*
 5.7.5 SFRC ライナーの施工手順 *257*

5.8 SFRC 吹付けコンクリートによる補強・補修事例 *259*
 5.8.1 仙岩トンネルの例 *259*
 5.8.2 六十里越トンネルの例 *260*
 5.8.3 塚山トンネルの例 *263*

5.1 上信越自動車道　日暮山トンネル（一期線）工事

5.1.1 はじめに

上信越自動車道は，首都圏と上信越地方とを直結する幹線道路として計画され，東京都練馬区を起点として，埼玉県，群馬県，長野県を経て新潟県上越市に至る全延長 280 km の高速自動車国道である．

日暮山トンネルは，当該道路の群馬県と長野県境付近（碓井 I.C～佐久 I.C 間），軽井沢の南方 6 km に位置する延長 2 223 m のトンネルである．本トンネルは，堅硬な安山岩等の岩脈，岩株状の貫入が主体であるが，中央部に泥岩が分布しており，地表部は巣郷地滑り地帯となっている．坑口から 927 m 付近から，膨張性を有する脆弱な泥岩帯に遭遇し，大きな膨張圧により，最大変位 2 297 mm にも達する大変形を生ずるとともに，突発湧水にも会うなど工事は難渋した（写真 5.1.1，5.1.2）．種々の試験を行い，検討の結果，この区間の二次覆工コンクリートに鋼繊維補強コンクリートを使用して，力学的性能の向上を図って対応することとした．これにより，好結果を得たので，以下にその設計方法の概要を述べる．

なお，本トンネルは，関係者の努力の結果，昭和 62 年 8 月末着工以来，約 6 年を要して平成 4 年 7 月 29 日貫通した．

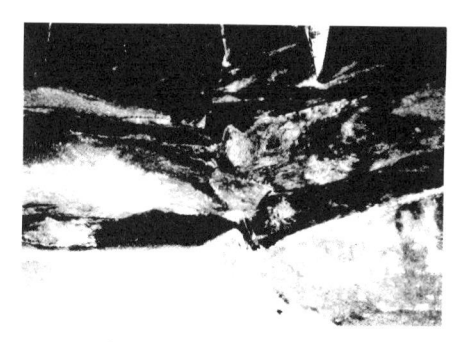

写真 5.1.1　鋼製支保工座屈状況　　　写真 5.1.2　突発湧水状況

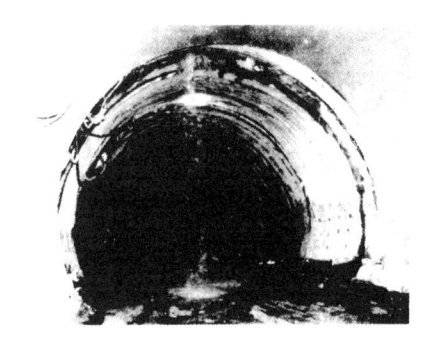

5.1.2 設計（曲げ引張強度の算定）

必要な曲げ引張強度を次のような方法により求めた．
(1) 荷重の算定
① 膨圧区間の計測結果から，軸力，応力を求める．断面図を図 5.1.1 に示す．
② 応力測定結果から収縮応力の影響を補正する．
③ ②から縁応力を算出する．これを表 5.1.1 に示す．
④ 覆工をはり要素とした骨組構造解析により，土圧分布をトライアルにより求める．
⑤ ④から断面力 (M, N)，縁応力を算定する．

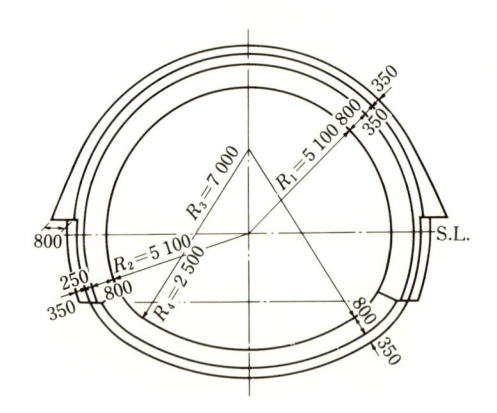

図 5.1.1 断面図（巻厚 80 cm）

表 5.1.1 応力測定結果

計測 No.		1	2	3	4	5	6	7
計測値 (kgf/cm^2)	内側	29.8	2.0	79.6	—	5.6	13.3	56.5
	外側	−17.5	71.1	31.1	—	67.2	36.7	12.6
縁応力 (kgf/cm^2)	内側	44.0	−18.7	94.2	—	−12.9	6.3	69.7
	外側	−31.7	91.8	16.6	—	85.7	43.7	−0.6
曲げモーメント M (t·m)		−40.4	58.9	−41.4	—	52.6	19.9	−37.5
軸力 N (t)		49.2	292.4	443.2	—	291.2	200.0	276.4

⑥ ④により求めた土圧分布から変位の収束を考慮した最終断面力を求め，これによる縁応力を求める．

⑦ これらの結果から，鋼繊維補強コンクリートの配合を選定するため，鋼繊維の形状寸法，混入量の算定，曲げ強度試験等を行って，設計強度を満足する鋼繊維補強コンクリートの配合を決定する．

④における土圧の算定は，測定軸力が 200～300 tf であることから，$N = P \cdot R$ として，P：半径方向圧力 (tf/m^2)，R：半径 (5.5 m)，N：軸力 (tf) とすれば，$P = 35 \sim 55\,\mathrm{tf/m^2}$ 程度と推定される．

解析に用いる定数は，地盤ばね算定時に基本となる変形係数を検討実績から 37.5 kgf/cm^2 とし，コンクリートの弾性係数は硬化過程から土圧が作用することを考慮して，硬化後の弾性係数の 1/2 の 140 000 kgf/cm^2 を用いた．

(2) 荷重算定結果（打設 40 日目経過時）

図 5.1.2 に土圧分布図，図 5.1.3 に曲げモーメント図を，図 5.1.4 に軸力図を示す．土圧分布図から右肩部方向からの偏圧傾向となっており，土圧は 30～50 tf/m^2 程度と推定される．

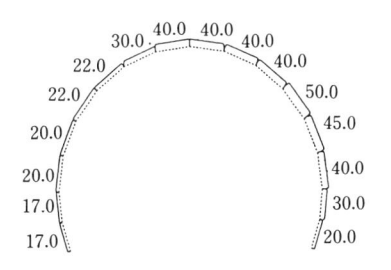

図 5.1.2　土圧分布図

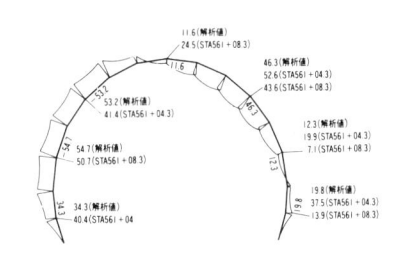

図 5.1.3　曲げモーメント図

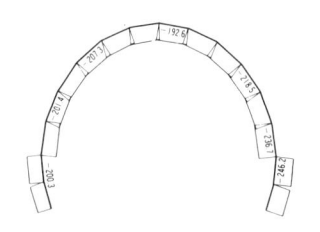

図 5.1.4　軸力図

(3) 最終荷重および応力の検討結果

(2) による 40 日目の値から，最終値を推定する．類似例がないので，過去の新榎トンネルでの計測結果を参考に収束時までの増加率を 1.5 倍と仮定して，それまで，現在の偏圧傾向が継続するものとして，図 5.1.2 の土圧を 50%増とした図 5.1.5 の土圧分布に対応する曲げモーメント，軸力を図 5.1.6，図 5.1.7 に示すように算定した．この結果から，最大断面力を算出すると次頁に示すようになる．

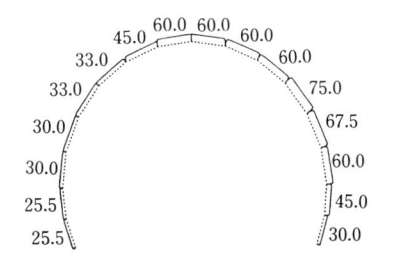

図 5.1.5　土圧分布図

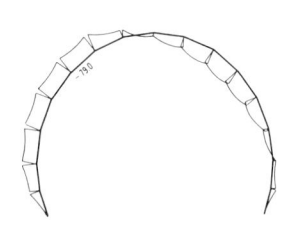

図 5.1.6　曲げモーメント図

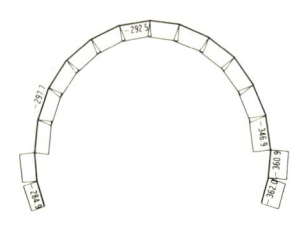

図 5.1.7 軸力図

図 5.1.6, 5.1.7 から最大応力度を求めると, 断面力は

$$M = 78.95 \text{ tf·m}$$
$$N = 297.74 \text{ tf}$$

となり, 応力度は以下のとおりとなる.

$$\sigma = \frac{N}{A} \pm \frac{M}{Z}$$

$$= \frac{297.74 \times 10^3}{100 \times 80} \pm \frac{78.95 \times 10^5}{\frac{100 \times 80^2}{6}}$$

$$= \underline{111.2 \text{ kgf/cm}^2 (圧縮)}$$
$$\underline{-36.8 \text{ kgf/cm}^2 (引張)}$$

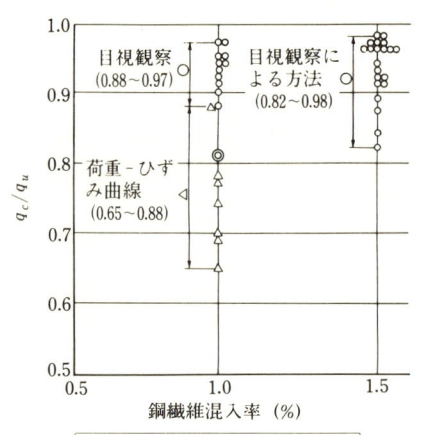

凡 例
○……目視観察による方法
◎……AE (音響発振) による方法
△……荷重-ひずみ曲線, たわみ曲線の変曲点から求める方法

q_c = 曲げ試験における初期ひび割れ強度 (kgf/cm²)
q_u = 曲げ終局強度 (kgf/cm²)

図 5.1.8 q_c/q_u の分布図

(4) 鋼繊維補強コンクリートの配合の算定

目標強度を (3) により算定した応力度に対し安全率を 2 として, 次のとおりとした.
- 圧縮強度: $\sigma_{ck} = 111.2 \times 2 = 222.4 \Rightarrow \underline{223 \text{ kgf/cm}^2}$
- 引張強度: $\sigma_{bk} = 36.8 \times 2 = 73.6 \Rightarrow \underline{74 \text{ kgf/cm}^2}$

安全率については, 現在の昭和 58 年 3 月「土木学会鋼繊維補強コンクリート設計施工指針 (案)」によれば
- 許容圧縮応力度 (偏心軸方向荷重を受ける場合)

 $\sigma_{ca} \leq \sigma_{ck}/4$ ただし, σ_{ck}: 設計基準圧縮強度
- 許容曲げ引張応力度

 $\sigma_{ba} \leq \sigma_{bk}/4$ ただし, σ_{bk}: 設計基準曲げ強度
 $\leq \sigma_b/2$ σ_b: 曲げタフネス係数

となっており, 圧縮, 曲げ引張応力度の安全率は 4 である.

今回, 安全率を 2 としたことは, 制定当時から約 10 年を経過し, 鋼繊維の品質, ミキサーの性能等の面で長足の進歩があり, この材料の特長を十分有効に活用することが可能となったことに鑑み, 鋼繊維補強コンクリートに対する信頼性が向上したものと考えたためである. なお, 一般に曲げ試験における最大荷重に対するひび割れ発生荷重比は, 計測方法にもよるが, 0.65～0.97 とのデータ (図 5.1.8) があるので, これによれば安全率は 1.54～1.03 ≤ 2 となり, 設計強度は, ひび割れ発生強度までに相当の余裕があるものと考えている. 今回は許容応力度法で設計していることから, 当然のことながら, 安全率 2 の中には, SFRC の材料のほか, 設計荷重等に対する不確定要素が含まれている.

(5) 鋼繊維補強コンクリートの配合設計

鋼繊維の形状を $\phi 0.8 \times 30\,\mathrm{mm}$, $\phi 0.8 \times 60\,\mathrm{mm}$ の 2 種類, 混入割合を 5:4, 3:6 の 2 種類として次に示すような試験を行い, 設計強度を満足する後者の配合を選定して施工を行った.

1) 目標応力度

本工事の覆工工事は「破砕帯」にさしかかり, 各種の検討の結果, 対策として二次覆工コンクリートの材料強度アップを行う.
フレーム解析などの結果, 覆工に必要とされる許容応力度は以下のとおりである.
① 許容圧縮応力度: $\sigma_{ca} \geq 223\,(\mathrm{kgf/cm^2})$
② 許容曲げ応力度: $\sigma_{ba} \geq 74\,(\mathrm{kgf/cm^2})$

2) 示方配合

SF 混入量		W/C	s/a	単位量 $(\mathrm{kg/m^3})$					目標スランプ (cm)
30 mm	60 mm	(%)	(%)	セメント	水	細骨材	粗骨材	SF	
50	40	47.0	59.0	457	215	930	659	90	18
30	60			62.0	466	219	967	606	90	18

3) 強度試験結果 曲げ強度・曲げタフネス試験結果

材齢	番号	供試体質量 (kg)	最大曲げ強度 $(\mathrm{kgf/cm^2})$	曲げタフネス $(\mathrm{kgf \cdot cm})$	曲げ靱性係数 $(\mathrm{kgf/cm^2})$
SF 混入割合 5:4					
7 日	1	9.800	93.0	444	66.6
	2	9.800	79.8	439	65.9
	3	9.730	75.9	434	65.1
	平均		82.9	439	65.9
28 日	4	9.760	85.8	473	71.0
	5	9.680	92.4	450	67.5
	6	9.700	91.8	502	75.3
	平均		90.0	475	71.3
SF 混入割合 3:6					
7 日	1	9.740	93.0	434	65.1
	2	9.740	80.1	527	79.1
	3	9.620	94.2	464	69.6
	平均		89.1	475	71.3
28 日	4	9.700	127.8	690	103.5
	5	9.730	113.4	586	87.9
	6	9.600	112.8	607	91.1
	平均		118.0	628	94.2

5.2 北多摩一号東幹線工事

5.2.1 はじめに

　北多摩一号幹線は，小平市，東村山市，立川市，国分寺市，小金井市，府中市の雨水および汚水を収容し，北多摩一号処理場で処理するもので，多摩川左岸の浄化対策の一環を担う下水道幹線である．

　北多摩一号東幹線その3工事は，府中市内の交通量の多い道路下で延長1170mのシールドトンネルを構築するものである．本工事の地質は，武蔵野台地の立川段丘面で通過地層は砂・砂礫および固結した砂質シルト（土丹）からなっており，巨大礫と土丹の両方の土質に対応した泥土圧式シールド工法で施工した．また，既設の北多摩一号西幹線の矩形渠に近接しており，トンネルの設置スペース限界と流量確保のために通常の仕様であるセグメントと無筋コンクリートの二次覆工との合計厚さ50cmを40cmの厚さまで低減する必要が生じ（仕上り内径20cmの縮小），コンクリートセグメント厚さおよび二次覆工コンクリート厚さともに低減することになった．

　特に二次覆工コンクリートは，要求される曲げ引張強度を確保するため，鋼繊維補強コンクリート（SFRC）を使用して対応した．これにより，好結果を得ているので，以下にその設計方法および施工状況の概要を述べる．

　なお，本工事は関係者の努力の結果，昭和60年1月着工以来，約3年を要して昭和62年3月に完工し，平成元年度より供用開始している．

5.2.2 二次覆工コンクリートの設計

(1) 本設計の概要

　一次覆工（セグメント）は外圧に対して設計し，次に二次覆工の設計は一次覆工と二次覆工を村上・小泉の二層リングモデルにモデル化し外圧と内圧を作用させ，はり-ばねモデルを用いて行った（図5.2.1～図5.2.3参照）．

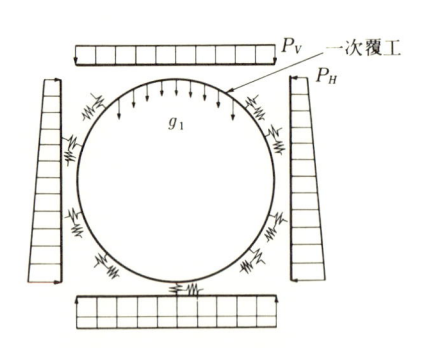

図5.2.1　一次覆工時の荷重図

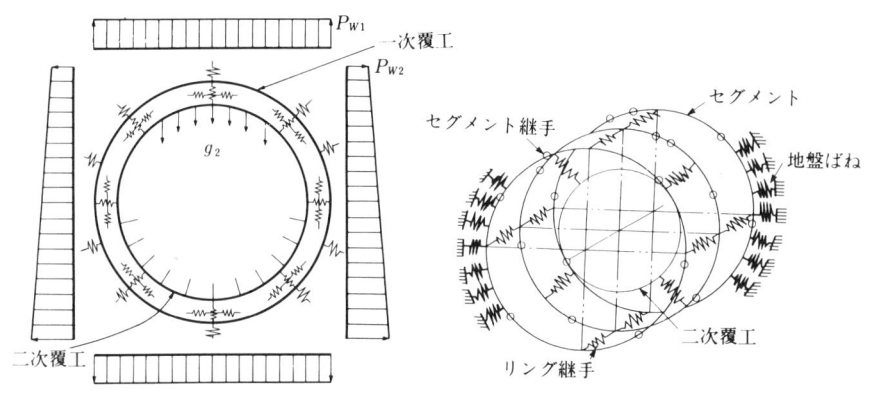

図 5.2.2 設計荷重図　　　図 5.2.3 解析モデル図

一次覆工および二次覆工の合計厚さを 40 cm とするため，次の条件を検討した．

検討条件

部材	標準設計	本設計
一次覆工	300 mm	225 mm
二次覆工	200 mm	175 mm

(2) 二次覆工コンクリートの応力度
a) 二次覆工コンクリート

幅	(b)	$=$	90		(cm)
厚さ	(h)	$=$	17.5		(cm)
断面積	(A)	$=$	90×17.5	$= 1575$	(cm^2)
断面係数	(Z)	$=$	$\frac{90 \times 17.5^2}{6}$	$= 4593.75$	(cm^3)

b) 応力度　［内水圧（頂部で $0.4\,\mathrm{kgf/cm^2}$）と土圧を受ける場合］

$$\sigma = \pm \frac{M}{Z} + \frac{N}{A}$$

$\sigma_{ck} = 210(\mathrm{kgf/cm^2}),\qquad E_c = 2.7 \times 10^5\ (\mathrm{kgf/cm^2}),$

$M = 1.5406\ (\mathrm{tf \cdot m}),\qquad N = 13.536\ (\mathrm{tf})$

$\sigma_c = \dfrac{154\,060}{4\,593.75} + \dfrac{13\,536}{1\,575} = 33.5 + 8.6 = 42.1\ (\mathrm{kgf/cm^2})$

$\sigma_b = -33.5 + 8.6 = -24.9\ (\mathrm{kgf/cm^2})$

(3) 鋼繊維補強コンクリートの配合の算定
a) 設計基準強度

設計基準強度を (2) により算定した応力度に安全率を $4 \times 2/3$ として，次のとおりとした．

・圧縮強度　　　：$\sigma_{ck} \geq 42.1 \times 4 \times 2/3 = 112.3 \Rightarrow 112.3\,\mathrm{kgf/cm^2}$
・曲げ引張強度：$\sigma_{bk} \geq 24.9 \times 4 \times 2/3 = 66.4 \Rightarrow 66.4\,\mathrm{kgf/cm^2}$

安全率については，現在の昭和58年3月「土木学会鋼繊維補強コンクリート設計施工指針（案）」によれば

・許容圧縮応力度（偏心軸方向荷重を受ける場合）
　　　　$\sigma_{ca} \leq \sigma_{ck}/4$　　　ただし　σ_{ck}：設計基準圧縮強度
・許容曲げ引張応力度
　　　　$\sigma_{bk} \leq \sigma_{bk}/4$　　　ただし　σ_{bk}：設計基準曲げ強度
　　　　　$\leq \sigma_b/2$　　　　　　　σ_b：曲げタフネス係数

となっており，圧縮，曲げ引張応力度の安全率は4である．
ここで計画している荷重は，降雨量 50 mm/hr を想定した短期的なものであり，したがって，安全率を短期に対するものとして長期に対する安全率に 2/3 を乗ずるものとした．

b) 配合設計強度

配合設計強度は，シールド掘削の蛇行によって片側に寄ってしまった場合，薄くなった側の応力度は，許容をオーバーすることになるので，断面設計において余裕を見込んで，曲げ引張強度の割増係数を 1.2 とし，次のとおりとした．

・曲げ引張強度：　$\sigma_{ba} = 80.0\,\mathrm{kgf/cm^2}$
　　　　　　　　$(\sigma_{ba} = 66.4 \times 1.2 = 79.7 \Rightarrow 80.0\,\mathrm{kgf/cm^2})$
・圧縮強度　　：　指定しない．（曲げ引張強度を $80\,\mathrm{kgf/cm^2}$ とすれば，必然的に圧縮強度は大きくなるため．）
　　　　　　　　$(\sigma_{ca} = 112.3 \times 1.2 = 134.7 \Rightarrow 135.0\,\mathrm{kgf/cm^2})$

(4) 鋼繊維補強コンクリートの配合設計

鋼繊維補強コンクリートの配合設計は，次の条件で試験練りを行い，施工性を考慮して決定した．

a) 配合設計
① 圧縮強度を通常の二次覆工コンクリート $\sigma_{ck} = 210\,\mathrm{kgf/cm^2}$ を参考にし，$W/C = 50\%$ とした．
② スランプ：　15～18 cm
③ 空気量：　　4±1%
④ 曲げ引張強度：80 kgf/cm² （変動係数 20%）
⑤ 材齢12時間圧縮強度：90 kgf/cm² （脱型時）
⑥ 鋼繊維寸法：$\phi 0.5 \times 30$ mm

b) 示方配合

SF混入率	$G_{\max}$	SL	AIR	W/C	S/A	単位量 (kg/m³)				
(%)	(mm)	(cm)	(%)	(%)	(%)	SF	W	C	S	G
1.3	20	15～18	4±1	50	62.4	102	208	416	986	607

セメント：早強セメント
混和剤：AE剤　ポゾリス No.70，高性能減水剤　ポゾリス NL-1450

5.2.3 二次覆工コンクリートの施工

(1) 工事概要
二次覆工延長は 1 150.8 m, 内径 5.5 m, 覆工厚さ 17.5 cm, 打設長さ $L=9$ m および $L=10.5$ m (113 回打設) である.

(2) SFRC の製造
SFRC は生コン工場に分散機を設置して SF を投入して製造した.

(3) SFRC の運搬および打設
生コン工場で製造した SFRC は，生コン車 ($4.5\,\mathrm{m}^3$ 積) により約 30 分程度で現場に運搬した.

現場に到着した生コン車から試料を採取し，スランプ，空気量を測定し，二次覆工に使用できるスランプにするため高性能減水剤等を用いてスランプを調節した．

スランプ調節した SFRC は，シュートを用いて立坑下にある坑内運搬 (バッテリーロコ 6 t) および打設用機械 (スクリュークリート SKC–60 型) に積み込み所定の場所まで運搬後，スチールフォーム上部吹上げ管から打設を行った.

(4) SFRC の試験
a) SFRC の試験項目および試験回数
SFRC の試験項目および試験回数は下表のとおりである.

試験項目	試験回数
①骨材の試験	生コン工場の日常管理データを使用
②スランプ試験	生コン打設ごとに 1 回測定
③空気量試験	生コン打設ごとに 1 回測定
④単位容積質量試験	生コン打設ごとに 1 回測定
⑤圧縮強度試験	$100\,\mathrm{m}^3$ に 1 回　生コン工場で測定
	$300\,\mathrm{m}^3$ に 1 回　専門機関で測定
⑥曲げ強度試験	同　　上
⑦鋼繊維混入量試験	$100\,\mathrm{m}^3$ に 1 回　磁気探査方法 (SFC メーター) で測定
	$300\,\mathrm{m}^3$ に 1 回　洗い分析試験方法で測定

b) SFRC の圧縮強度および曲げ強度
SFRC の強度試験結果は表 5.2.1 のとおりであった．なお，材齢 28 日強度は，すべて配合設計強度を満足していた．

表 5.2.1 SFRC の試験結果

採取回数	採取月日	打設累計 (m^3)	スランプ 投入前 (cm)	スランプ 投入後 (cm)	空気量 (%)	コンクリート温度 (°C)	圧縮強度 (3 日) (kgf/cm^2)	圧縮強度 (7 日) (kgf/cm^2)	曲げ強度 (7 日) (kgf/cm^2)
1	10.11	53.5	13.5	18.5	4.0	22	209	292	85.0
2	14	111.0	12.0	18.5	4.5	25	232	320	83.6
3	17	197.0	12.0	19.0	3.3	21	245	321	84.2
4	22	314.5	12.0	19.0	4.5	21	221	317	86.4
5	27	435.5	12.0	18.0	4.5	21	212	319	85.2
6	30	525.0	11.0	17.0	3.7	21	221	318	85.2
7	11. 4	615.0	11.0	18.0	4.4	19	226	334	89.0
8	6	674.5	11.0	16.0	4.9	21	238	298	77.2
9	10	764.5	10.0	17.5	4.7	22	209	304	87.5
10	14	882.5	11.5	19.0	4.2	20	179	307	85.8
11	18	972.5	11.0	17.0	4.3	17	201	329	99.8
12	21	1 062.5	11.5	17.5	4.0	17	201	290	89.0
13	25	1 122.5	10.0	17.0	4.5	20	214	324	97.4
14	28	1 212.0	12.0	18.0	4.5	16	198	315	90.6
15	12. 2	1 302.0	12.5	17.0	4.0	17	216	298	85.7
16	4	1 362.0	11.0	18.0	4.5	16	235	297	94.5
17	9	1 481.5	11.0	17.5	4.7	17.5	200	295	90.2
18	12	1 571.5	11.0	19.5	4.3	17	210	285	87.4
19	16	1 661.5	12.0	17.5	4.5	16	200	296	88.8
20	22	1 811.0	10.0	17.5	3.9	13.5	231	357	89.0
21	23	1 921.0	11.0	18.5	4.7	13.5	229	340	87.4
22	1.12	2 171.0	12.0	18.0	4.2	11	228	349	94.1
23	19	2 313.0	10.5	18.0	4.4	12	235	344	96.5
24	26	2 490.0	11.0	17.0	4.4	14	207	325	81.3
25	29	2 580.0	11.0	17.0	4.4	16	209	341	91.8
26	2. 3	2 700.0	12.0	16.5	4.4	11	229	329	88.4
27	6	2 790.0	14.0	19.0	4.1	15	198	307	81.0
28	9	2 850.0	12.5	18.5	4.6	14	208	332	81.9
29	12	2 909.5	11.0	18.0	4.5	21	219	326	81.3
30	13	2 939.5	11.5	17.0	4.7	16	188	307	83.0
31	17	3 029.5	10.0	17.0	4.5	13	207	341	81.5
32	19	3 089.5	12.5	17.5	4.3	12.5	218	332	80.6
33	20	3 119.0	12.0	18.0	4.1	14	226	338	86.5
34	24	3 208.5	12.5	18.0	4.1	16.5	201	323	82.1
35	27	3 298.5	14.0	18.0	4.5	13	201	289	76.4
36	3. 4	3 418.0	11.5	17.5	3.8	17	236	375	79.1
37	6	3 477.5	12.5	18.0	4.1	18	207	336	82.2
38	10	3 566.0	13.0	18.5	3.6	14.5	197	288	71.8
39	13	3 655.5	12.5	18.5	4.5	15.0	183	264	77.8

5.2.4 供用開始後の現地調査結果

SFRC の構造設計施工研究会トンネル検討 WG の 10 名で，供用中の現地調査を行った．
(1) 表面状況
隣接工区の在来工法の無筋コンクリートによる二次覆工には，ひび割れが若干認められたが，SFRC を用いた当工区では認められなかった．また，表面の仕上り状況についても隣接工区にひび割れに沿って黒い付着物が多く認められるのに対し，当該工区は特に変状が認められなかった．
(2) SF の表面突出および腐食状況
ごく一部で SF の表面突出が認められたが，SF の 1 本が錆び付いても錆汁が生じたり，全体に広がることもなく，表面をよく見てもさほど錆が気にならない程度であった．
(3) その他
今後長期供用した場合の状況を確認する必要があるものの，供用開始後約 3 年経過した現時点においては，SFRC を使用して覆工厚を減少した二次覆工コンクリートの状態は良好であった．

5.3 九州新幹線　第二今泉トンネル工事 [1]

5.3.1 はじめに

　日本鉄道建設公団九州新幹線 八代，西鹿児島間 第二今泉トンネル（延長 4700 m）二次覆工コンクリートの一部に SFRC が使用された．
　トンネル施工位置は，「黒瀬川構造帯」と呼ばれる地域で，破砕の著しい中古生層堆積岩，花崗岩類，片麻岩，蛇紋岩等の多種多様な岩盤が帯状に分布している．このうち，葉片状〜粘土状の極めて脆弱な蛇紋岩区間（延長 115 m）では，増しボルト，増し吹付けや仮閉合等の対策工を余儀なくされた．変位速度は，吹付けインバート仮閉合により小さくなったものの，掘削後 150 日以上経過した段階での上半水平側線の変位は 1.7〜4.7 mm/月となっており，長期的な後荷現象が生じていた．この変状区間の供用時の長期耐久性を確保するため，二次覆工コンクリートに SFRC を採用して対応した．これにより，当然のことながら，現時点で健全である．以下にその設計方法および施工状況の概要を述べる．
　二次覆工コンクリートの設計は，将来荷重を推定して，限界状態設計法の理念を基本とした SFRC のもつ力学的性能を十分に評価できる断面算定法により行った．
　なお，この考え方は東北新幹線岩手トンネル，北陸新幹線飯山トンネル設計の先駆けとなった．

5.3.2 二次覆工コンクリートの設計

(1) 作用荷重の想定と発生断面力

　二次覆工に作用する荷重は，下半インバート仮閉合後の変位の増分比率を求め，掘削解放力に対してその比率を乗じたものとして推定した．すなわち，解析上，下半インバート仮閉合までが掘削解放力を 100% かけた状態で，この荷重は一次支保が受け持っている．計算の結果，変位の増分は内空変位の 10% となったことから，全掘削解放力の 10% を限界状態 I における作用荷重と想定し，同じく 15% を限界状態 II における作用荷重とした．この荷重により二次覆工に発生する断面力を算定した．
　表 5.3.1 に最大断面力発生位置における断面力を示す．

表 5.3.1　断面力算定結果

発生位置	限界状態 I		限界状態 II	
	M (kN·m)	N (kN)	M (kN·m)	N (kN)
アーチ部	14.51	1576.5	21.87	2362.5
側壁部	108.07	865.2	162.20	1293.7
隅角部	101.30	1131.9	152.30	1697.3

(2) 断面算定

　SFRC 部材の引張強度を確認するため，15 cm 角供試体を用いて，鋼繊維混入率が 0.5，0.75 および 1.0% の 3 通りとした SFRC の曲げ強度および曲げタフネス試験を実施した．試験結果を表 5.3.2 に示す．ひび割れ開口幅 0.86 mm に対応する載荷重と応力分布のつり合い条件 $M = P \cdot L/6$，$N = 0$（図 5.3.1）から，安全係数を考慮して SF の受け持つ設

表 5.3.2 曲げ強度試験結果と SF の受け持つ設計引張強度

No.	SF 混入率 (%)	SF 混入量 (kg/m^3)	最大曲げ強度 (N/mm^2)	$W = 0.86$ mm に対応する載荷重 P (kN)	SF の受持つ設計引張強度 f_{tf} (N/mm^2)
1	0.5	40	6.04	33.34	1.91
2	0.75	60	6.70	45.85	2.63
3	1.0	80	7.37	55.40	3.18

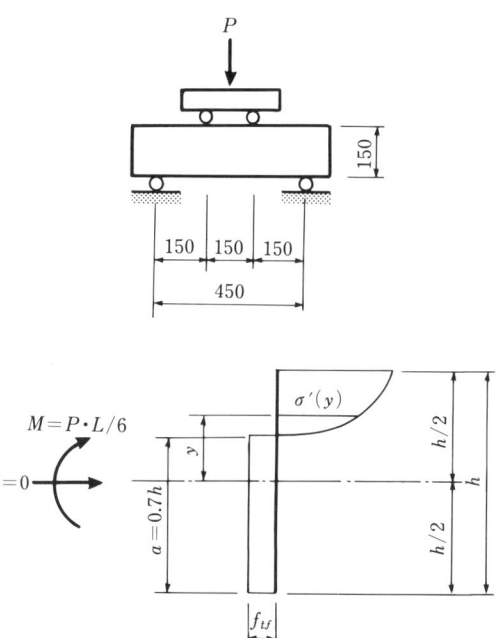

図 5.3.1 供試体から SF の受け持つ引張強度 f_{tf} を求める方法

計引張強度を算定した.

　一方,限界状態 I に対しては,限界ひび割れ幅を 0.25 mm として,ひび割れ幅の検討を行った.解析結果から直接得られる最大曲げモーメント発生位置における部材回転角をもとに,ひび割れ幅を求める方法を用いた.なお,算定では安全側を考慮して軸力(圧縮力)は無視した.

(3) 安全性の照査

　限界状態 II における断面耐力に対する安全性照査の結果,SFRC 二次覆工コンクリートは設計基準強度 $f'_{ck} = 27 \, \text{N/mm}^2$,SF 混入率 0.75% によることとした.
　$M - N$ 曲線を図 5.3.2 に示す.

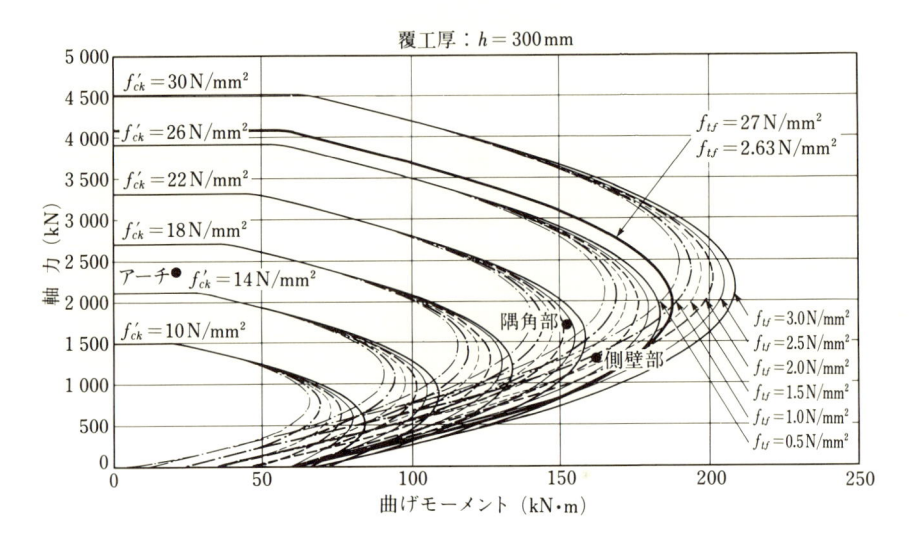

図 5.3.2 安全性の照査（$M - N$ 曲線）

また，限界状態Ⅰにおけるひび割れ幅に対する安全性の照査は，以下のように行った．

$$W = d \times \theta = 0.7h \times \theta = 0.185 \text{ mm}$$
$$W/W_i = \quad 0.185/0.25 = 0.74 < 1.00$$

ここに，W：ひび割れ幅
W_i：限界ひび割れ幅
d：中立軸
h：部材高さ（=30 cm）
θ：部材回転角（=0.00088 rad）

5.3.3 施　　　工

(1) SFRC の配合

SFRC の配合を表 5.3.3 に示す．なお，セメントは高炉セメントB種，粗骨材は最大寸法が 25 mm の砂利，混和剤は AE 減水剤，SF は $\phi 0.7 \times 50$ mm をそれぞれ使用した．

表 5.3.3 SFRC の配合

配合の種類	SF 混入率 (%)	スランプ (cm)	Air (%)	W/C (%)	S/a (%)	単位量 (kg/m^3)					混和剤 (l/m^3)
						SF	水	セメント	細骨材	粗骨材	
インバート	0.75	8	4.5	46.5	55	60	192	413	888	743	0.826
二次覆工	0.75	15	4.5	46.5	55	60	202	435	865	720	0.870

(2) 打込み回数
　SFRC 打込み回数はインバート部 4 回，アーチ部 7 回の合計 11 回であった．
(3) SF 投入設備
　SFRC はアジテータ車のドラム内に SF を直接投入して練混ぜた．SF を地上から投入するため，付属資料 7.3 項に示すように架台を組み，ベルトコンベヤ（長さ 7 m，V 溝付）および簡易 SF 投入機を設置して SF を定量投入できるようにした．
(4) SFRC の練混ぜおよび打込み
　ベースコンクリートを $4.5\,\mathrm{m}^3$ 積載したアジテータ車のドラムを高速回転させながら，前述の SF 投入設備を介して SF を投入して SFRC の練混ぜを実施した．試験施工の結果を踏まえて，コンクリートポンプは，$21\,\mathrm{m}^3/\mathrm{h}$ 型（配管径 5 インチ，延長 20 m）を使用し，SFRC の流動性を確保するため流動化剤を添加した．また，締固め時の SF の沈下現象を防止するために，型枠バイブレータを使用した．

[参考文献]
1) 末永充弘，佐藤愛光，近久博志，筒井雅行：SFRC 二次覆工で蛇紋岩膨圧区間を克服＜九州新幹線第二今泉トンネル＞，トンネルと地下，第 27 巻 3 号，1996 年 3 月
（参考文献は CGS 単位で記述されていたが，本文では SI 単位に直した）

5.4 上信越自動車道 上今井トンネル工事（二期線）

5.3.1 工事概要

5.4.1 はじめに

上今井トンネル工事は，平成 11 年 10 月に全通開業した上信越自動車道のうち，暫定二車線となっていた信州中野 I.C～豊田飯山 I.C 間 7.7 km の四車線拡幅工事区間中の豊田村大字上今井に位置するトンネル 775 m を含む下り線 860 m 間を施工する工事である．本工事は平成 12 年 3 月着工し，平成 14 年 5 月に無事完成している．

5.4.2 SFRC を用いた二次覆工コンクリートの施工

上今井トンネルは，第四紀洪積世の豊野層，南郷層に属する凝灰角礫岩層，シルト質粘性土層，凝灰岩層等の軟質層中を土被り 25 m 程度の低土被りで通過する．この区間は NATM により施工したが，地山区分は全線 D 区間であった．二次覆工コンクリートの設計巻厚 30 cm，インバートの設計巻厚 45 cm で，坑口部分の低土被り部では脆弱化して N 値も小さく，将来，土荷重が作用することも考えられるため，鉄筋入りの覆工巻厚 35 cm，インバート厚さ 50 cm とした．さらに，覆工コンクリートの耐久性向上を目的として，D 区間全線で鋼繊維混入率 0.5%の SFRC を打設した．

5.4.3 配合と施工状況

表 5.4.1 に配合表を示す．

表 5.4.1 二次覆工コンクリート（鋼繊維補強コンクリート）の配合

鋼繊維の形状寸法 (mm)	粗骨材の最大寸法 (mm)	スランプ (cm)	水セメント比 W/C (%)	細骨材率 s/a (%)	単位量 (kg/m³)				
					鋼繊維 SF	水 W	セメント C	細骨材 S	粗骨材 G	混和剤 A
50	25	19±2.5	53.1	50.0	40	170	320	879	889	3.840

当現場における SFRC の製造方法は，生コン工場で製造されたベースコンクリートをトンネル坑口部の SF 投入基地（ベルコンによりアジテーター車に投入）に運搬し，スランプを検査後，高速回転下で SF を投入し，再度スランプを確認して打込み箇所に搬入する．ベースコンクリート製造時のスランプには，運搬時間（SF 投入時間含む）に起因するスランプロスの他，SF 混入によるスランプロスを見込む必要があり，打込み時の施工効率との関連もあって現場におけるスランプ保持のために慎重な管理を行った．また，スランプロスが大きいため練り上がり時のスランプを大きく設定する必要があり，減水剤使用量がセメント量の 1.2%と多くなった．

鉄筋配置区間では，SFRC を十分に充填するため，打込み時，十分な締固めを行う必要があり，天端部の点検窓間隔を 1.5 m に改造縮小し，バイブレータを常時使用して対応した．

5.4 上信越自動車道 上今井トンネル工事（二期線）　　245

写真 5.4.1 スランプ試験

写真 5.4.2 SF 混入率の測定

写真 5.4.3 SF 投入機

写真 5.4.4 鉄筋，止水シート設置状況

5.5 第二東名高速道路 清水第一トンネル工事

5.5.1 はじめに

清水第一トンネル工事は，静岡県清水市清池から同小河内に至る総延長 1621 m(下り線本線延長) であり，工事内容は，上り線 1409 m，下り線 1599 m の掘削工事と工区内の橋梁下部工，堰堤，落石対策工等である．当工区において，鋼繊維補強コンクリートは二次覆工コンクリートの他，支保部材として吹付け鋼繊維補強コンクリートにも採用されており，吹付け鋼繊維補強コンクリートは現在施工中である．

5.5.2 分割練混ぜ（SEC）工法を用いた SFRC の直接製造

通常，トンネル工事現場における吹付けコンクリートは支保部材であることから，掘削作業に追従して供給する必要がある．一般にレディーミクストコンクリートは夜間の断続供給は難しいことから，吹付けコンクリートの製造は施工現場にマイプラントを設置して直接製造し，安定供給に対応している．吹付け鋼繊維補強コンクリートの製造方法は，直接プラントで製造するほか，ベースコンクリートを製造後坑口付近で鋼繊維を混入し，切羽へ搬入しているケースがある．

いずれの場合においても，練り上がり後の経時によってスランプが低下することから，現場においては通常の吹付けコンクリートと同様，フレッシュコンクリートのスランプ管理が重要な課題となっている．

当工区では，高強度吹付けコンクリートの練混ぜに分割練混ぜ（SEC）工法を採用していることもあって，練り上がり後のフレッシュコンクリートのコンシステンシーは比較的安定しており，スランプダウンについても大きな問題にはなっていない．このような実態から，吹付け鋼繊維補強コンクリートの製造方法をプラント内ミキサーに鋼繊維を直接投入して SEC により混練する方式（SEC では一次練混ぜ時に鋼繊維を投入する）を採用して好結果を得ている．

5.5.3 配合と施工状況

表 5.5.1 に当現場における吹付け鋼繊維補強コンクリートの配合を，写真 5.5.1～5.5.4 にプラント，鋼繊維投入設備を，写真 5.5.5～5.5.6 に吹付け後の状況を示す．

表 5.5.1 吹付け鋼繊維補強コンクリートの配合

鋼繊維の形状寸法 (mm)	粗骨材の最大寸法 (mm)	スランプ (cm)	水セメント比 W/C (%)	細骨材率 S/a (%)	単位量 (kg/m^3)				
					鋼繊維 SF	水 W_1^{*1}, W_2^{*2}	セメント C	細骨材 S	粗骨材 G	混和剤 A
30	10	18±2	45	62	60	130.9, 71.6	450	1008	628	3.38[*3]

*1 一次水，*2 二次水，*3 $C \times 0.75\%$

5.5 第二東名高速道路 清水第一トンネル工事 247

写真 5.5.1 プラント全景

写真 5.5.2 スチールファイバー (荷受け状況)

写真 5.5.3 計量装置 (質量)

写真 5.5.4 ミキサーへの投入装置

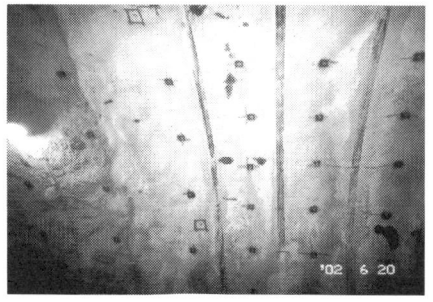

写真 5.5.5 坑内施工箇所 (鋼製支保工なし)

写真 5.5.6 坑壁の吹付け状況 (支保工境界区間)

5.6 奥只見発電所増設放水路トンネル工事

5.6.1 はじめに

奥只見増設発電所は,既設奥只見貯水池より最大使用水量 $138\,\mathrm{m^3/s}$ を取水し,有効落差 $164.2\,\mathrm{m}$ を利用して最大出力 20 万 kW パワーアップする計画である.既設放水路と平行する増設放水路トンネルは,延長 3.4 km,上半円形下部矩形断面で,大断面水路で採用される馬蹄形断面と異なる.本断面を採用した理由は,希少猛禽類への環境負荷低減等の環境保全および工事工程確保のため,工事車両用道路としての機能を持たせたからである.
　永久覆工は工程確保,経済性確保の観点から場所打コンクリートではなく吹付けコンクリートまたは SFRC 吹付けコンクリートを採用し,さらに粗度係数改良によるエネルギーロス低減を目的として場所打側壁コンクリートを配置した.

5.6.2 SFRC 吹付けコンクリートを永久覆工とした放水路トンネルの設計

放水路トンネルは,許容応力度法により設計を行った.

(1) 断面諸元

放水路トンネルは,図 5.6.1 に示す上部半円下部矩形の断面形である.周辺岩盤は,粘板岩の CL,CM 級である.覆工構造は,上部半円は SFRC ($t=15\,\mathrm{cm}$),側壁は無筋コンクリート ($t=15\,\mathrm{cm}$),インバートは鉄筋コンクリート ($t=30\,\mathrm{cm}$) である.

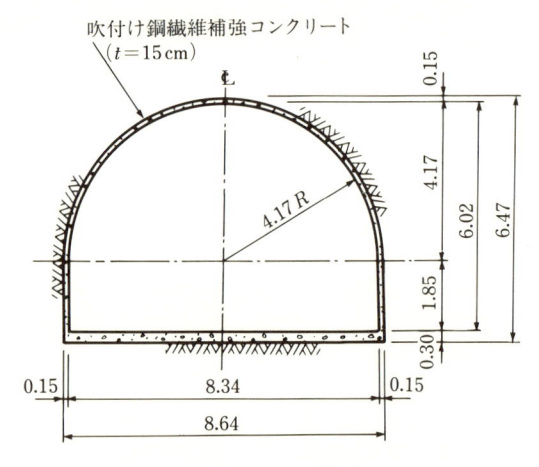

図 5.6.1 放水路トンネル断面図

(2) 設計条件

1) コンクリートの物性値と許容応力度

コンクリートの物性値と許容応力度は,コンクリート標準示方書(土木学会),鋼繊維補強コンクリート設計施工指針(案)(土木学会)を参考とし,表 5.6.1 に示す.

表 5.6.1 コンクリートの物性と許容応力度

	無筋コンクリート	鉄筋コンクリート	SFRC
単位重量 (kN/m^3)	23	24.5	23
静弾性係数 (kN/mm^2)	25	25	27
設計基準強度 (N/mm^2)	24	24	24
許容曲げ圧縮強度 (N/mm^2)	5.5	9.0	6.0
許容曲げ引張強度 (N/mm^2)	0.3	—	1.5
許容せん断応力度 (N/mm^2)	0.45	0.45	0.45

2) 鉄筋の許容引張応力度
 200 N/mm^2 (SD345)
3) 短期荷重の許容応力度
 表 5.6.1 の各許容応力度の 5 割増しとする．

(3) 構造のモデル化

上部半円部・側壁とインバートを分離構造とし，それぞれを図 5.6.2 に示す．はり－地盤ばねモデルで表した．ここでは，吹付け SFRC に関係する上部半円部・側壁の結果のみを示す．なお，地盤ばねにおける反力係数は，道路橋示方書・同解説を参考に $K_v = 190 \text{ kN/mm}^3$ を用いた．

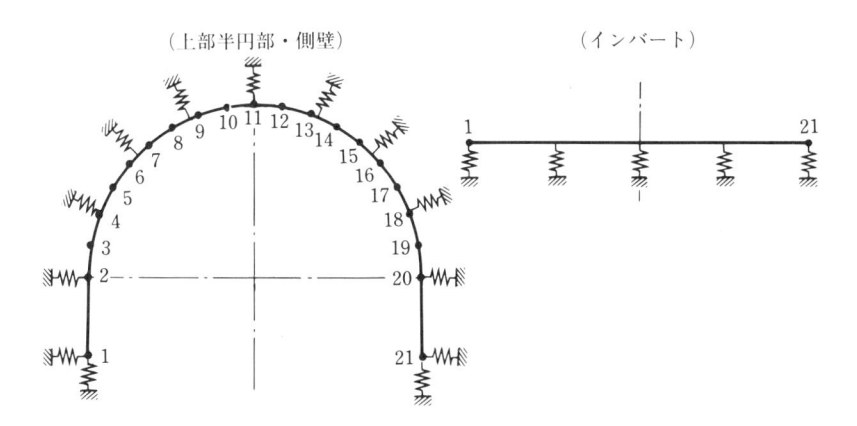

図 5.6.2 構造のモデル化

(4) 荷重条件

荷重として，覆工の自重，最大使用水量が流下しているときの静水圧，サージング時に作用する内圧，将来予想される地山からの上載荷重を考慮した．各荷重条件を表 5.6.2 にまとめる．これらの荷重条件を組み合わせ，以下のケースの計算を実施した．
 ケース 1　静水圧（通常使用時）①+②
 ケース 2　内圧（サージング時）①+②+③
 ケース 3　地山からの上載荷重（全幅）①+②+④
 ケース 4　地山からの上載荷重（片側）①+②+④

表 5.6.2 荷重条件

	荷重	備考
①覆工の自重	$P_d = \gamma_c \times t$	γ_c：コンクリートの単位重量 t：コンクリート厚さ
②静水圧	$P_W = \gamma_W \times h$	γ_W：水の単位重量　h：水深（0～4.57 m） 4.57 m は，最大使用流量 138 m³/s が流下しているときの等流水深である．
③サージングによる内圧	$P_i = 11.91 \cong 12\,(\text{t/m}^2)$	サージング時の発生する水頭差は 11.91 m で，内圧は短期荷重扱いとする．
④地山からの上載荷重	$P_o = 3\,\text{m} \times 2.3\,\text{t/m}^2$ $\cong 7\,\text{t/m}^2$	上載荷重は，高さ 3 m 分の地山質量で，覆工の全幅または片側半分に等分布荷重としてかけられる．

(5) 構造計算結果および応力度照査

構造計算の結果を表 5.6.3，構造計算により求められた断面力に対し，各部材に発生する応力を表 5.6.4 に示す．表 5.6.4 に示すように発生する応力は許容応力度以下であることから，構造上安全である．

表 5.6.3 構造計算の結果

計算ケース	部材	最大モーメント発生位置の断面力		最大せん断力
		$M_{\max}$ (kNm)	N (kN)	$S_{\max}$ (kN)
ケース 1（静水圧時）	上半円部（SFRC）	0.03	−5.74	0.29
	側壁部（無筋コンクリート）	0.35	−10.43	1.05
ケース 2（サージング時）	上半円部（SFRC）	1.51	−130.69	11.44
	側壁部（無筋コンクリート）	0.02	−66.65	3.24
ケース 3（上載荷重：全幅）	上半円部（SFRC）	5.29	217.46	27.84
	側壁部（無筋コンクリート）	0.82	160.91	7.48
ケース 4（上載荷重：片側）	上半円部（SFRC）	9.08	153.27	39.41
	側壁部（無筋コンクリート）	0.77	159.07	7.28

注）$M_{\max}$：最大曲げモーメント，N：軸力（圧縮を正）

表 5.6.4 応力度照査

荷重条件	部材	引張応力 (N/mm²)	圧縮応力 (N/mm²)	せん断応力 (N/mm²)
ケース 1（静水圧時）	上半円部（SFRC）	0.046 < 1.5	—	0.002 < 0.45
	側壁部（無筋コンクリート）	0.163 < 0.3	0.024 < 5.5	0.007 < 0.45
ケース 2（サージング時）	上半円部（SFRC）	1.274 < 2.25	—	0.076 < 0.675
	側壁部（無筋コンクリート）	0.45 <= 0.45	—	0.022 < 0.675
ケース 3（上載荷重：全幅）	上半円部（SFRC）	—	2.86 < 6.0	0.186 < 0.45
	側壁部（無筋コンクリート）	—	1.291 < 5.5	0.05 < 0.45
ケース 4（上載荷重：片側）	上半円部（SFRC）	1.4 < 1.5	3.443 < 6.0	0.263 < 0.45
	側壁部（無筋コンクリート）	—	1.266 < 5.5	0.049 < 0.45

注 1）上表の各欄中の左項は発生応力，右項は許容応力度である．
注 2）引張，圧縮応力の欄にある—は，引張，圧縮応力が発生しないものである．

5.6.3 施工状況

(1) バッチャープラントおよび配合

吹付けコンクリートの製造は，強制2軸ミキサー $(2.0\,\mathrm{m}^3)$ を用いた．鋼繊維はアジテータ車に直接投入し混合した．鋼繊維を投入するため，最大投入量 $4\,000\,\mathrm{kg}$ のホッパー容量を持つ電動フィーダーおよび排出量 $7.2\,\mathrm{t/h}$ の能力を持つ電磁フィーダーを組み合わせた自動計量投入設備を用いた（写真 5.6.1）．鋼繊維の撹拌混合のため，ドラムを高速回転で5分間程度回転させた．

写真 5.6.1 鋼繊維の自動計量投入装置

吹付けコンクリートの配合は，試験練り，試験吹付けにより決定し，配合を表-5 に示す．

表 5.6.5 吹付けコンクリート配合表

スランプ	水セメント比 $w/c\,(\%)$	細骨材率 $s/a\,(\%)$	単位量 $(\mathrm{kg/m}^3)$					
			セメント C	水 W	細骨材 S	粗骨材 G	高性能減水剤	鋼繊維 SF	急結材 AC
18	47.0	70.0	425	200	1221	532	6.75	67	42.5

* セメント：フライアッシュセメント B 種（質量置換率15%）
* 骨材：砂岩を主体とした現地製造骨材
* 高性能減水剤：NT-1000（ポゾリス）
* 鋼繊維：$\phi 0.6 \times 30\,\mathrm{mm}$（ブリヂストン，神戸製鋼）
* 急結材：T-10，粉体（デンカ）

(2) 吹付けコンクリートの施工

吹付け方式は湿式とし，ポンプ式のコンプレッサ搭載一体型の吹付けロボットおよび加圧式の急結剤供給装置を使用した（写真 5.6.2）．
吹付けの施工前に以下の事前作業を実施した．
・ 吹き付け面に湧水が認められる場合は，湧水処理を実施した．湧水処理は，湧水状況により透水マット，ビニールホース等により導水する方法や，水抜き孔を施工し集水する方法を用いた．
・ 吹付け厚さ確保のため，トンネル延長5mごとの断面に5本以上の検測ピンを設置した．

- 吹付けコンクリートの付着を向上させるため，吹付け面をエアーと水で洗浄した．

吹付けの施工では，ノズルと吹付け面との距離を一定に保ち，コンクリートが吹付け面にほぼ直角に当たるようにした．一層の吹付け厚さは 5cm 程度とし設計厚（15cm）まで均等に吹付け，壁面をできるだけ平滑に仕上げた．また，作業中はトラックミキサー車の吐出口，吹付けロボットの受入れホッパー口において，ファイバーボールの発生を監視した．吹付け施工後は，吹付け面以外に付着したコンクリート，リバウンド材を取り除いた．

写真 5.6.2 吹付けロボットを用いた施工

(3) 品質管理

実施した吹付けコンクリートの品質管理試験を表 5.6.6 に示す．

表 5.6.6 吹付けコンクリートの品質管理試験

種類	頻度	適用	備考
強度試験用供試体作成	トンネル延長 50m 当たり 1 回	吹付けコンクリートおよび SFRC 吹付けコンクリート	JSCE-F 561，JSCE-F 553 による
圧縮強度試験	同上	同上	JIS A 1108 による
曲げ強度試験	同上	SFRC 吹付けコンクリート	JSCE-G 552 による
曲げタフネス試験	同上	同上	同上
鋼繊維混入率試験	同上	同上	JSCE-F 555 による

5.7 神戸送水路1工区トンネル工事 [1)]

5.7.1 はじめに

当工事の事業目的は，阪神間4市（神戸市，尼崎市，西宮市，芦屋市）の将来の水需要の増加に備えて，1日最大供給量 321 900 m^3 の増強を図るもので，昭和53年度から「阪神水道企業団・第5期拡張事業」としている．

神戸送水路は事業の一環として，尼崎市の猪名川浄水場から西宮市の甲東ポンプ場を中継して，標高100 m の芦辺谷接合井へ圧送された浄水を自然流下で送水するものである．

当工区は，神戸送水路の内のトンネル工区で，施工場所は芦辺谷を起点に，甲山森林公園を抜け夙川を横断して，県道大沢・西宮線までの約2 000 m の区間である．

工事概要として，親杭横矢板方式による発進立坑から夙川到達立坑まで，六甲花崗岩を主体とする岩盤をダブルシールド式 TBM 工法で掘削外径 3 370 mm のトンネルを掘り，このトンネル内に φ2 400 mm のダクタイル鋳鉄管および鋼管を敷設した後，中詰めモルタルによる充てんを行い，送水路を築造するものである．

当該トンネル工事において，岩塊の肌落ちや小崩落に対して，従来の鋼製あるいはRC製のライナーと同様の支保機能を有し，しかも組立時間の短縮化を図った鋼繊維補強コンクリートを用いたプレキャストライナー（以下，SFRCライナーという）が，地山状況に応じて総数で150 m（150リング）の区間に用いられた．

5.7.2 SFRCライナーの構造概要

SFRCライナーは，鋼繊維補強コンクリートを本体部材とし，図5.7.1に示すように1リング4ピースで構成される．その寸法は，厚さ100 mm，外径3 150 mm，内径2 950 mm，1リング長さ1 000 mm である．ピース間継手は，ナックルジョイント構造を採用してお

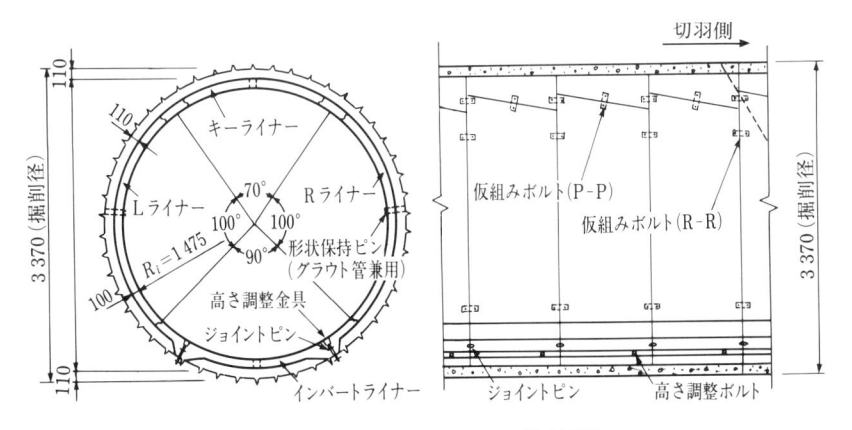

図 5.7.1 SFRCライナーの構造概要

り，これに伴ってキーライナーの設置は軸方向挿入式とした．また，リング間は端部が平面形状でボルトレス結合となっており，各リングはそれぞれ独立している．なお，本工法は特許が出願されている．

5.7.3 設　　計

(1) 設計手法

SFRC ライナーの設計は，岩塊の肌落ち・小崩落などの地山荷重を負担する一次支保機能，およびグリッパ反力の不足を補う推進ジャッキ反力機能を考慮して行った．このうち一次支保機能については，所定の地山荷重に対して，軸力と曲げモーメントを受ける本体部材が曲げ耐力を，またナックルジョイント構造のピース間継手がせん断抵抗力をそれぞれ確保する必要がある．検討手順としては，多ヒンジ系リングの計算法によるフレーム解析によって断面力を算定した後，本マニュアルに示された限界状態 II（限界ひび割れ幅 0.86 mm で照査）で曲げ耐力を検討し，さらに継手せん断試験によりせん断耐力を検証した．なお，曲げ耐力の検討にあたっては，まずコンクリート強度の想定値に基づく照査（試設計）を行い，次いでコンクリート配合の検討から得られた実際のコンクリート強度に基づいて精度のより高い照査（本設計）を行い，さらに単体曲げ試験により安全性を確認した．また，推進ジャッキ反力機能については，推力試験を行い，所定の反力を確認した．

(2) 地山荷重の算定

- 地山の単位重量：$\gamma_r = 25\,\mathrm{kN/m^3}$
- 地山荷重の幅と作用形態：TBM 上部への岩塊の肌落ち・小崩落を想定し，上半部に表 5.7.1 および図 5.7.2 に示す荷重を作用させた．

表 5.7.1 地山荷重の想定

ケース	タイプ	鉛直方向	水平方向
荷重範囲が比較的大きい場合 (m)			
1	上載荷重	1.0	―
2		2.0	―
3		3.0	―
4	偏荷重	1.0	0.5
5		1.0	1.0
6		2.0	1.0
7		2.0	2.0
8		3.0	1.5
9		3.0	3.0
10	等分布荷重	1.0	0.5
11		1.0	1.0
12		2.0	1.0
13		2.0	2.0
14		3.0	1.5
15		3.0	3.0
岩塊の肌落ち程度の場合 (m)			
16	天端荷重	1.0	―
17	斜め荷重	1.0	―
18	側方荷重	1.0	―

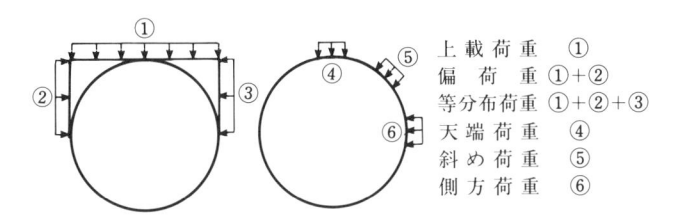

図 5.7.2 荷重の作用状態

- 水圧：考慮せず．
- SFRC の単位質量：$\gamma_c = 24\,\mathrm{kN/m^3}$
- SFRC の強度特性：①試設計：圧縮強度 $f'_{ck} = 40\,\mathrm{N/mm^2}$，
  引張強度 $f_{tk} = 1.4\,\mathrm{N/mm^2}$，
  ②本設計：$f'_{ck} = 47\,\mathrm{N/mm^2}$，引張強度 $f_{tk} = 2.3\,\mathrm{N/mm^2}$
- 地盤反力係数：$2\,370\,\mathrm{MN/m^3}$

(3) 計算結果

①断面力
一例として，ケース 1 の断面力を図 5.7.3 に示す．

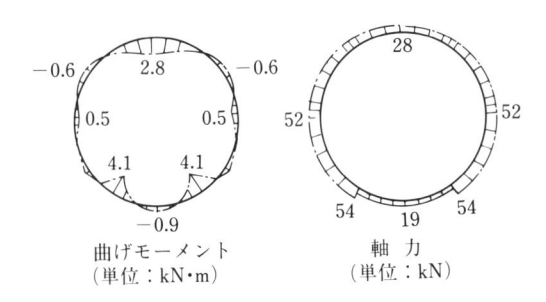

図 5.7.3 断面力図（ケース 1）

②設計断面耐力（曲げ耐力）
設計断面耐力に対する安全性の照査は，次式に示す安全率を用いて行った．

$R_d/S_d/\gamma_1 \geq 1.0$

γ_1：構造物係数＝1.0
S_d：設計断面力（フレーム解析結果）
R_d：設計断面耐力（原点と設計断面力を結ぶ直線が $M - N$ 性能曲線と交わる値）

$M - N$ 性能曲線を図 5.7.4 に示す．
計算結果では，すべてのケースにおいて最大断面力はインバート部に発生している．しかし，一般的に TBM 掘削では，インバート部は堅固な岩盤であること，本計算は岩盤の肌落ちや小崩落を想定して上半部に荷重を作用させていることから，ここでの安全性の照査は，アーチ・側壁部の最大断面力に着目した．表 5.7.2 に安全率を示す．

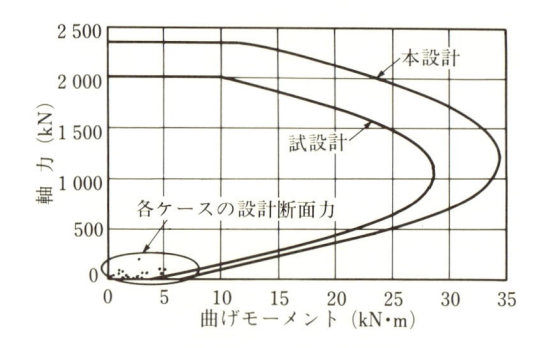

図 5.7.4　$M-N$ 性能曲線

表 5.7.2　安全率

ケース	試設計	本設計	ケース	試設計	本設計
1	2.1	3.5	10	7.8	12.3
2	1.1	1.8	11	31.1	36.6
3	0.7	1.2	12	4.6	7.1
4	5.3	8.5	13	18.9	22.2
5	24.7	29.2	14	3.3	5.1
6	3.0	4.8	15	13.0	15.3
7	12.8	15.1	16	1.6	2.6
8	2.1	3.3	17	3.4	5.6
9	8.7	10.2	18	2.0	3.2

5.7.4　鋼繊維補強コンクリートの配合

　水セメント比，鋼繊維長さ，鋼繊維混入率をパラメータとして，圧縮強度と曲げ強度試験を実施した．試験結果を表 5.7.3 に示す．配合の決定にあたっては，圧縮強度，曲げ強度試験結果が試設計に用いた値を満足するだけでなく，脱型強度（$15\,\text{N/mm}^2$ 程度）を考慮した．
　荷重とひび割れ幅の関係の代表的な例を図 5.7.5 に示す．鋼繊維混入率が同じ場合，鋼繊維長さ $60\,\text{mm}$ の方がより高い曲げ強度が確保された．また，鋼繊維長さ $30\,\text{mm}$ では最大荷重に達した後に $0.86\,\text{mm}$ 幅のひび割れが発生したが，鋼繊維長さ $60\,\text{mm}$ では最大荷重に達する前の $0.86\,\text{mm}$ 幅のひび割れが発生しており，鋼繊維長さが長いほど，ひび割れ幅に余裕があるといえる．
　以上より，鋼繊維補強コンクリートの配合は，35-60-0.75（水セメント比 35％，鋼繊維長さ $60\,\text{mm}$，鋼繊維混入率 $0.75％$）に決定した．
　SFRC ライナーに用いた鋼繊維補強コンクリートの示方配合を表 5.7.4 に示す．

表 5.7.3 圧縮強度および曲げ強度試験結果

配合の種類	圧縮強度 (N/mm^2)		引張強度 28 日 (N/mm^2)
	脱型時 (7 h)	28 日	
40-30-1.0	11.9	47.7	2.1
40-60-1.0	12.1	49.6	2.7
40-30-0.75	11.6	45.3	1.9
40-60-0.75	11.1	46.1	2.7
40-30-0.5	9.9	45.0	1.1
40-60-0.5	10.8	44.6	2.1
35-30-0.75	19.0	54.2	1.6
35-60-0.75	21.1	55.4	2.7
45-30-0.75	8.3	39.2	1.7
45-60-0.75	9.0	39.0	2.1
プレーン	11.4	46.0	—

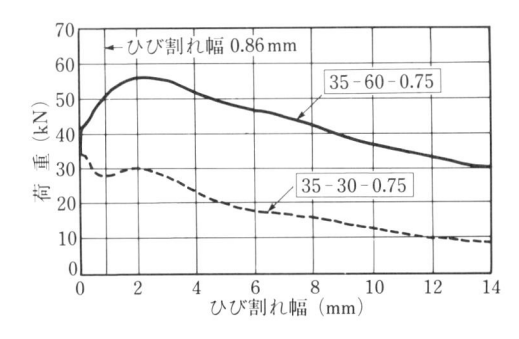

図 5.7.5 荷重とひび割れ幅の関係

表 5.7.4 示方配合

SF 混入率 (%)	G_{max} (mm)	SL (cm)	AIR (%)	W/C (%)	s/a (%)	単位量 (kg/m^3)				
						SF	W	C	S	G	混和剤
0.75	20	3.5±1.5	2.5±1.0	35	53	60	171	489	881	790	4.89

セメント:普通ポルトランドセメント　混和剤:高性能減水剤

5.7.5 SFRC ライナーの施工手順

SFRC ライナーの施工手順は,以下のとおりである.なお,組立はシールドタイプ TBM のテール内で行う.
① インバートライナー設置:ジョイントピンと高さ調整ボルトにより所定の設置精度を確保する.
② L ライナー設置:エレクターでインバートライナー上に載せた後,推進ジャッキ圧と仮組ボルトで固定する.

③ Rライナー設置：固定方法はLライナー設置と同じ．
④ キーライナー設置：エレクターで軸方向に挿入した後，同様に固定する．
⑤ ねじ式形状保持ピン設置：TBM後胴を前進させるに伴ってライナーが同テールから出る際，地山に張り出して岩塊の崩落荷重に対して真円形状を保持する．
⑥ 裏込め注入：注入材のTBM側への逸走をさけるため，TBMの後方4～8m区間，4リング分程度で行う．
⑦ ねじ式形状保持ピンと仮組ボルトの撤去：裏込め注入区間について行う．
なお，組立試験の状況，および坑内での搬入状況を写真5.7.1，5.7.2に示す．

写真5.7.1 組立試験の状況

写真5.7.2 坑内でのSFRCライナーの搬入状況

[参考文献]
1) 植松澄夫，丸山雄次，関口康生，河野定：TBMにおける一次支保工用SFRCライナーの開発，トンネル工学研究論文・報告集第7巻，pp.243-248，1997.11
（参考文献はCGS単位で記述されていたが，本文ではSI単位に直した）

5.8 SFRC吹付けコンクリートによる補強・補修事例

5.8.1 仙岩トンネルの例 [1),2)]

(1) 仙岩トンネルの概要

　仙岩トンネルは，JR田沢湖線，岩手・秋田県境の単線トンネルである．奥羽山脈直下の3915mの直線トンネルで，覆工はコンクリートで巻き立て（巻厚40cm，一部60cm，一部鉄筋コンクリート構造）られている．一部インバートを有している．掘削工法は逆巻き工法の旧在来工法で，昭和41年7月完成，昭和54年電化されている．地質は新第三紀の緑色凝灰岩や花崗閃緑岩である．

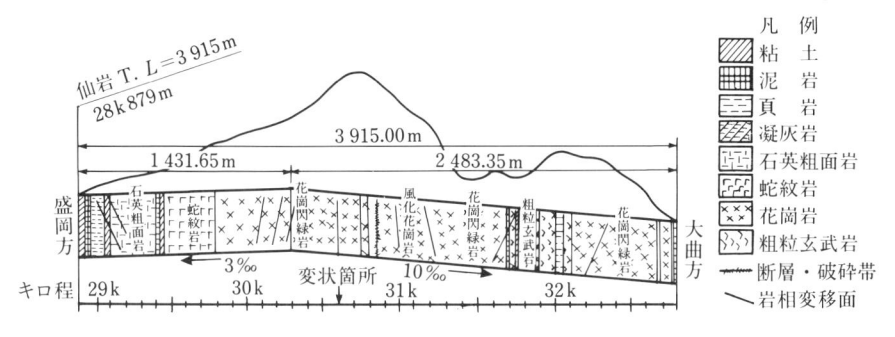

図 5.8.1 地質縦断図

(2) 変状の概要

　一部変状区間があり，過去に漏水防止，落下防止，水抜き孔設置等の補修を行ってきた．調査としては，内空変位測定，覆工ボーリング調査，湧水量調査を行った．
　この区間の巻厚は40cm，インバートはなし，側壁は直壁である．
　変状付近の地質は花崗閃緑岩で，節理が発達し，風化して角礫化している．施工時は，多量の水と断層角礫により埋没し迂回坑を設置して，水抜きボーリング，薬液注入を用いて施工した所である．
　変状の内容は
　① アーチ部：圧ざ，剥落，ひび割れが顕著．
　② 側壁部：顕著なひび割れ食い違いはない．
　③ 湧水：水抜き孔から多量の湧水（$0.3 m^3/min$）．
　④ 断面縮小：2.2mm/年程度縮小していた．
　⑤ 覆工背面空洞：最大で高さ1.0mの空洞あり．ほとんど巻厚40cmを満足していたが，一部不足箇所も見られた．
である．

(3) 推定された変状原因

　調査結果から以下の原因が推定された．
　① 破砕帯であることによる地山の緩み（鉛直度圧），塑性化（塑性圧）
　② 覆工背面の空洞

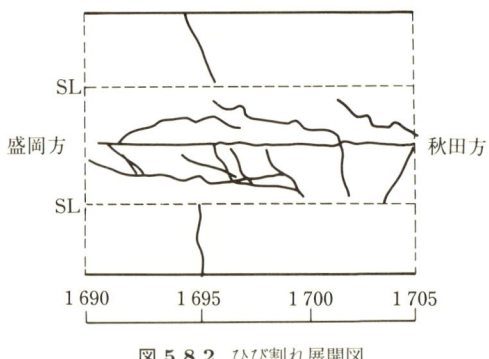

図 5.8.2　ひび割れ展開図

　③　天端部の巻厚不足
(4) 対策工
　以下の平成 8 年 3 月から 1 年間，田沢湖線を全面運休する期間を利用して以下の対策工が実施された．
　　① 裏込注入工
　　② ロックボルト補強工
　　③ 防水シート工
　　④ SFRC 吹付けコンクリート内巻工（巻厚 100 mm）
　　⑤ セントル補強工
　対策工施工後は顕著な変状の進行は確認されていない．

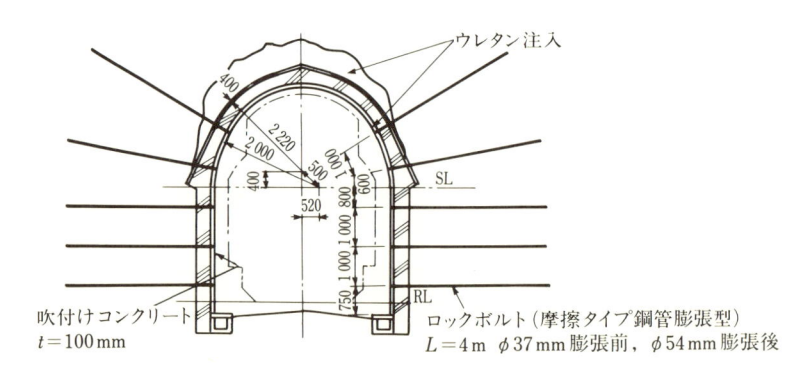

図 5.8.3　対策工概要図

5.8.2　六十里越トンネルの例 [3),4)]

(1) 六十里越トンネルの概要
　六十里越トンネルは，JR 只見線の 6 609 m の単線トンネルである．覆工はコンクリートで巻き立て（設計巻厚 23〜45 cm）られている．一部インバートを有している．掘削工法は逆巻き工法の旧在来工法で，昭和 45 年 9 月完成している．地質は新第三紀中新世の

図 5.8.4 地質縦断図

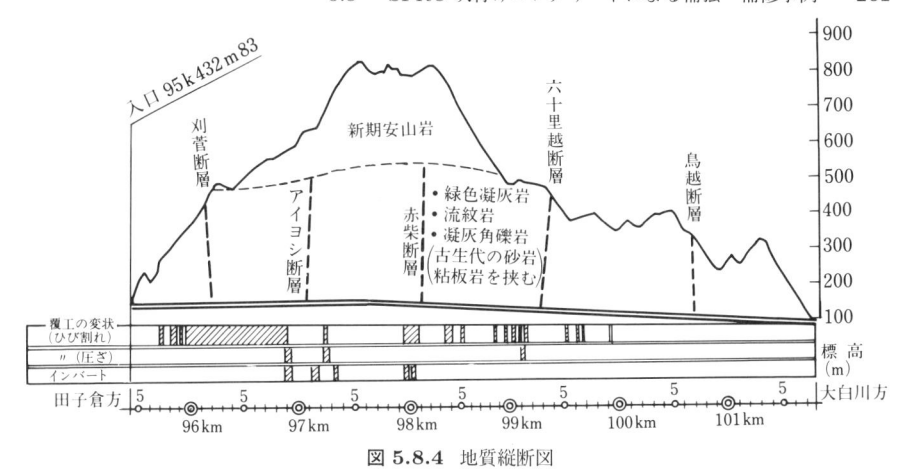

緑色凝灰岩，凝灰角礫岩および同時期に貫入したと考えられる流門紋岩である．最大土被りは 680 m である．

(2) 変状の概要

一部変状区間があるが，建設中から，盤膨れ，側壁の押し出し等の変状が観測されていた．このため，一部供用開始後にインバートを増設した経緯がある．

調査としては，ひび割れ測定，内空変位測定（バーニアスケール），断面測定（レーザ式），水準測量（側壁，走行路盤），覆工ボーリング調査を行った．

この区間の巻厚は 30〜40 cm である．

変状の内容は
① 開業直後から，アーチ，側壁の押し出し等の変状が観測された．
② 内空変位速度の最大値は約 15 mm/年．
③ ひび割れはアーチ，側壁，マンホール等各所に発達．
④ 側壁の押出しによる断面縮小区間があり，インバートを設置した．しかし，その後側壁部の水平ひび割れ，天端部の圧ざ，覆工片の剥落が発生．
⑤ 盤膨れによる線路側溝の変形，路盤浮き上がりが観測された．

(3) 推定された変状原因

調査結果から以下の原因が推定された．
① 覆工耐力以上の大きな塑性圧の作用．
② 側壁直でインバートがなく側圧に弱い構造となっている．
③ 全体的に巻厚が不足気味であること．

(4) 対策工

昭和 46 年以降以下の対策工が順次実施されている．
① 裏込注入工
② ロックボルト補強工
③ SFRC 吹付けコンクリート内巻工
④ 炭素繊維シート接着工による内面補強工
⑤ インバート工
⑥ ストラット工

対策工施工後は，全体的に内空変位速度が低下し，大きな変状は発生していない．

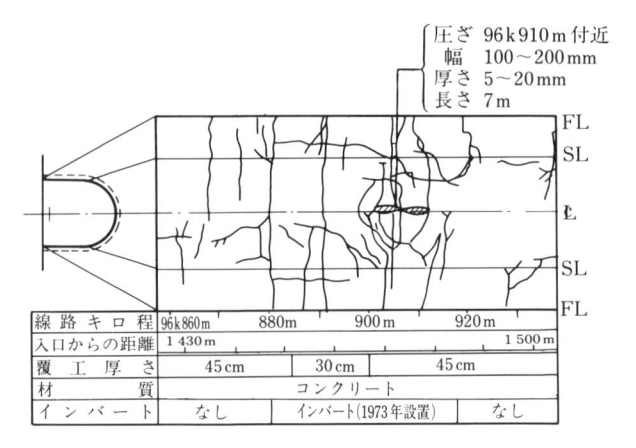

圧ざ　96k910m付近
幅　　100〜200mm
厚さ　5〜20mm
長さ　7m

線路キロ程	96k860m	880m	900m	920m
入口からの距離	1 430m			1 500m
覆工厚さ	45cm	30cm		45cm
材質	コンクリート			
インバート	なし	インバート(1973年設置)		なし

図 5.8.5　変状展開図

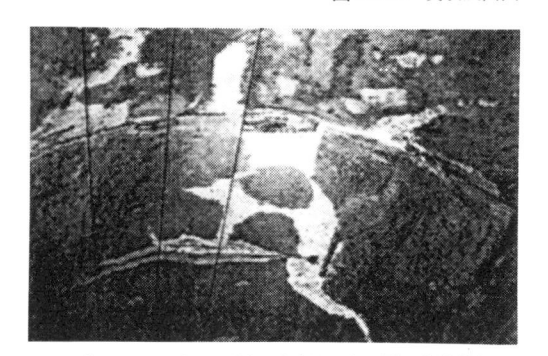

写真 5.8.1　覆工の状況（圧ざによる覆工片取後）

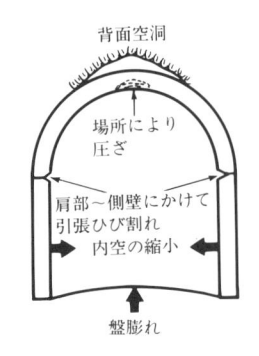

図 5.8.6　変状模式図

背面空洞
場所により圧ざ
肩部〜側壁にかけて引張ひび割れ
内空の縮小
盤膨れ

キロ程	96k600m		97k		400m
地質	L	V	✓	L	⨯
側壁		直壁			馬蹄形
覆工巻厚	30	30 45	45	30 45 30	45 30
	45cm	45	30		
インバート工					
ストラット工					
ロボット アーチ					
側壁					
SFRC工					

図 5.8.7　対策工の施工状況

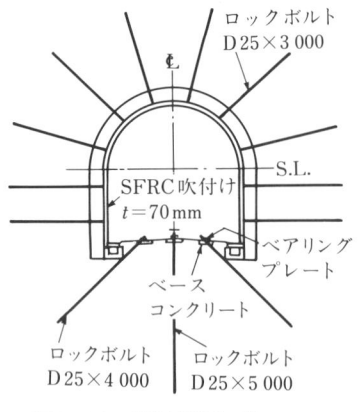

ロックボルト D25×3 000
SFRC吹付け $t=70$mm
S.L.
ベアリングプレート
ベースコンクリート
ロックボルト D25×4 000
ロックボルト D25×5 000

図 5.8.8　変状対策工の例
　　　（SFRC吹付け，ロックボルト）

5.8.3 塚山トンネルの例 [4),5),6),7)]

(1) 塚山トンネルの概要
塚山トンネルは，JR 信越本線の 1766 m の複線トンネルである．覆工はコンクリートで巻き立て（巻厚 50～60 cm，一部鉄筋コンクリート構造）られている．インバートはないが，路盤部を一部砂利で置換している．掘削工法は底設偏心導坑先進上部半断面掘削工法および一部開削工法と上部半断面先進工法で行われ，昭和 42 年 9 月完成している．地質は主に新第三紀鮮新世の泥岩で，一軸圧縮強度 3.0～6.0 Mpa である．最大土被りは 150 m で，地山強度比は 2～4 である．

(2) 変状の概要
一部変状区間があるが，一次変状およびその対策後の二次変状が起こった．
調査としては，ひび割れ測定，覆工変位測定，内空変位測定，覆工ボーリング調査（覆工厚，背面空洞，背面地質等）を行った．
この区間の土被りは 70 m である．
一次変状の内容は以下のものである．
① 断面縮小の発生．
② 内空変位速度の最大値は 36 mm/年．
③ ひび割れは全体的に多く，アーチから側壁にかけて斜め～軸方向のひび割れあり．また，マンホールのひび割れ（最大開口 53 mm）．
④ 天端部軸方向の圧ざ，および，これによるコンクリート落下と浮き．
⑤ 路盤で噴泥発生，軌道狂いや盤ぶくれが顕著．
⑥ 漏水箇所でのバクテリアスライム発生，排水孔の流出不良．
二次変状の内容は以下のものである．
① アーチ部トンネル軸方向圧ざ箇所の剝離，垂れ下がり．
② 剝離箇所を中心として，目違いを伴う放射状の斜めひび割れがアーチ部に発生．せん断応力によるひび割れも発生．

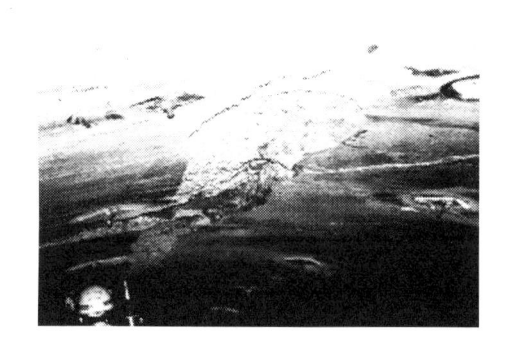

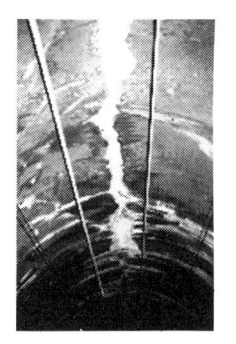

写真 5.8.2 覆工の状況（圧ざ）

(3) 推定された変状原因
調査結果から以下の原因が推定された．
一次変状について
① 湧水（少量）が路盤の一部を砂利で置換した箇所に水が集中した．
② 砂利層に集まった水が列車振動の影響を受け，基盤の泥岩層を泥ねい化させた．さら

に，列車荷重により噴泥を発生，路盤部の劣化により塑性圧による変状が進行した．
二次変状について
① インバート施工により，大きな軸力が発生．
② 大きな地圧に比べて，覆工巻厚が小さく，また逆巻追め部等の構造欠陥により，圧縮性のひび割れが多数発生．
③ 地山を構成する泥岩は吸水劣化（スレーキング）しやすく，地山の緩みによる鉛直圧が作用した．

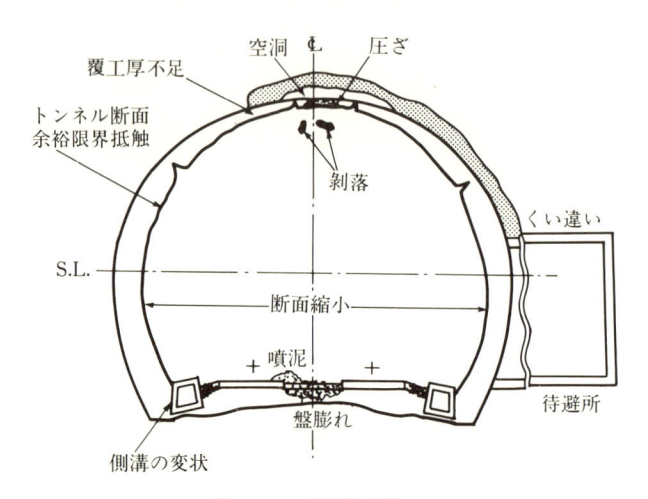

図 5.8.9　変状模式図

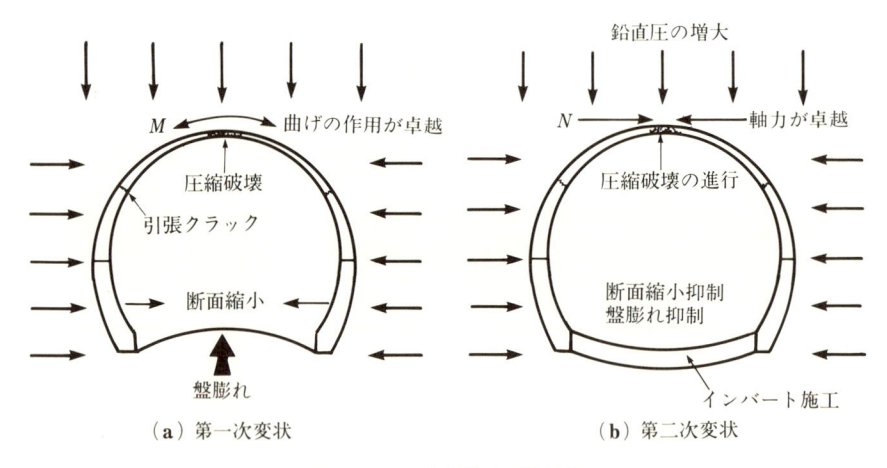

図 5.8.10　変状原因の想定図

（a）第一次変状
（b）第二次変状

(4) 対策工

二次変状に対する対策工として以下のものが実施された．
① 浮き箇所の撤去，落下防止ネット設置
② 覆工はつり，覆工はつり箇所のロックボルト打設，FRP 版取付け，ウレタン注入
③ 金網取付け，SFRC 吹付コンクリート内巻工（巻厚 70 mm）
④ ロックボルト補強工（側壁），SFRC 吹付コンクリート内巻工，ロックボルト補強工（アーチ部），SFRC 吹付コンクリート内巻工

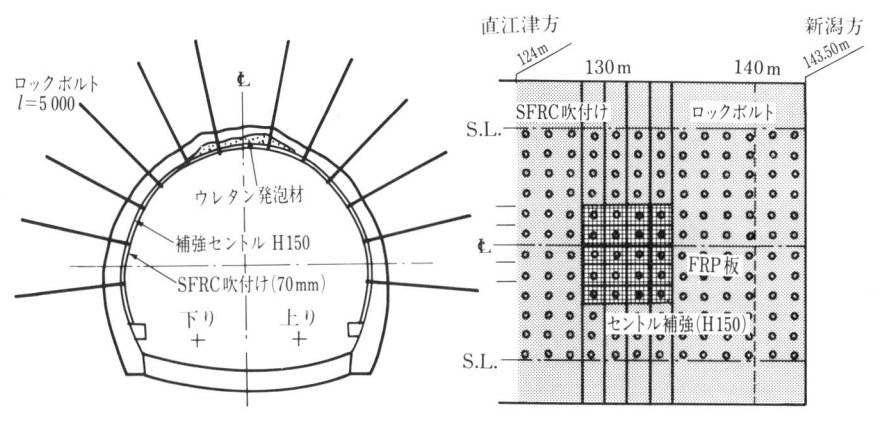

図 5.8.11 対策工例（SFRC 吹付け，ロックボルト，FRP 板）

[参考文献]
1) 須藤彗，相川信之，秋山淳一：田沢湖線仙岩トンネルの変状と対策，日本鉄道施設協会誌，pp.36–38, 1997.1.
2) (財)鉄道総合技術研究所：変状対策工マニュアル，研友社，pp.142–144, 1998.
3) 野澤伸一郎，伊藤忠八，竹内定行：既設トンネルの膨圧を克服＜只見線六十里越・田子倉トンネル＞，トンネルと地下，第 23 巻，10 号，pp.17–26, 1992.10.
4) 文献 2)，pp.145–149.
5) 東日本旅客鉄道株式会社：変状トンネル保守からの教訓－塚山トンネル検査補修の記録より－，1997.2.
6) 片寄紀雄，興石逸樹，松本武海：緩やかな膨圧現象と付き合って 30 年　JR 信越本線　塚山トンネル，トンネルと地下，第 28 巻，3 号，pp.7–15, 1997.3.
7) 白井慶治，高木盛男，川上義輝：トンネル変状の傾向，鉄道技術研究報告，No.1026(施設編第 457 号)，1976.11.

付属資料 6

覆工厚を低減する場合の考え方

6.1 覆工厚を低減する場合の簡便な考え方　*268*

6.1 覆工厚を低減する場合の簡便な考え方

覆工や支保工を構築する際に，その厚さを減じたい場合，または補強・補修でトンネルの内空断面の制約から覆工厚を低減せざるを得ない場合等において，特に構造計算によらずに，覆工厚や吹付け厚を定めたいときや，それらの概略の値を定めたいときには，SFRCと無筋コンクリートの曲げ変形性能を比較し，次のようにしてそれを求めるものとする。

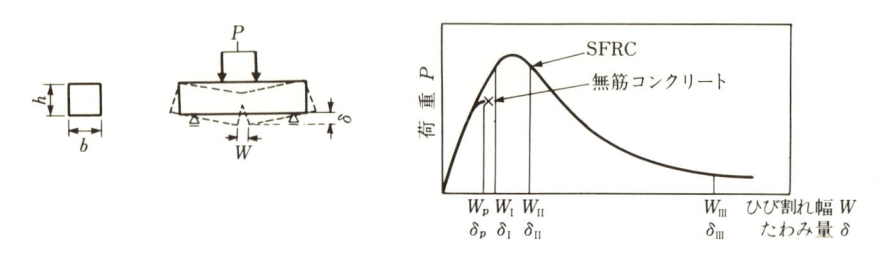

図–6.1 曲げ試験の概要

図–6.1 は，2 点載荷曲げ試験結果の一例である。無筋コンクリートはひび割れの発生と同時に破断する。一方，SFRC は，ひび割れが発生した後もひび割れ面で破断せず，SF 長さが 25 mm の場合でも，ひび割れ幅 W_{st} が 10 mm までは十分な変形追従能力を有している。ここで，SFRC のひび割れ発生後の変形挙動はひび割れ発生面における剛性低下による影響が主であり，ひび割れ発生面以外の弾性変形量は微少変形であるが，SFRC 部材は剛性が一様な等価剛性部材と仮定する。

そこで，SFRC と無筋コンクリートの変形追従性能の違い，すなわち，W_{sf} と W_p が生じたときのたわみ量 δ_{sf} および δ_p の比から SFRC の覆工厚を求める。

本文中でも述べたように，SFRC のひび割れ幅とたわみ量は，強い一次の相関があることから，δ_{sf} および δ_p の比は以下のように示される。

$$\frac{W_{sf}}{W_p} \propto \frac{\delta_{sf}}{\delta_p} \propto \frac{E_p \cdot I_p}{E_{sf} \cdot I_{sf}} = K \tag{6.1}$$

ここで，I_{sf} および E_{sf} は SFRC の断面二次モーメントおよびヤング係数，I_p および E_p は無筋コンクリートのそれらであり，式 (6.2) および式 (6.3) で示される。

$$I_{sf} = \frac{b \cdot h_{sf}^3}{12} \tag{6.2}$$

$$I_p = \frac{b \cdot h_p^3}{12} \tag{6.3}$$

いま，$E_{sf} \fallingdotseq E_p$ とすると，SFRC の覆工厚 h_{sf} と無筋コンクリートの覆工厚 h_p との関係が式 (6.4) で与えられる。

$$h_{sf} = \sqrt[3]{\frac{1}{k}} \cdot h_p \tag{6.4}$$

限界状態 I, II, III の各々の限界ひび割れ幅 W_I, W_II, W_III に対応するたわみ量 δ_I, δ_II, δ_III と,無筋コンクリートの最大荷重時のたわみ量 δ_p との比 K を実験値 (供試体:$15 \times 15 \times 45\,\mathrm{cm}$, SF 長さ:$25\,\mathrm{mm}$) を用いて算出すると,各々の限界状態に対して,$K_\mathrm{I} = 4$, $K_\mathrm{II} = 13$, $K_\mathrm{III} = 154$ 程度となった.

これより,限界状態 I, II, III に対応する SFRC の覆工厚 h_{sf} は,無筋コンクリートの覆工厚 h_p の各々 6 割,4 割,2 割程度となることがわかる.

このことから,SFRC の覆工厚は,無筋コンクリートの 2/3 に低減できるものと考えた.

ただし,上記の考え方は,SFRC と無筋コンクリートの曲げモーメントに対する変形性能のみを評価して覆工厚を低減する場合の考え方を示したものであり,覆工厚を低減する場合の一つの目安を示したものであるから,限界状態 I などのように,相当に厳しい性能を要求される場合には,SFRC を用いることによって低減された覆工厚が軸圧縮力やせん断力に対して安全であるか否かを詳細に検討することが望ましい.

付属資料 7

SF投入設備の例

7.1　SF自動供給装置（アジテータ車用）　272
　7.1.1　はじめに　272
　7.1.2　簡易SF自動供給装置の例　272
　7.1.3　エア圧送供給機　273
　7.1.4　SF自動供給装置の例　274

7.2　SF自動供給装置（プラント用）　275
　7.2.1　はじめに　275
　7.2.2　SF自動供給装置の例　275

7.3　特殊分散投入機および特殊強制練りミキサの例　277
　7.3.1　特殊分散投入機(NFF)および特殊強制練りミキサ(MIF)の概要　277

7.1 SF自動供給装置（アジテータ車用）

7.1.1 はじめに

SFRCをアジテータ車に直接SFを投入して製造する場合，その方法として仮設足場よりの投入，高所作業車よりの投入，ベルトコンベアを介しての投入等が考えられる．
　いずれの方法においても，適切な量を適切な速度で均一に投入する必要がある．
　その中で最も汎用性のあるベルトコンベアによる方法に用いる簡易SF自動供給装置の例とさらに作業負荷を軽減したSF自動供給装置の例を示す．

7.1.2 簡易SF自動供給装置の例

1) SFの荷姿　：箱（袋）詰め（15～20 kg/箱（袋））
2) 供給能力　：15～20 kg/30秒
3) 電源・電力：3相　200/220 V　26 W
4) 機械寸法　：幅600×長さ1 500×高さ1 100
5) 重　　量　：約52 kg
6) 投入方法　：人力により，所定量のSFを開梱し順次投入する．

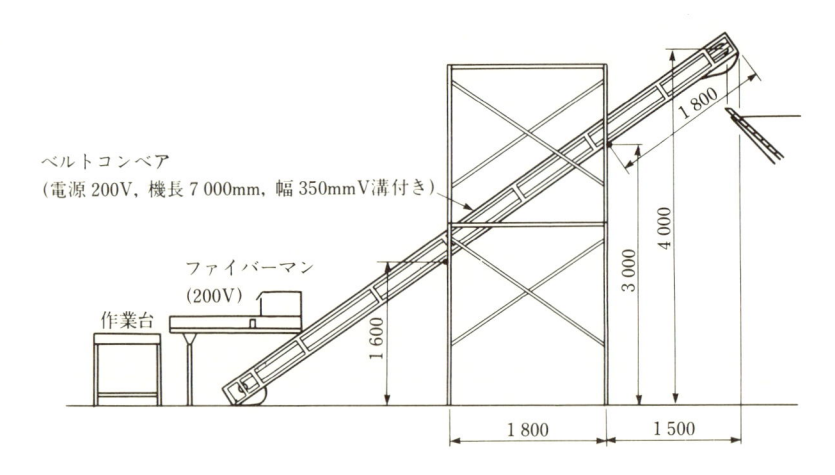

図 **7.1**　簡易SF投入機の概要

7.1　SF自動供給装置（アジテータ車用）　273

写真 7.1　簡易供給装置の例（振動フィーダー）

7.1.3　エア圧送供給機

SFを投入するために，ベルトコンベアの代わりにエアダクトを用いる方法もある．

写真 7.2　簡易供給装置の例（エアブロア）

7.1.4 SF 自動供給装置の例

	写真 7.3	写真 7.4
1) SF の荷姿	：フレコンパック (0.5 t)	同左 (0.5 t, 1.0 t)
2) 最大貯留量	：0.8 t	1.0 t～1.4 t
3) 供給能力	：40～60 kg/分	80～100 kg/分
4) 電源・電力	：3 相　200/220 V	同左
5) 機械概寸法	：幅 2 000× 長さ 3 000× 高さ 2 500	幅 1 400× 長さ 3 000× 高さ 2 000
6) 重　　量	：約 1 500 kg	約 2 500 kg
7) 投入方法	：自動運転により設定量を自動投入する.	同左

写真 7.3 自動供給装置の例 1

写真 7.4 自動供給装置の例 2

7.2 SF自動供給装置（プラント用）

7.2.1 はじめに

SFRCを生コン工場（現場仮設バッチャープラント）にて製造する場合，SFをプラント上屋まで荷揚げする作業や，計量，投入などの作業に多大な工数が必要となる．
SF自動供給装置は，生コン工場の操業と同程度の負荷にてSFRCの製造が可能となる装置であり，SFを大量に使用する場合に適している．

7.2.2 SF自動供給装置の例

1) SFの荷姿 ：フレコンパック（0.5t, 1.0t）
2) 一次ホッパ：最大貯留量　4.0t
   GLに設置し，荷受けしたSFをクレーンによりホッパ内に投入する．
3) Fの荷揚 ：二次ホッパの貯留量を検知して，一次ホッパおよびベルトコンベアが作動して二次ホッパに自動供給を行う．
4) 二次ホッパ：最大貯留量　0.8t
   バッチ単位に計量器への定量供給を行う．
5) 計量・投入：プラントミキサに軽量器から所定量のSFが自動投入される．

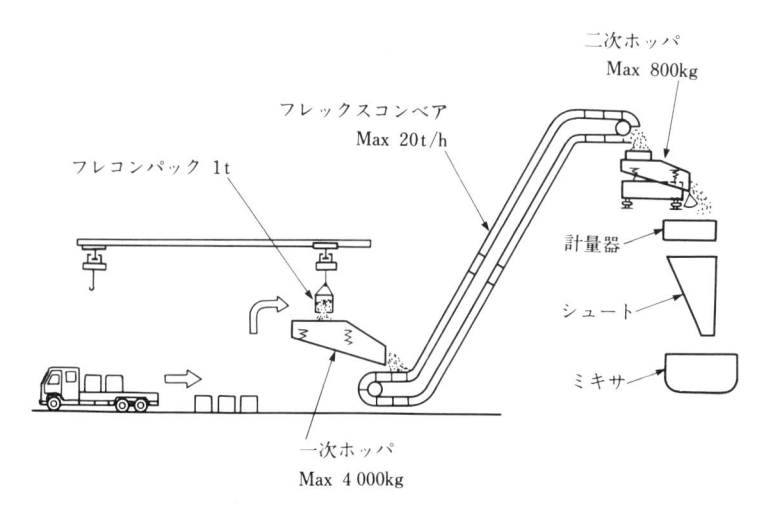

図 7.2　SF自動供給装置の概要

276　付属資料7　SF投入設備の例

(a) 一次ホッパ　　　　　　　　　　(b) 二次ホッパ

写真 7.5　特殊 SF 自動供給装置

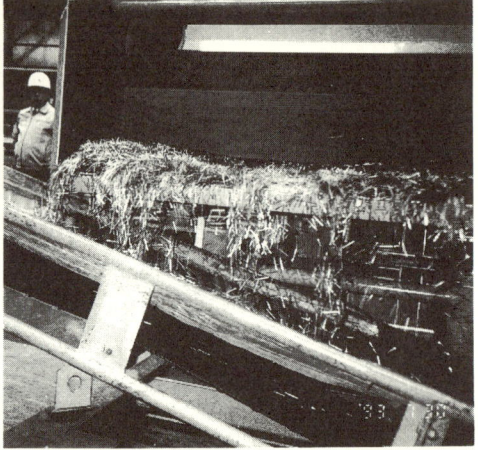

7.3 特殊分散投入機および特殊強制練りミキサの例

7.3.1 特殊分散投入機 (NFF) および特殊強制練りミキサ (MIF) の概要

ミキサ内へ SF をより均一に投入するために開発された特殊分散投入機 (NFF) および高い SF 混入率においても均一な練混ぜを可能にした特殊強制練りミキサ (MIF) の概要を示せば，図 7.3, 7.4 および写真 7.6, 7.7 のとおりである．

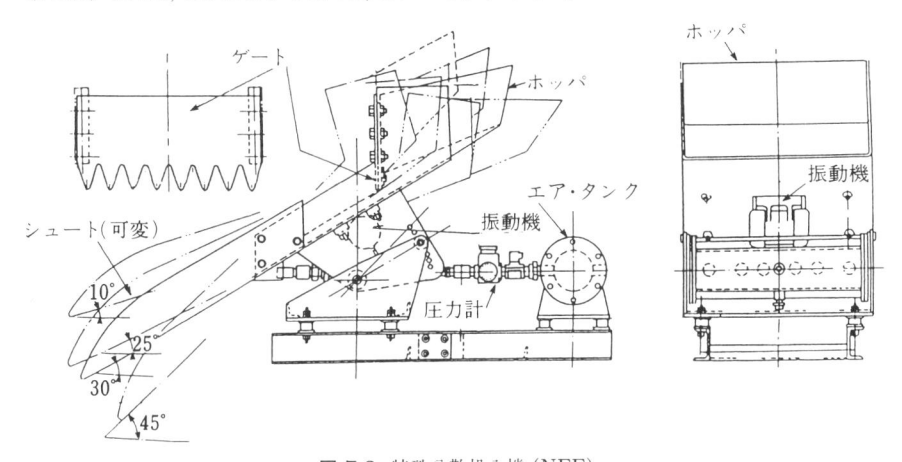

図 7.3 特殊分散投入機 (NFF)

* この特殊分散投入機は一般のミキサと併用することもできる．また表 7.1 は特殊強制練りミキサの仕様を示したものである．

写真 7.6 特殊分散投入機 (NFF)

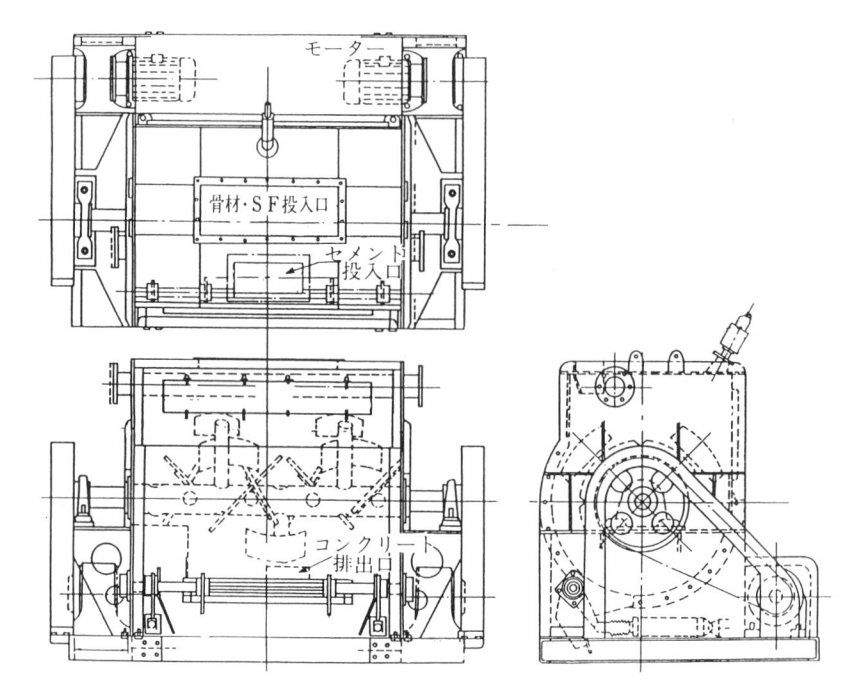

図 7.4 特殊強制練りミキサ (MIF)

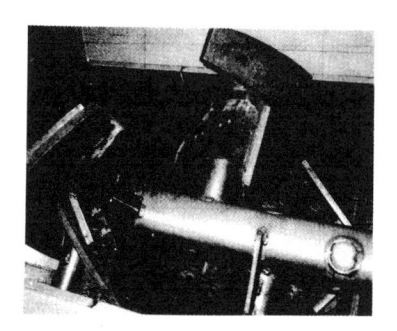

写真 7.7 特殊強制練りミキサ (MIF)

表 7.1 特殊強制練りミキサ (MIF) の仕様

容量 (m^3)	0.5	0.75	1.0	1.25	1.5	2.0	3.0
モーター (kW)	15	22	30	37	45	60	90
回転数 (rpm)	21	20	19	18	18	17	16

付属資料 8

ドイツにおける設計の考え方

8.1 に示す示方書の翻訳は，SFRC 構造設計施工研究会トンネル検討ワーキンググループのメンバーで行った．

時間に制約があり，十分に日本語としてこなれていない面もあるが，内容的には本マニュアルの一部に近い考え方が述べられており，本マニュアルの理解に役立つと考え，付属資料とした．

8.1 鋼繊維コンクリートトンネル建設のための設計根拠に対する示方書 280
 1. 序 論 280
 2. トンネル建設のための序論 280
 3. 建設材料：鋼繊維コンクリートに対する一般的序論 282
 4. 断面力算定のための基本事項 284
 5. 断面寸法決定の基本的な考え方 284
 6. 構造体のための注意事項 289
 7. 施工に対する指示 291
  付属書 A：個別試験に関する勧告 292
  付属書 B：等級づけ，適合性，および材料試験のための勧告 298

8.2 鋼繊維吹付けコンクリートのトンネル覆工への適用性 300
 1. 序 論 301
 2. 曲げ試験 302
 3. 応力分布の仮定 302
 4. トンネル覆工の解析 304
 5. 供用性の証明 305
 6. 改良された曲げ試験の概念 306
 7. 鋼繊維の腐食 307

8.1 鋼繊維コンクリートトンネル建設のための設計根拠に対する示方書

鋼繊維コンクリートの使用については，1984年2月のドイツコンクリート協会の示方書，鋼繊維吹付けコンクリートに述べられている．しかし，鋼繊維コンクリートまたは鋼繊維吹付けコンクリートによる施工部材および構造物の設計に関する問題は，上記の示方書では取り扱われていない．本示方書において初めて，トンネル建設に使用される鋼繊維コンクリートと鋼繊維吹付けコンクリートを使用する場合の設計方法を提案するものである．
　この示方書によって得られた経験を，社団法人ドイツコンクリート協会，私書箱2126, 6200 ヴィースバーデンに連絡するよう要請する．

1. 序　論

1-1　目　的
　この示方書は，主として，土被りが浅い緩み地山と岩盤中のトンネル構造物の設計方法について取り扱うものである．その上，特にトンネル建設に重点を置いて調整した鋼繊維コンクリートの断面設計法が提案されているという事実により，構造体に対する指示，施工および鋼繊維コンクリートの建築材料試験に対する指示についても取り決めるものである．

1-2　関連基準：通常使用されている規定類の中で適用される規準
- DIN 1045　　コンクリートおよび鉄筋コンクリート
- DIN 1048　　コンクリートの試験方法
- DIN 1164　　ポルトランドセメント，鉄粉ポルトランドセメント，高炉セメントおよびポゾランセメント
- DIN 4426　　コンクリート用骨材
- DIN 4227　　プレストレストコンクリート
- DIN 18551　吹付けコンクリート
- 鋼繊維吹付けコンクリートのためのドイツコンクリート協会（DBV）示方書
- DGEG の岩盤内トンネル建設指針
- 軟弱地山におけるトンネル設計計算のための勧告，DGEG 編集
- 軟弱地山中のトンネル工法に使用する場所打ちコンクリートのトンネル覆工のための勧告，DGEG 編集

2. トンネル建設のための序論

2-1　トンネル構造物の設計方法について
　地下を掘削するトンネル応力の算定は，基本的に土質の特性と地山の特徴，さらにこれらの時間的変化に依存している．またトンネル断面の形状と寸法ならびに掘削方法の種類は，設計方法の検証にも決定的な影響を及ぼす．
　ドイツ土工および基礎工事協会（DGEG）は，次の両者を区別している．

- 軟弱な地山のトンネル，すなわち深度が適度に浅いトンネルのための勧告
- 岩盤内トンネルのための指針

トンネル覆工の設計コンセプトは，地山のアーチ効果のある場合とない場合ならびに耐用期間の限られている覆工（暫定的または一時的覆工，外殻覆工とも呼ばれている）と最終的な覆工（内巻［二次覆工］とも呼ばれている）を区別している．この2種類のコンセプトの推移は，両者の結合方法によって流動的になってくる．トンネル覆工の検討を行う際に，いわゆる地山のアーチ効果がまったくない場合，地盤反力，土圧などの地山の特性が，トンネル覆工の断面力の算定および設計方法に決定的に重要な影響を与えるので，これとの関連で安全側に地山の特性と覆工材料を評価する必要がある．このため提案する勧告では，個々のトンネル建設プロジェクトの固有の条件に対して，特別な仮定の適合性に必要となる計算上や安全性の面での評価において，判断上の余地を残すことを認めている．これは適用性の検討においてそうであるが，特にトンネル構造物の水密性の検討についても当てはまるものである．これに関してはDGEGの勧告および連邦国有鉄道の規定が，優先的に機能上の必要条件を規定している．トンネル建設における固有の条件は，一般的に，プロジェクトに特有の技術規定により，施工者から申し立てできる．

2-2 土被りの浅いトンネル

設計法，施工法，および構造体に対する標準的な勧告は以下に挙げるものである．
- 軟弱地山におけるトンネルを算定するための勧告（DGEG）
- 軟弱地山でトンネル工法における場所打ちコンクリートのトンネル覆工のための勧告（DGEG）
- 上記の勧告の中に提示されているその他の勧告，指示，規定，およびDINの規定

2-2-1 建設時の段階

内空を一時的に支保する場合，鋼繊維吹付けコンクリートは，例えば新オーストリアトンネル工法（NATM＝吹付けコンクリート，ロックボルト工法）に従って掘進を行う場合に，あるいは鋼繊維打込みコンクリートは，例えばシールド工法の場合のECL工法として考慮の対象となるものである．この両者のコンクリートの場合，これらの暫定的な支保工をトンネルの最終築造状態の構成要素にしたいとき，問題はその耐久性である．暫定的な支保工の耐久力の確認を行うための材料の基本特性は，初期荷重，特にコンクリートの材齢が若い場合，その時間的推移における材料特性である．一次支保工を最終的なトンネル覆工の構成部材として使用する場合，以下に掲げる材料挙動に注意すべきである．
- ひび割れの発生傾向と不透水性について
- 地下水および地山からの荷重に対する強度
- 特殊なケースとして凍結土における挙動
- クリープおよび収縮応力

2-2-2 建設完了時

一次覆工で地山との一体化を考える場合には，建設状況の段階に対し上述の諸条件に注意する必要があるが，この諸条件，特に耐久性および後の荷重の変動（水圧，掘削状況など）まで考慮しなければならない．建設段階とは逆に，都市部における浅い土被りのトンネル建設では，予告なしの破損，すなわち，一般的なトンネル築造の場合，最大の安全係数を課さなければならないが，このような破損の形態はまったく生じないという考え方から出発しなければならない．二次覆工との一体的施工を考える場合，対応する一時的な支保工（一次覆工）の設計では，一般的に次の考え方から出発している．すなわち，地山のアーチ効果やトンネル構造物の荷重系の変化から生ずる変動は，二次覆工の荷重変形挙動がある程度材齢を経て初めて設計に影響を与えるように遅れて発生するということである．設計に対して重要となる諸条件は次のとおりである．

- 建設段階で掲げた応力−ひずみ関係に対する検証
- 一次および二次覆工コンクリート間の接合条件

2−3　岩盤中のトンネル

設計，断面決定，構造体のための指針には，DGEGのワーキンググループの岩盤トンネル建設に関する岩盤トンネル建設指針，ならびにこの指針に提示されているその他の勧告，規定，およびDINの規定などがある．岩盤トンネルによる空間は，それぞれの地山強度特性に応じて，地山自体によって，または覆工材料を用いて保持される．覆工材料は地山との一体化および地山のメカニカルな特性を維持し，あるいは改善しなければならない．ロックボルトの打込み，定着（アンカーボルトなど），およびグラウチングのほかに，覆工材料として構造的覆工（仮設）と地山支持用覆工（本巻き）が使用される．後者の再覆工材料による築造方法では，鋼繊維コンクリートを，一時的覆工材料としても，また最終的な覆工材料としても使用することができる．多くの場合，理想的なトンネル覆工は，様々な覆工方法を組み合わせることによって達成される．

2−3−1　構造用覆工（仮設）

構造用覆工（仮設）は，通常の場合，3～5 cmの厚さの吹付けコンクリートをトンネル内空の内側面に打設し，掘削に追いかけて施工されるものである．この覆工は，表面の弛緩を押さえ，ひび割れを閉じ，さらに後からの落下および風化に対する安全性を高めるものである．覆工の効果は，コンクリートと地山の付着の良否ならびにコンクリートの強度の伸びに依存している．確かにこの仮設覆工の応力は，一般的には計算で求められるものではないが，しかし，鋼繊維によるコンクリート材料特性の改善は，鋼繊維吹付けコンクリートを，この種覆工材料の施工に非常に適切な材料としたものである．安全水準の上昇は，このような建設材料を使用することによって達成することができる．特に，コンクリートのひび割れの発生により覆工の機能を発揮することができなくなる状態があらかじめ予見されており，このため仮設の補強が前もって行える場合に有効である．

2−3−2　地山支持用覆工（本巻き）

支持覆工は，トンネル内空の安定性が地山に対する覆工対圧がない場合には保証することができなくなるか，あるいは変形を制限しなければならない場合に必要となるものである．条件付きで自立している地山の場合，吹付けコンクリートは約20 cmの覆工厚さまで使用することができる．高い曲げ剛性（"剛体"）の覆工，あるいは，例えば必要な防水材として二次覆工が必要となる場合では二次覆工は，型枠を使用して最小25 cmの厚さで施工される．支持覆工を打設する時点は，それぞれの地山特性に応じて，また初期応力状態に応じて，トンネル掘削後，直ちに行うかまたは時間的にずらして行うことができる．地山と覆工を確実に接合するため，後から追加的な裏込め注入を行うか，あるいは補強用アンカーを打つことが問題となる．接線方向を地山支承し（ばね）制約するものとして重要なものは，地山または注入材料の強度特性である．地山の状態が適切な場合，覆工材料に対して計画的な裏込め注入は有利な作用を及ぼすのでこれを設計の検討に取り入れることができる*．その他，2−2−1 および 2−2−2 が適用される．

  * 岩石トンネル建設の指針（DGEG）参照

3. 建設材料：鋼繊維コンクリートに対する一般的序論

3−1　定　義

鋼繊維コンクリートは，DIN 1045に準ずるコンクリートであり，鋼繊維関係の，**3−3**には次のように記述されている．すなわち完成したコンクリート中の鋼繊維は分散した形

状でほとんど均等に分布しているものである．

3-2 コンクリート

配合は，使用する繊維の種類およびその量に調和させる必要がある．特に，十分な量の微粉末を含ませることに注意しなければならない．不連続粒度は望ましくない．流動剤またはコンクリート流動剤を添加することによって，鋼繊維の沈下および配向性に対する傾向を，特に締固めプロセスで補強することができる．DIN 1045 に準ずるふるい系 B (Siebline) に近い第 3 領域のふるいが良好である．

3-3 鋼繊維

鋼繊維は，鋼線を短く裁断したものからつくることができる．また，鋼ブルーム（鉄塊）からフライス加工によって，鋼板の裁断加工によって，あるいはその他の鋼材製品から残粉としてつくることができる．鋼繊維は，これに応じて縦方向および断面において実に様々な形状を示すことになる．耐荷挙動に関して，鋼繊維は以下のように分類することができる．
- 直線繊維および接着を改良するために変形させた繊維
- 平滑な表面および粗い表面をもつ繊維
- 可延性の繊維および非可延性（もろい）の繊維である．

3-4 ひび割れの発生していないコンクリート中の鋼繊維の効果

この示方書では，コンクリートがまだ引張強度に達していない状態では，コンクリートにひび割れは発生していない，と定義する．

曲げ引張実験では，例えば図-8 によれば，ひび割れのないコンクリートは最初の破壊荷重 F_u に到達するまでの区間であることが明確である．

鋼繊維は，コンクリート中の微細ひび割れの拡大を防止してくれる．このことは，コンクリートの引張強度の向上を意味するものである．

3-5 ひび割れの発生しているコンクリート中の鋼繊維の効果

この示方書では，コンクリートが初めて引張強度を越えた後，コンクリートにひび割れが発生する，と定義する（定義3.4 参照）．

鋼繊維の働きで，ひび割れが発生したコンクリートでも，ひび割れ部を越えて引張応力を伝達することができる．この引張応力の伝達力は，鋼繊維の混入量とともに増大するが，また，鋼繊維の大きさ，鋼繊維の表面の粗さ，その形状や剛性にも影響を受ける．

通常の場合，繊維は臨界点以下の長さを示している．すなわち，繊維は良好に埋め込まれた場合でもコンクリートから引き出すことによって繊維方向の引張に対して降伏してしまう（埋込み長さ＝繊維長さの1/2）．

特別なケースでは，特殊なタイプの繊維の場合でも繊維の降伏が生ずることがある．

3-6 施工条件による特殊性

3-6-1 標準的に打設されたコンクリート

型枠にコンクリートを打ち込む場合，繊維は広範囲にわたり偶然に方向づけられてしまう．また，型枠の中にコンクリートを流し込むことによって，繊維の配向性に対して影響を及ぼしている．比較的優れたコンクリートを得るために必要な締固めエネルギーは，鋼繊維混入量が増加するとともに上昇する．この締固めエネルギーは使用する鋼繊維の種類に依存している．過度に揺り動かすと繊維を沈下させる可能性がある．

3-6-2 密閉した流管中のコンクリートの圧送

鋼繊維は，充塡することによってコンクリートのポンプ性能に影響を与える．このため，適用性検査の枠組みの中で，使用が予定されているポンプの実験を行うことが望ましい．

3-6-3 吹付けコンクリート

これは，社団法人ドイツコンクリート協会の「鋼繊維吹付けコンクリート」示方書に指示されている．

4. 断面力算定のための基本事項

4-1 外荷重による断面力の算定

ひび割れを生じていないコンクリートの断面力の解析は，一般に弾性理論が用いられる．永久構造物の一部分となる仮設時の鋼繊維補強コンクリートの安全性の検討の場合も同様である．しかし，もっぱら仮設として使用される鋼繊維補強コンクリートの場合は，ひび割れ間のコンクリートの効果を考慮して，ひび割れ部のコンクリートの剛性を低下させてよい．

外荷重に対する断面力の検討をする際には，構造物の変形による荷重の低減効果を考慮することが可能である．対象とする工事期間内で無視できないとすれば，掘削条件といった境界条件を変更することも可能である．

4-2 設計荷重以下における変形

今後ほかに規定がない限り DIN 1045 16.2 節を適用する．

DIN 1045 の表 11 とは別に弾性係数を求めるためには，2-5 節追加 A に基づく試験結果を用いてよい．その際，弾性係数の経時的変化が考慮されなければならない．

正確な検証のない場合には，コンクリートのポアソン比は，$\nu = 0.2\%$ とする．

4-3 設計荷重以上における変形

DIN 1045 を補足するために，設計荷重をこえた場合の変形は，ひび割れ間のコンクリートと同様に，引張領域での鋼繊維の共同作用を考慮する．ひび割れによる剛性の低下は，最大で，構成部材の覆工厚に等しい長さまで評価する．ひび割れが発生していない引張領域の弾性係数は 4-2 を適用する．

4-4 コンクリートのクリープと収縮

コンクリートのクリープおよび収縮に関しては，上限値として，DIN 4227, 1 章に規定する値を採用する．コンシステンシーに関しては，鋼繊維を使用しない場合と同様の規定に準拠する．クリープ変形および収縮変形の効果に関しては，下限値以下の収縮の影響は無視し，クリープについては，DIN 4227, 1 章に規定する値の 50%を採用する．

5. 断面寸法決定の基本的な考え方

5-1 曲げ，軸力と曲げおよび軸力のみを受ける場合の断面設計

鋼繊維補強コンクリートの断面寸法の決定の基礎に図-1 に示したモデル化した応力-ひずみ曲線を使用してさしつかえない．

必要な特性値は，等級づけ検査に基づいて選択すればよい（補足 B.1 節を参照）．この後の，より正確な検証を得るためには，適合性試験を行って，その値を採用すればよい．なぜならば，適合性試験によって等級別試験の場合とは違った鋼繊維混入率のものが得られ

ることがあるからである.
　引張領域では，ひび割れに関する鋼繊維による荷重負担能力は次のような実験から得られる.
　評価値を求めるためには適合性試験を実施し，その際，少なくとも 15 個の供試体が補足 A の実験に従って必要である.
　等価曲げ引張試験強度 $\beta_{BZ,2R}$ と，等価曲げ引張強度 $\beta_{BZ,3R}$ の値に対する試験値のばらつきの影響を減ずるために，場合によっては，板状の供試体（幅広い桁）をつくって試験してもよい.
　次に，等価曲げ引張強度 $\beta_{BZ,2R}$ と，等価曲げ引張強度 $\beta_{BZ,3R}$ 決定のための一般的な計算方法を示す.
　試験結果から通常，平均の等価曲げ引張強度が式 (8.1) によって算定できる.

$$äqu\beta m, g = äqu\beta m - Sp\frac{t_{10}}{\sqrt{n}} \tag{8.1}$$

ここに，　$äqu\beta m, g$: 平均の等価曲げ引張強度（全数値の平均値）
　　　　　$äqu\beta m$: 等価曲げ引張強度の抜取り検査の平均値
　　　　　Sp : 実験より求めた抜取り検査の標準偏差値
　　　　　n : 抜取り検査の供試体数
　　　　　$t_{10} = 1.28$ （試験数によるが $n = 15$ で $t_{10} = 1.28$）

　等価曲げ引張強度の計算値は式 (8.2) によって算出される．この場合，補足 B で与えた条件を満さねばならない．

$$äqu\beta_{BZ,R} = aq\beta_{m,g} - \nu K \tag{8.2}$$

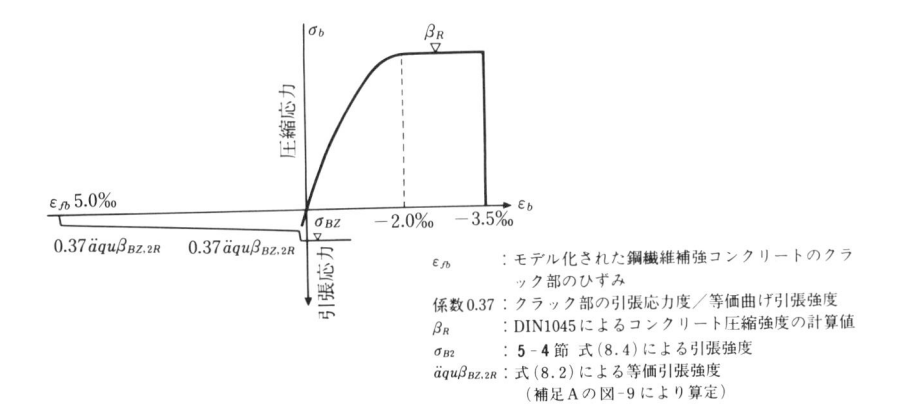

図-1　鋼繊維補強コンクリートのモデル化された応力-ひずみ曲線（計算値用）

　定数 ν は実構造物と実構造物と耐久力特性（値 0.85）と実構造物と供試体間の相似比（部材厚さ $d \ll 15\,\mathrm{cm}$ に対しては値 0.75）を考慮したものである．

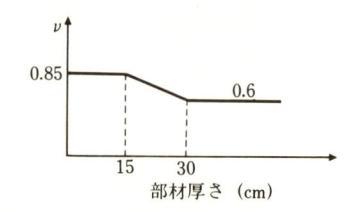

図-2 耐久力特性と形状特性（相似比）の影響力を考慮した定数値

定数 K は，適合性試験と品質試験間の調整値が必要ならば考慮するが，単純化して $K = 0.9$ としてよい．

圧縮応力の決定には DIN 1045，図-11，表-12 に従う．

上記とは別に，供試体圧縮強度 $\beta_{ws} < 20 \text{ N/mm}^2$ の若材齢コンクリートの場合，計算値は $0.45\beta_{ws}$ と仮定してよい．

圧縮強度の決定は，補足 A により求める．

鋼繊維補強コンクリートが鉄筋で補強されている場合はそれに応じて検討を行う．

図-2 に示す設計用ダイアグラムの限界値の検証には，補足 A に規定した実験を行うことを推奨する．

28 日より早期の強度，応力度は正確な検証が必要でない限り図-9 より算出してよい．

簡略な検証法として（例えば **6-6** の構造体などに対しては），配筋されていない断面に対する状態 I（＝圧縮強度）の設計法を行ってさしつかえない．

この場合，実験 A による引張強度 $äqu\beta_{BZ}$ の 45%確率値が基準となる．安全係数は予見なく破壊に至る場合の係数を考慮すべきである．断面力決定に対しては，剛性低下を考慮しなくてもよい．

5-2 材齢差があるコンクリートの付着の検討

材齢が異なるコンクリートの一体化効果は，以下の条件を満足する場合は均質の断面として設計を行ってよい．

- 一次覆工が粗面の表面をもっていること
- すでに打設されたコンクリートの表面が適正な方法（例えば，蒸気噴射，高圧水噴射）により汚れや，緩んだ部分を取り除かれている場合（洗浄剤の使用は付着力の発生効果に関して確認試験が必要である．）

許容せん断力は式 (8.3) によって決定される．

$$T_a = T_0 - \mu \times N \tag{8.3}$$

ここに，　T_a　：許容せん断力
　　　　　T_0　：せん断力の 0.3 倍 [*)]
　　　　　N　：継目に作用する軸力
　　　　　μ　：摩擦係数
　　　　　　　　1.0：引張軸力
　　　　　　　　0.3：圧縮軸力

[*)]：特別に検証を行わない場合は，せん断強度としてファイバーを考慮しない補足 A の実験により曲げ引張強度の 95%の確率値の 0.6 倍の値を採用してよい．

上記の条件の一つを満足しない場合は，すべての継目に作用する力を接着剤で取らせなければならない．

5–3　耐久性の検証
　ひび割れのないコンクリートでは鋼繊維の腐食は表面に近いところに限られる．
　ひび割れのある鋼繊維の耐久性に関しては，DIN 1045 のひび割れ幅の制限だけが適用される．
　コンクリート，予測されるひび割れ幅，鋼繊維の種類，腐食環境の程度に応じて特別な対策をとることが必要である．例えば，ファイバーまたはコンクリートの表面処理で，コンクリートの耐久性を向上させる処置として必要である．
　終局状態の計算破壊荷重下でのひび割れ内の鋼繊維の効果を考慮する場合は，コンクリート構造物のコンクリートかぶりの規定に準じて，計算外の値として外面より 2 cm の深さまで配置する．

5–4　水密性の検証
　使用上から水密性の確証が必要である場合には，以下の 2 つの方法から求められる．

1) 使用荷重の下で発生する応力度がすべてのケースで，ひび割れ発生限界以下の強度内にあること．
   この引張応力度は以下の式 (8.4) で求められる．

$$\gamma_{BZ} = (0.8 - \alpha)\beta_{BZ} \tag{8.4}$$

　　ここに，　α　：圧縮軸力では 0 とする．
　　　　　　 α　：引張軸力ないし軸力が作用していない場合では 0.25
　　　　　　 β_{BZ}　：補足 A に従う実験結果の 95％確率値

2) ひび割れの生じていない領域の厚さが，すべての断面で少なくとも 15 cm を下回らないことの検証．この場合には，すべてのひび割れの生じていない領域として状態 II の場で圧縮領域に加えて最大 5 cm の引張領域を仮定できる．
   さらに，検証において考慮している引張領域の計算上のひずみは 0.15％をこえてはならない．
   水密性の検討においては，変形拘束応力を考慮しなければならない．

5–5　安全係数
5–5–1　実用性の検討
　実用性の検討，例えば水密性の検討等においての安全係数は，すでに **5–4** に示している．
5–5–2　耐荷力の検討
　耐荷力の検討における安全係数は，全体安全係数の導入か，部分安全係数の導入すなわち荷重係数，構造解析係数，材料係数に分けて行うことができる．順守すべき安全係数は表–1 に示す．予見される場合の破壊と予見されない場合の破壊の区別は DIN 1045 の図–3 に従う．部分安全係数を使用する場合においても同様に区別すべきである．この場合は，材料に対する部分安全係数が関連してくる．
　部分安全係数の取扱いは支持機構に対して不利に影響するものをすべて掛け合わせる．有利に作用する応力には部分安全係数を 1.0 とする．

剛性値をひび割れのない断面をベースとして計算している場合は，拘束応力に対する部分安全係数は 1.0 とする．

構造解析係数に対する部分安全係数は，計算のベースとなっている剛性値を高めるか，これが不利となる場合は減じる．このような部分安全係数はシステムに対する境界条件の評価（一次覆工，二次覆工，地盤との相互作用）に置換えてもよい．

施工時においては，特別な規定がない限り（例えば，一次覆工が少し時間を経過してから二次覆工と接合して利用される場合には，一次覆工と二次覆工の付着が時間的に後に生じる場合）1.0 としてよい．

表-1 安全係数

			破壊状況	
			予見される	予見されない
		1	2	3
1	部分安全係数*	組み合わせ係数 γ_F	1.35	1.35
2		構造解析係数 γ_K	1.15	1.15
3		材料係数 γ_M	1.15	1.40
4	全体の安全係数**	γ	1.75	2.10

* 部分安全係数はヨーロッパコードに従う
** 全体安全係数は DIN 1045 に従う

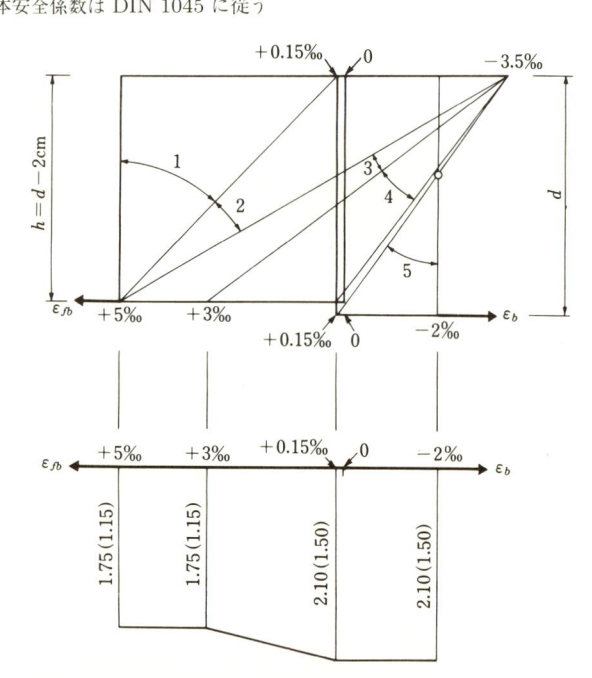

( ) 内の値は材料評価に対する部分安全係数によって検討する場合．
領域区分は DIN 1045 と同様

図-3 ひずみ曲線と安全係数

6. 構造体のための注意事項

6-1 概 説
　鋼繊維コンクリートでの施工においては，特に想定荷重に対して構造物の応力度が軸圧縮で，しかもわずかしか偏心していないようなことが期待されるトンネル断面形状に適している．このような仮定は一般に地中に建設される単線の交通トンネル，または，その影響線図に断面形状を近づけられる他の構造物に対しても適用される．他の断面形状への適用限界は，特に周辺地盤反力の大きさ，均一性，また施工方法による地山の乱れ度合，種々の荷重による応力度の変動幅によって決定される．

6-2 最小寸法
　基本的には，トンネルの一次および二次覆工厚さの各最小厚さは使用しているファイバーの長さの2倍の厚さを下回ってはいけない．解析により必要性のないことが確認されて，この規定によらない場合は，塗装を行うこととする．その他，構造体の部材の最小厚の決定のため"DGEG"の指針の第5章が適用される．

6-3 施工継目，コンクリート打継目
　施工継目，コンクリート打継目は，継目をこえて引張力を伝達する必要がある場合は，鉄筋によって補強する必要がある．継目の数および長さは必要最小限に制限する．吹付けコンクリートで覆工を行う場合は，ぐるりと円周沿いに硬化する前に吹付けしなければならない．避けられない二次覆工の施工継目は，一次覆工の施工継目をずらすようにして設置する．

6-4 鋼繊維コンクリートの配筋
　鋼繊維コンクリートの配筋は，DIN 1045の定着長，継手長の指針が適用される．DIN 18551に従って，吹付けコンクリートの場合は付着領域は常にIIである．定着，継手の範囲に配置される直角方向の鉄筋は検討を省略することができる．
　継手領域では，鉄筋継手に平行または定着鉄筋に平行にひび割れが発生した後に，ファイバーは継手された一本の鉄筋と同じ応力をひび割れをこえて伝達できるような状態であるかどうかを検討しなければならない．検討を行う場合は，平面的には鉄筋の長さは継手長または定着体長として，また鉄筋間隔は最大でも鉄筋径の15倍で評価する．許容応力度は図-4または図-5から採用する．

6-5 接合材
　DIN 18551に従い適用する．

6-6 鋼繊維コンクリートの本トンネル以外の特殊部での使用
　鋼繊維コンクリートの特性は，以下に示すような構造物に対して有効に使用することが可能である．
- 精巧な設備部材：ケーブル溝，避難通路
- 小さな直径の管：埋設供給管，連絡通路
- 衝撃荷重を受ける構造物：衝撃防止が必要な構造物の防護壁
- 防火地区の遮断構造物

$A \geq A_m$
$A_m = b \cdot l_{ü}$：基準面積
$F_{z,u} = \gamma \cdot F_z$：鉄筋の限界応力度
$l_{ü}$：DIN 1045 に従う継手長

$\left. \begin{array}{l} b \leq 15 \cdot d_s \\ \leq \frac{1}{2}(s_1 + s_2) \\ \leq c + 8 \cdot d_s \end{array} \right\}$ 最小値が基準

$$\frac{F_{z,u}}{l_{ü} \cdot b} \leq 0.37 äqu\beta_{BZ,R}$$
($äqu\beta_{BZ,R}$ は式 (8.2) に従う)

ケースA：鉄筋が上下に重ね合わせて配置されている場合

ケースB：鉄筋が左右に配置されている場合

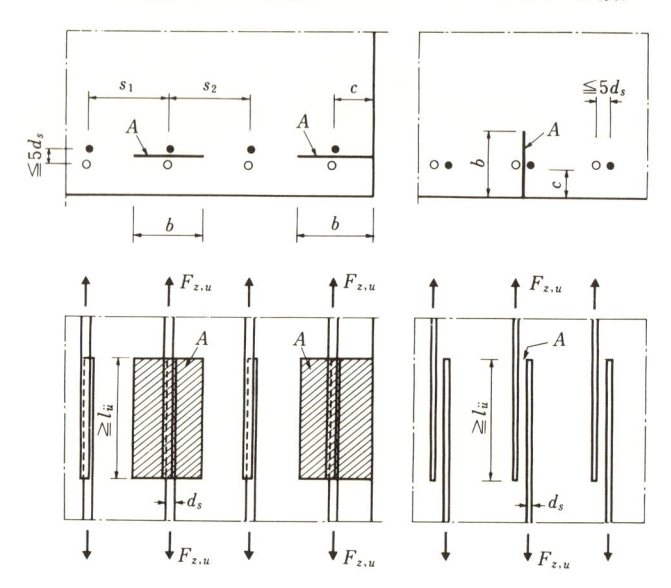

図-4　継手箇所における斜め引張に対する検討

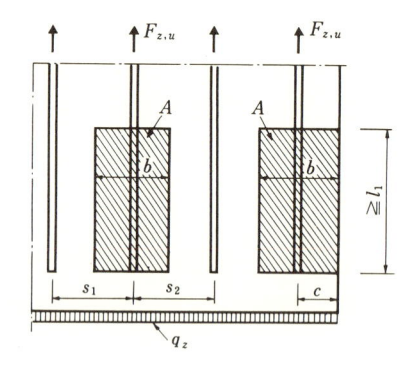

図-5　定着領域の斜め引張に対する検討

7. 施工に対する指示

7-1 概説
基本的には，鋼繊維コンクリートの特性が，それぞれの建設計画にとって必要な種類，寸法および範囲において，この示方書の付属書に該当する確認検査によって証明された鋼繊維コンクリートだけを使用することが認められている．

7-2 材料管理
7-2-1 材料検査
鋼繊維コンクリートに対する材料検査の方法は，この示方書の付属書に規定されている．検査範囲は，DIN 1045 に準じ，DGEG の勧告と組み合わせて決定される．鋼繊維吹付けコンクリートに対する検査範囲は，鋼繊維吹付けコンクリートの示方書に準じて決められる．

初期強度試験の範囲の決定は，掘進時におけるトンネルの自立の安定性に対する初期強度特性の重要性に鑑み，個々のケースごとに規定しなければならない．

7-2-2 変形の測定
鋼繊維コンクリート製のトンネル構造の広汎な適応可能性を，実際の発生応力状態のまま利用できるようにするため，建設時における変形測定の範囲を従来の覆工の施工中に対しても拡張する必要がある．この手段が必要となる前提条件は，鋼繊維コンクリート構造が，負荷がかかった後に，ひび割れの形成および荷重の移行によって発生応力度が増加した場合でも十分抵抗できるように設計されていなくてはならないということである．

7-3 補足
鋼繊維吹付けコンクリート表面から外に突き出ている鋼繊維による負傷の危険を防止するため，繊維がまったく含まれていない吹付けコンクリート層または DIN 18551 に準ずるモルタル層を追加で吹付けることが必要となる可能性がある．不透水性コンクリートで施工された覆工の漏水箇所を除去するため，DGEG の勧告，第 6 項を参照すること．

付属書 A：個別試験に関する勧告

1. 曲げ引張試験

1–1　供試体の作製
　供試体としては，DIN 1048，第 1 部に従った寸法 150 mm × 150 mm × 700 mm の梁を使用する．供試体の作製の際には，繊維分布が均等になるように注意しなければならない．

1–2　保管貯蔵
　供試体は通常，型枠中で 2 日間養生するものとする．早強セメントを使用する場合は，場合によっては 24 時間でも十分である．型枠から取り出した後，供試体をシート箔に包み，試験日まで（通常 28 日間），15～22°C の温度で保管貯蔵する．

1–3　試験の準備
　供試体を試験の 30 分前にシートから取り出す．鋼板状片に生じた錆があれば落さなければならない．その際，鋼繊維コンクリート供試体を慎重に取り扱うように注意しなければならない．それから，測定値検出のための支持具を供試体に取り付ける（図–6 参照）．

1–4　試験装置
　試験は，品質等級 II の変形管理の行える（weggeregelt）試験機で実施しなければならない．支承間隔は 600 mm である．支承と荷重導入に無理が生じないよう注意しなければならない．

1–5　試験の実施
　試験の実施の際には，供試体のたわみの平均増加が 0.2 mm/分（の一定速度）でなければならない．荷重・たわみグラフを，供試体が 4 mm たわむまで記録しなければならない．

1–6　強度値の測定
1–6–1　曲げ引張強さ β_{BZ}
　DIN 1048 に準拠して，曲げ引張強さ β_{BZ} を下記の方法で求める（図–7 参照）．

$$\beta_{BZ} \frac{M}{W} = \frac{F_u \cdot L}{b \cdot d^2} \quad \text{（長方形の断面 3 分の 1 の点に載荷）}$$

　F_u の決定には，図–7 で決めた基準ピッチ内の荷重の最大値をとる．

1–6–2　等価曲げ引張強さ $äqu\beta_{BZ}$
　等価曲げ引張強さ $äqu\beta_{BZ}$ を決定するためには，まず鋼繊維コンクリート D_{BZ} の標準的（決定的：maßgebend）な性能に注目しなければならない（図–8 参照）．鋼繊維コンクリートの標準的性能は，荷重・たわみ曲線の下から基準となるたわみ値 δ_2 までの面積値として算出される．標準的な性能は無筋コンクリートの占める部分 D_{BZ}^b と繊維の影響の占める部分 D_{BZ}^f から合成されている．

$$D_{BZ} = D_{BZ}^b + D_{BZ}^f$$

　標準的な性能の 2 つの部分の境界は，曲線点 F_u とたわみ値 $\delta_1 + 3$ mm の間の直線である．δ_1 は F_u に到達したときのたわみ値である．

基準となるたわみ最終値 δ_2 は

$$\delta_2 = \delta_1 + \frac{0.3}{2}\,\text{mm} + 3\,\text{mm}$$

となる．値 $3\,\text{mm}$ は $l/200$ に相当する．

等価曲げ引張強さ $äqu\beta_{BZ}$ は

$$äquF = \frac{D^f_{BZ}}{3\,\text{mm}}$$

により

$$äqu\beta_{BZ} = \frac{âquF \cdot L}{b \cdot d^2}$$

となる．

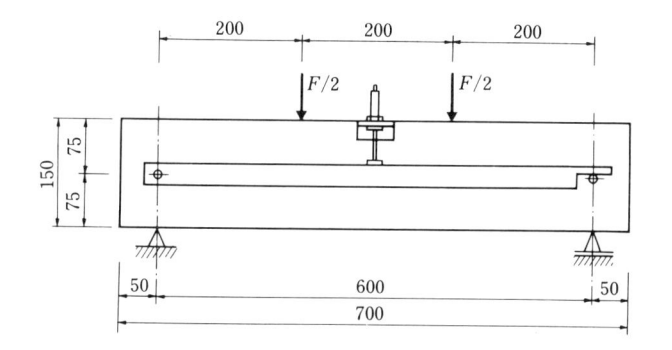

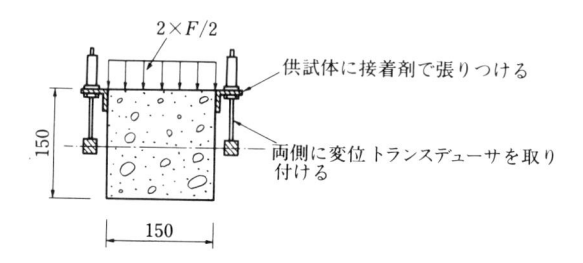

図-6 措定装置

294　付属資料7　SF 投入設備の例

図－7　曲げ引張強さ β_{BZ} の決定

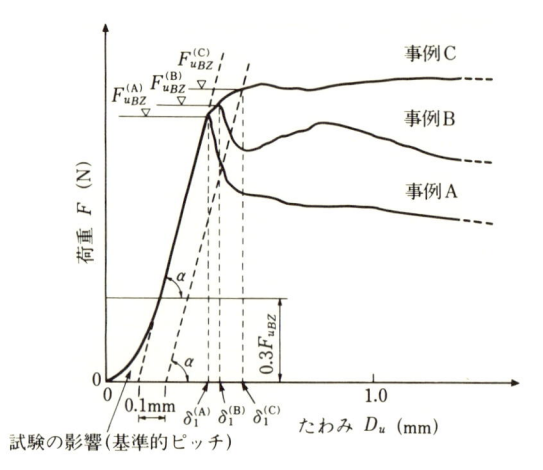

α ：荷重-たわみ曲線の最大角
F_u：0.1mm 残留ひずみにおける荷重の最大値

$$\beta_{BZ} = \frac{F_u \cdot l}{b \cdot d^2} \ (\mathrm{N/mm^2})$$

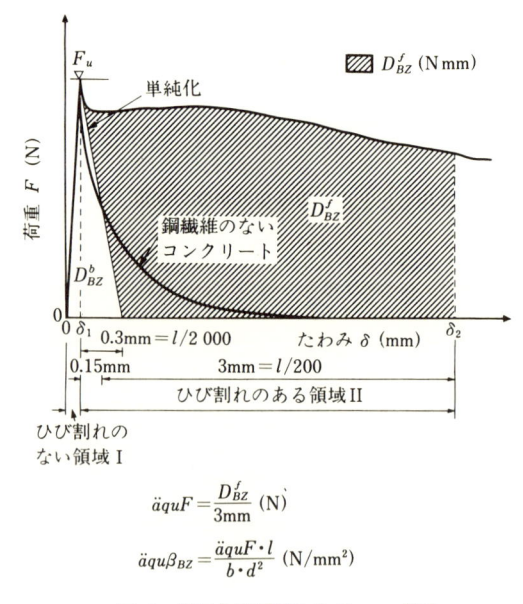

図－8　等価曲げ引張強さ β_{BZ} の算定

$$äquF = \frac{D^f_{BZ}}{3\mathrm{mm}} \ (\mathrm{N})$$

$$äqu\beta_{BZ} = \frac{äquF \cdot l}{b \cdot d^2} \ (\mathrm{N/mm^2})$$

2. 圧縮挙動の測定

2–1　供試体の作製と保管貯蔵
　供試体を DIN 1048 に従って作製し貯蔵する．優先的に直径 150 mm，高さ 300 mm の円柱形のもの，または一辺の長さが 150 mm の立方体のものを使用するものとする．常に振動台上で締固めなければならない．

2–2　試験装置
　試験には DIN 51223 に従った圧縮試験機を使用しなければならない．圧縮試験機は少なくとも DIN 51220「材料試験機」の品質等級 II に合致していなければならない．

2–3　応力–ひずみ曲線の測定
　このような試験は常に円柱形供試体で行わなければならない．変位制御試験機の送り速度は 0.2 mm/分とする．圧縮ひずみは，円柱の中央の 3 分の 1 の部分で，伸びセンサで測定しなければならない．荷重がかけられている間，荷重とひずみを連続的に測定し，応力–ひずみ曲線として記録する．

2–4　強度の測定
　強度値は，DIN 1048 に従って，立方体供試体を用いた荷重制御 (kraftgeregelt–荷重の制御される) 圧縮試験によって測定することもできる．強度発現を図–10 に従って推定することができる．より正確な値は，試験によって測定しなければならない．温度が強度の増大に及ぼす影響を考慮しなければならない．

2–5　弾性係数の測定
　DIN 1048 によらず，弾性係数は最初に荷重がかかったときの割線係数として決定される．弾性係数の時間的変化を，図–10 から類推することができる．温度が時間的変化に及ぼす影響を考慮しなければならない．
　*) 鋼繊維吹付けコンクリートの場合は，DIN 18551 に留意しなければならない．

3. 偏心の圧縮垂直力が作用したときの荷重変形挙動の測定

3–1　目　標
　これらの試験の目標は，鋼繊維コンクリートの等級別検査および適合性検査またはどちらか一方の枠内で，この建築材料の負荷をトンネル建設における特別な応力度発生状況を考慮して，可能な限り現実に近い状態，すなわち代表的な形状寸法と応力度発生状態にシミュレートすることである．
　そのため以下に，試験により信頼できることが実証されている，施工状況に適合した供試体の形状，試験構成およびトンネル建設の際の標準的（決定的）な負荷である
　　・中心圧力
　　・わずかな偏心の圧縮垂直力 ($e/d = 1/6$)
　　・通常の偏心の圧縮垂直力 ($e/d = 1/3$)
の限界状態に対する，図–2 に示してある (Bemessungs) グラフを規格化するのに適した，負荷のバリエーションを提示する．

3-2 供試体の作製，保管貯蔵および準備

供試体の作製，保管貯蔵および準備には，曲げ引張試験に関してと同じ注記が当てはまる．供試体の形状と測定装置を図-11 に示す．ここでは一例として，$e = d/3$ の場合の試験機への据付けを示してある．

3-3 試験装置

供試体は，十分な剛性をもつ変形制御試験機で試験しなければならない．供試体を据え付ける際には，試験機の軸線と負荷の軸線が，荷重導入を適切にセンタリングすることにより，一致するように配慮しなければならない．

3-4 強度値の測定

DIN 1048 に準拠して，強度試験の結果を $M \sim N$ 性能曲線（図-9）に，
- 中心圧力
- わずかな偏心の圧縮垂直力 $(e/d = 1/6)$
- 通常の偏心の圧縮垂直力 $(e/d = 1/3)$

に対する負荷グラフの較正値として記入する．

3 個までの供試体を用いた連続試験の場合は，最も低い値を規格に使用するものとする．3 個以上（3 個より多い）の供試体を用いた連続試験では，供試体の数に依存する強度値の 5% 確率値を用いてよい．

3-5 変形値の測定

変形値を，基準長さ 120 mm を根底において，引張側および圧縮側で測定しなければならない．

引張範囲に生じるひび割れを，選択した測定構成によって検出しなければならない．

したがって，部分的に重なり合っている測定連鎖構成を用いるのが望ましい．圧縮のひずみ測定では，少なくとも図-1 の限界値まで行わなければならない．

3-6 繊維混入率の測定

繊維混入率を測定するために，少なくとも 10 l の生コンクリート供試体から繊維を洗いださなければならない．

100 m^3 ごとに，あるいは少なくとも作業日 1 日に 1 回，供試体を採取しなければならない．

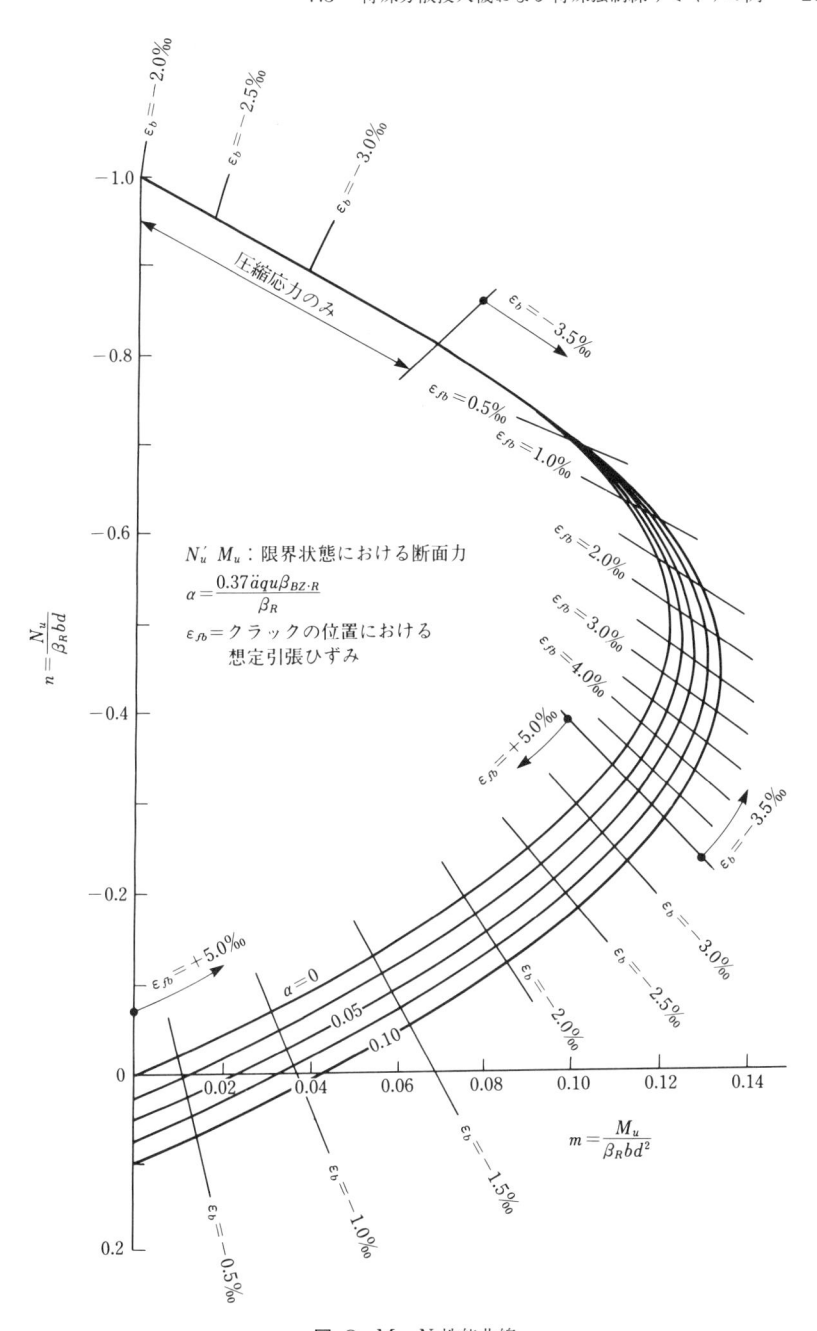

7.3 特殊分散投入機および特殊強制練りミキサの例　**297**

図-9　$M \sim N$ 性能曲線

付属書B：等級づけ，適合性，および材料試験のための勧告

1. 等級づけの検査

等級づけ検査は，様々な供試体の形状を用いて断面設計方法（Bemessungsverfahren）の際に考慮に入れるための相対値を求めるために行う．設計には，等級づけ検査の枠内で，付属書Aに記載されているのと異なる寸法の供試体も——それによって実際の条件によりよく適合した基礎をつくり出すことができる場合には——選択することができる．

等級づけ検査は，トンネル建設に通常見られる様々な繊維の種類と繊維混入率に対して鋼繊維メーカーによって1回だけ実施されるべきである．その際，少なくとも付属書Aに記述されている試験を実施しなければならない．

これらの検査は，設計統計のための手掛り値を得るのに役立つ．

2. 適合性検査

等価曲げ引張強さの計算値を求めるための適合性検査を，付属書Aに従った，少なくとも15個の供試体で実施しなければならない．

その他の点に関しては，DIN 1045 第7項ないし DIN 18551 に準ずる．現場で混合されたオリジナルのコンクリートで，施工性の検査を行うのが望ましい．

3. 品質検査

品質検査の範囲は，DIN 1045 ないし DIN 18551 に従う．さらに $100\,\mathrm{m}^3$ ごとに，あるいは少なくとも作業日1日に1回，付属書Aに従った繊維混入率の検査を実施しなければならない．

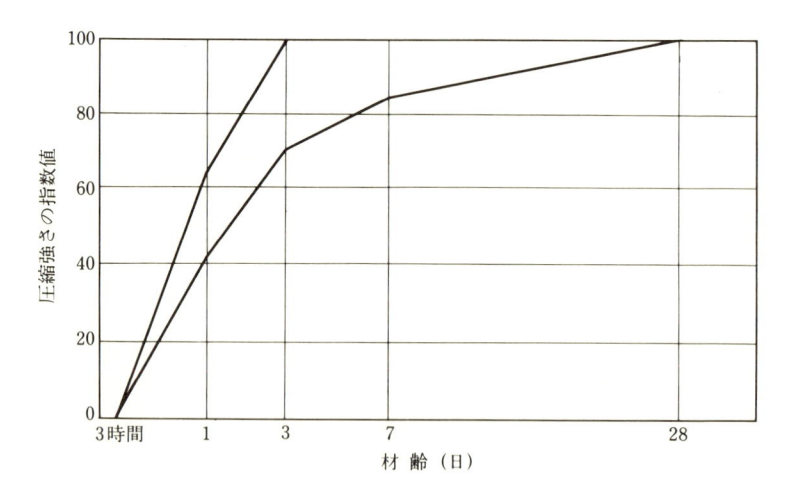

図—10 圧縮強さ補間法の例

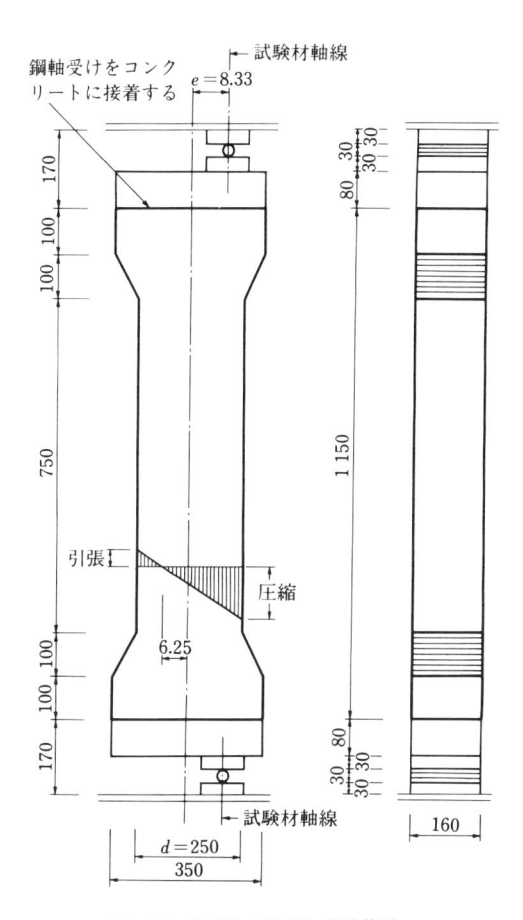

7.3　特殊分散投入機および特殊強制練りミキサの例　**299**

図-11　供試体の形状と試験装置

8.2　鋼繊維吹付けコンクリートのトンネル覆工への適用性

Prof. Dr. B. Maidl
(ドイツ Bochum 市, Ruhr 大学)
土木技師 Jörg Dietrich (同)

Structural Engineering International, 1992 年 2 号

―科学と技術―

"Verification of Serviceability for Steel Fibre Reinforced Concrete in Tunnelling"
(トンネル工事での鋼繊維補強コンクリートの供用性の証明)

(国際専門委が審査し,IABSE 出版委が受領)

Prof. Dr. B. Maidl
(ドイツ Bochum 市,Ruhr 大学教授)
1938 年生まれ.TH Dresden と TH Munich の土木工学科コースを進んだ.種々の会社に入り,部長としての経験を得た.Bochum 市の Ruhr University で教授席を得,その後,国外の種々のポストで活躍した.

Jörg Dietrich
(土木技師,ドイツ Bochum 市,Ruhr 大学)
1960 年生まれ.1986 年に,Bochum 市の Ruhr 大学から土木工学修士を取得.1986–87 年には,St. Ingbert の PHB-Weserhütte 社で構造技師.その後,現在まで,コンクリート材料での博士号取得の研究をした.

要 旨 今日では普通になっている,水密コンクリートでつくられるトンネル工事の永久覆工には,補強 (reinforcement) が必要である.それは,水の流入を避けるために,広い幅のひび割れを防ぐ機能をもっている.鋼繊維補強コンクリート (steel fibre reinforced concrete; SFRC) を使って,鉄筋のない,または分離式のシールをしない水密工事ができる.この方法でドイツでは,すでに数千 m のトンネルが施工されている.曲げモーメントに,塑性的な形で反応するため,SFRC の能力が,この材料の大きな潜在力の理由になっている.

SFRC の材料特性に適合する特別な設計方法を,本文で紹介する.DIN 1048 によって行った曲げ試験に基づいて,このコンクリートのひび割れ発生挙動と水密性を証明できる.ひび割れ幅を求める新しい試験方法を導入する.

1. 序 論

ドイツでは,慣用の鉄筋コンクリートの代りに,すでに数千 m のトンネルが,鋼繊維入りコンクリート (SFRC) で施工されている.永久覆工自体が水密なので,特別なシールは,大半のケースで必要ない.もちろん,こうしたトンネル内部覆工の供用性を証明せねばならない.特に,ひび割れ分布に関するファイバーの効果が,この工法にとって,大変重要である[1),2)].以下の証明は,こうした永久覆工の水密性を保証するものである.それゆえ,曲げモーメントの結果としての,大きくて,単一のひび割れは起りえない.しかしながら,断面の引張部分での微細なひび割れは許されている[3)].

これは,新しくて,今も研究中の技術であるため,鋼繊維の効果だけを,トンネル内部覆工の供用性に考慮した.これの単線地下鉄トンネルの耐荷容量を,DIN 1045 による無筋コンクリートについて証明できた[4)].

2. 曲げ試験

ドイツでは通常，DIN 1048 による曲げ試験が，SFRC の特性を評価するのに使われている．供試体は 4 点載荷される（図-1）．この試験梁の中央部分には，せん断力のない一定曲げモーメントがある．供用性にとって，ひび割れの発達に対応する塑性曲げ挙動は重要であり，供試体に載荷して，一定速度でコントロールする変位でテストする．

トンネル覆工の載荷は，付加的な能働軸力のため，供試体載荷とは基本的に異なる．トンネル覆工の載荷状態を疑似する普通のテスト（図-6）はずっと難しく，もっと費用がかかり，したがって品質コントロールにしばしば使うことはない．この要約の終りに，重要な試験方法を紹介す

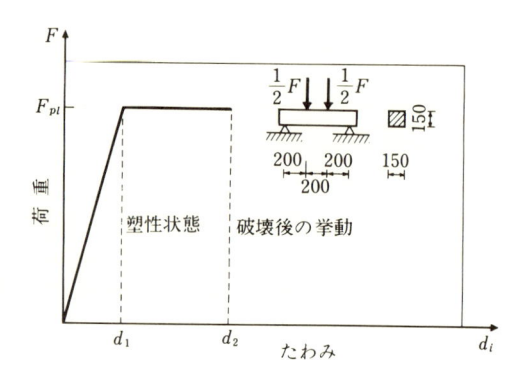

図-1 曲げ試験結果の理想化した荷重-たわみ曲線

る（図-7）．以下の供用性の証明に対して，普通の曲げ試験の結果を計算モデルと組み合わせて，軸力 (normal force) の影響を考える[5]．

3. 応力分布の仮定

永久覆工には，図-1 に理想化したような，延性 (ductile) の荷重-変形挙動が要求される．弾性挙動範囲の終りに，突然の耐荷容量の減少がなく，明確な塑性段階が存在せねばならない．曲げ試験でのこうした SFRC の挙動と追加の圧縮力とともに，増加する塑性曲率の結果として，増加する曲げモーメントを保証できる．この効果は，必要なひび割れ分布にとって大切である[3]．

図-2 は，横断面の引張部分に対する実際の応力分布を示している．このモデルで，供試体挙動の特性を疑似する．K_1 と K_2 の間の塑性曲げ変形に対して内部モーメントは，M_{pl} 値をとり，長手方向の内力は，曲げ試験の状態から 0 に等しい．つり合い条件に従う 2 つのパラメータがある．第 1 のものは，合計の引張面積の深さ (Z) であり，第 2 のものは，塑性化した引張面積の深さ (Z_{pl}) である．この圧縮モデルは，DIN 1045 によるコンクリートの簡略化した応力-ひずみ曲線に対応している[6]．

微小ひび割れの発達をパラメータ Z_{pl} で記述する引張部分の＜塑性ゾーン＞で考える．曲げモーメントによる剛性の減少は，覆工，すなわち供試体の表面で始まる．横断面の引張表面に，引張応力だけが，コンクリート母材の参加なしに，ファイバー自体で伝えられると仮定する．中立軸近くでは，引張部分であっても，弾性挙動が可能である．この材料の弾性と塑性の引張挙動の境界位置は，つり合い状態（パラメータ Z_{pl}）を使って計算される．最大弾性引張強度 $f_{ct,m}$ と縁繊維引張強度 $f_{ct,fibre}$ の間には，応力の直線分布を仮定する．

鋼繊維補強コンクリートの記述した応力分布は，モデルだけで，実際の構成法則 (constitutive law) ではないことを強調せねばならない．それは，耐荷容量を計算し，この材料の荷重-変形挙動を疑似させるのに使える．任意位置の実際の応力ないしひずみ，ならびにひび割れ間隔とひび割れ幅を，このモデルで求めようとするものではない．応力分布については，他の多くの解法が可能で，使われている[12]．

8.2 鋼繊維吹付けコンクリートのトンネル覆工への適用性

曲げ試験

↓

荷重 - たわみ曲線

↓

モーメント - 曲率関係

$\kappa_1 = \dfrac{M_{pl}}{E_c I_c}$

$\kappa_2 \cong \kappa_1 \cdot \dfrac{d_2}{d_1}$

↓

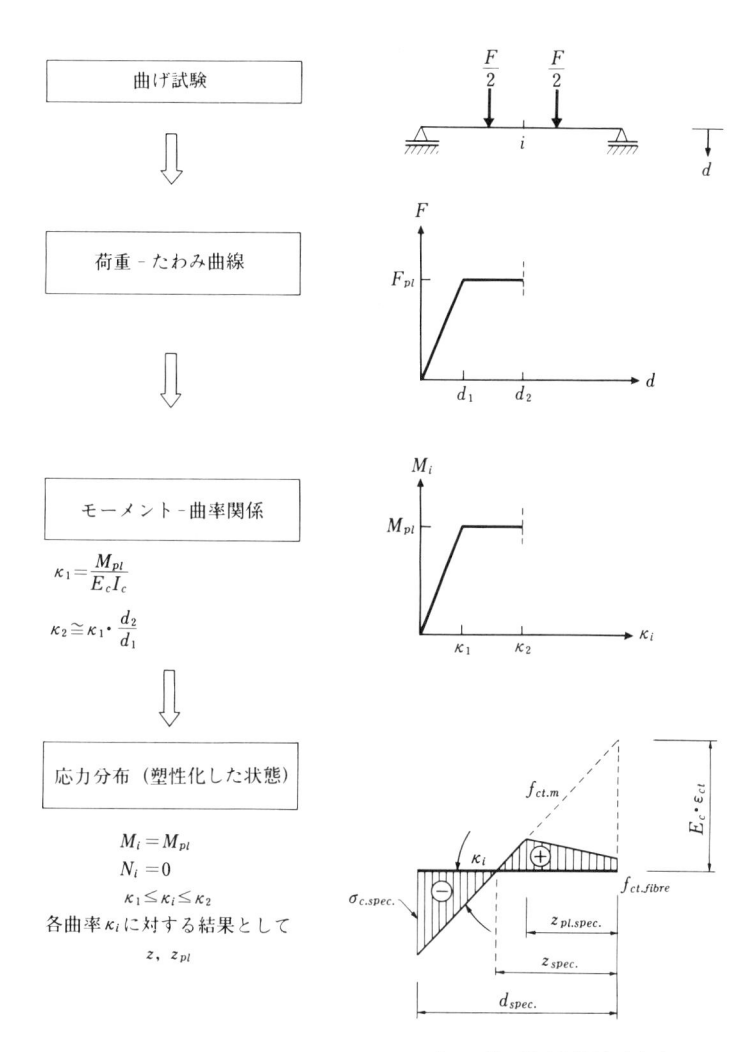

応力分布（塑性化した状態）

$M_i = M_{pl}$
$N_i = 0$
$\kappa_1 \leq \kappa_i \leq \kappa_2$
各曲率 κ_i に対する結果として
$z,\ z_{pl}$

図-2 塑性化した引張部分をもつトンネル覆工の供用性を証明するための応力分布モデル

4. トンネル覆工の解析

　SFRC の塑性化は，曲げ剛性の局部的な減少を起す．この影響は，応力解析に考慮せねばならない．曲げ試験での試験供試体の挙動とトンネル覆工の挙動の結合は，特別なソフトウェア (software) で確立できる．曲げモーメント，軸力，曲率の相互作用曲線としての試験結果の一般的表現は，今のところ得られていない．

　図-3 は，標準曲げ試験の供試体挙動から，図-2 の模型による指定載荷の，覆工への伝送方法を示している．位置 k でのトンネル覆工の求めた軸力と曲率に対して，引張部分の深さ (Z_{shell})，ならびに断面の塑性化した引張部分の深さ ($Z_{pl,shell}$) が，これらの値の比 Z_{pl}/Z も曲げ供試体の状態 ($N = 0.00$ および $M = M_{pl}$) を満足するまで繰り返す．計算中，このやり方でトンネル模型を強制し，供試体を対等のやり方で扱う．

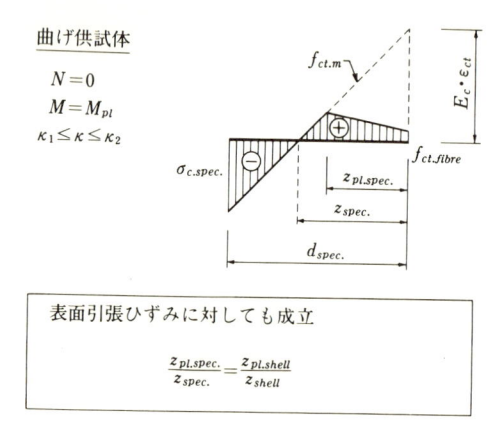

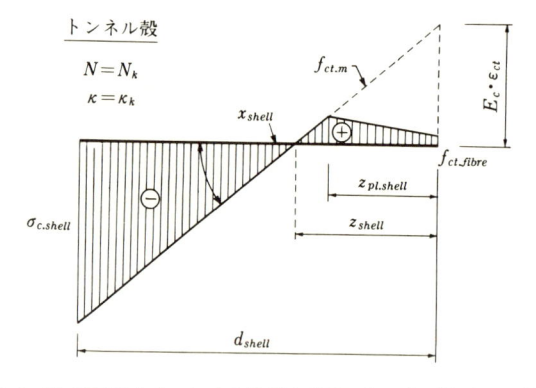

図-3 Maidl/Geissler による供試体挙動のトンネル覆工への変換

図-4 は，完全解析の流れ図 (flow-chart) を示すものである．第1段階は，ひび割れのないコンクリートに対する通常の曲げ剛性での，普通の線形解析からなっている．覆工のどの位置でも，弾性引張強度をこえていなければ，計算は終りである．そうでないと，覆工の塑性ゾーンを，その後の繰返し計算に考えねばならない．計算した軸力と曲率をもつ梁の各要素に対して，上述のように曲げ試験結果に対する引張応力を一致させる．生じる応力分布に対するつり合い状態の評価が，各要素に対する対応曲げモーメントを与え，それは普通，前述の解析とは異なる．局部的な曲げ剛性の繰返しで，応力分布の適合を達成できる．繰返し操作の最後で，このモデルが塑性化した引張部分を考えるトンネル覆工の内力と変形を与える．

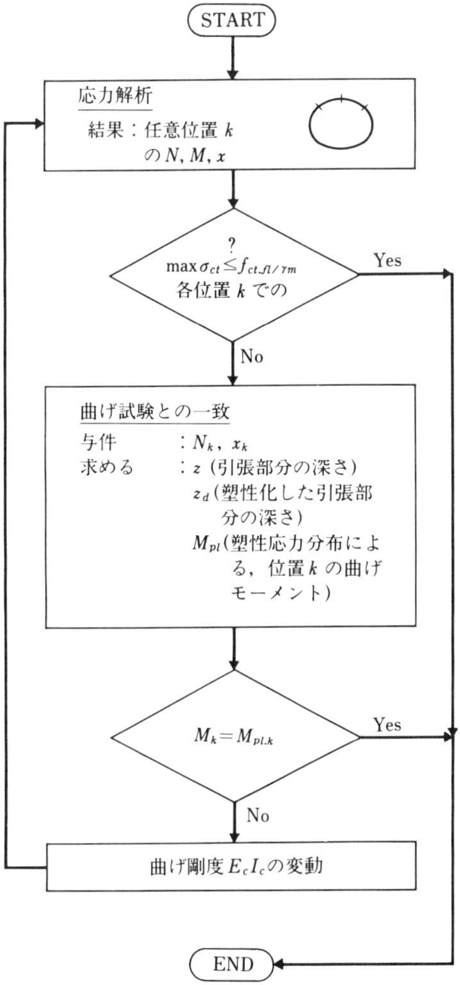

5. 供用性の証明

永久覆工の供用性，特に水密性のために SFRC の破壊後の (post failure) 挙動は，覆工のどの場所にも生じない．破壊後の挙動の発端は，曲げ試験での塑性変形の最後で特性づけられる (図-1)．この試験の荷重－変形曲線で，最大塑性たわみの等価弾性たわみに対する比を求めることができる．ここで＜塑性指標 (plasticity index)＞と呼ばれるこの比は，水密性の要求のため，トンネル覆工では超過されることはないであろう．

$$p = \frac{d_2}{d_1}$$ （図-1 による供試体で）

ここに，　p：塑性指数
d_1：軟化開始時の供試体のたわみ
d_2：塑性挙動終端での供試体のたわみ

図-4 塑性化した引張部分を考えるトンネル覆工解析の流れ図 (flow-chart)

応力解析から，コンクリート覆工表面の引張ひずみがわかる．曲げ試験で供試体が，依然として塑性状態であるトンネル覆工の観測最大表面ひずみに従って挙動するなら，供用性が証明されよう．ゆえに，トンネル覆工の発生最大表面ひずみの，最大弾性表面ひずみ

に対する比は，内部の質コントロールの曲げ試験で求めた塑性指数よりも，小さくなくてはならない．

$$\varepsilon_{ct}(d_1) = \frac{f_{ct,fl}}{E_c}\frac{1}{\gamma}$$

$$P \geq \frac{\varepsilon_{ct}}{\varepsilon_{ct}(d_1)}$$

ここに，　$\varepsilon_{ct}(d_1)$：塑性変形開始時の供試体の表面引張ひずみ
　　　　　ε_{ct}：非線形応力解析によるトンネル覆工の表面ひずみ
　　　　　$f_{ct,fl}$：塑性化した状態での曲げ強度（図–1）
　　　　　E_c：弾性係数
　　　　　γ：安全率

既存永久覆工に対するドイツの安全率は，普遍的なものとして，$\gamma = 1.75$ に設定されていた．これは，コンクリート構造物の非脆性破壊に対する DIN 1045 に従っている[6]．70 kg/m^3 の鋼繊維混入量 (Harex SF 01–32) を使って，曲げ試験で求めた塑性指数は約 2.5 だった．現在の観点から，この値は，改良された鋼繊維で大幅に改良できる．

6. 改良された曲げ試験の概念

トンネル覆工への荷重の種類は，慣用の曲げ試験の供試体とは根本的に異なる．トンネル覆工の荷重は，小さな偏心率 e をもつ軸力で特性づけられる（図–5）．横断面の厚さで割ることで，この値を無次元化するのが有益である．偏心率は大部分，トンネルチューブの形状，岩圧，剛度分布に関係している．永久覆工では，特定偏心率 (specific eccentricity) は，0.0 と約 1.0 の間の値に仮定できる．例えば，片側載荷は，トンネルの片側での追加掘削，ないし外的に作用する死荷重のため，もっと高い値を導入できる．

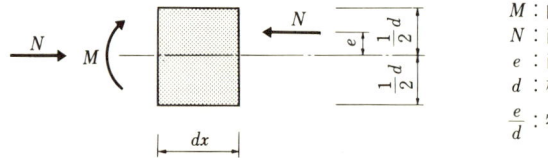

M：曲げモーメント
N：直力
e：直力の偏心率 $= \dfrac{M}{N}$
d：横断面の高さ
$\dfrac{e}{d}$：特定偏心率

図–5 特定偏心率 e/d の定義 [2]

単純曲げ試験は，純曲げモーメントでの荷重-変形挙動とひび割れ発達に関する直接の情報を与える．しかしながら，トンネル覆工にあたる軸力は，このコンクリート材料の挙動に大きな影響をもつ．耐荷容量は容易に計算できるが，こうしたモーメントと軸力の組み合さった載荷でのひび割れの発達と変形挙動は未知である．鋼繊維補強コンクリートの解析的解法は，今までのところ省略されている．特に，質の保証には，このデータが必要である．$e/d = 0.00$ と $e/d = 0.33$ の間の小さな偏心率をもつコンクリートを試験するのが普通である (7), 8), 9), 10), 11) を比較せよ）．図–6 は，こうした慣用の試験配置を示している．永久覆工にしばしば生じる，もっと大きな偏心率値をこのやり方で調べることは，大きな腕木 (bracket) が必要になるので，困難である．それで，これらの偏心率が現在の研究対象である．Dietrich 氏 [12] が，トンネル用特定載荷状態の SFRC 構造物の挙

動を調べるために，特別な試験台 (test bench) を開発した (図-7)．すでに実験が行われ，この実験概念の実現性を確認している．DIN 1048 の推奨によって，特に，ひび割れ挙動に及ぼす軸力の影響と，したがって水密性が，実際上，容易に求められる．それで，この実験装置は，質の保証，ならびにその後の研究作業にとって非常に有益な道具である．

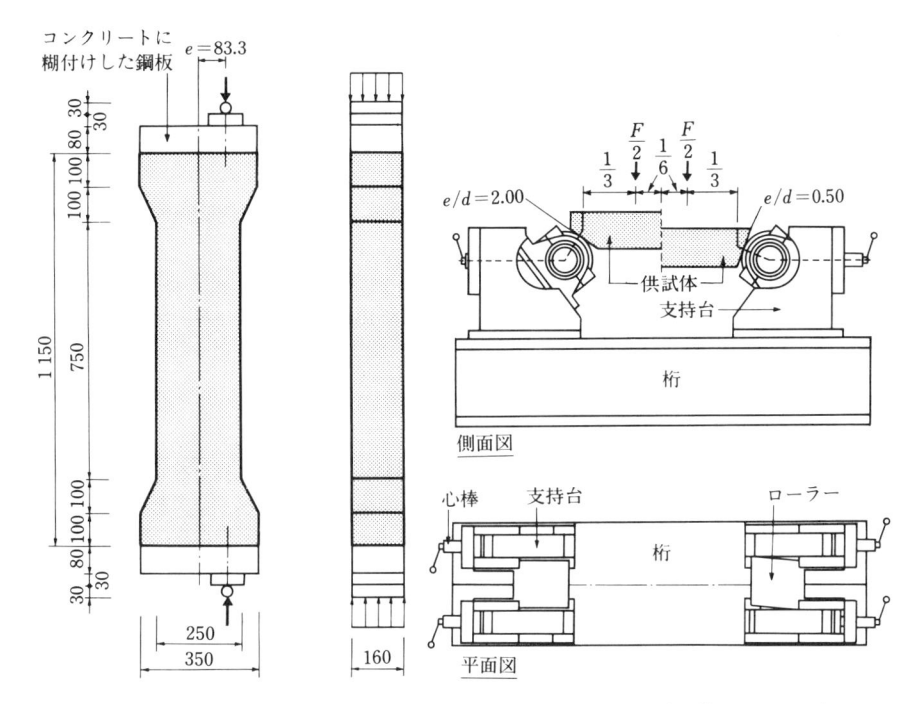

図-6 偏心軸力についての比較試験 [11]

図-7 トンネル指定載荷状態で，SFRC を調べる試験装置

7. 鋼繊維の腐食

特定の計算方法でのひび割れ幅の解析は，まだ芸術の段階である．仮定値は，トンネル覆工の質に対する不安定係数である．しかしながら，既述の試験方法で (図-7)，特定のトンネル覆工の荷重によるひび割れ幅の現実的な決定ができるようになる．現在，ひび割れ幅に関係する鋼材腐食の推定が，DIN 1045 の原理に従って行われている．単一の鋼繊維の間には，電気的接触はないので，鋼繊維は，鉄筋よりも良い方向で挙動すると考えられる [13]．この分野では，もっと研究が必要である [14]．

参考文献

1) Maidl, B., Dietrich, J., *State of technology for using steel fibre concrete or steel fibre shotcrete in tunnel constructions*, in: Proceedings of the 3rd International Colloquium on the Fixes Link Europe – Africa through the Strait of Gibraltar, Marrakesh (Morocco), Mai 1990.
2) Maidl, B., Koenning, R., *Neue Entwicklung von Tunnelbaukonstruktionen unter Verwendung von Stahlfaserbeton*, Forschung + Praxis 33 (1990), S. 101–110.
3) Maidl, B., *Stahlfaserbeton*, Berlin, Ernst & Sohn, 1991.
4) Maidl, B., *Der von Einsatz Stahlfaserpumpbeton für die Innenschale Baulos K6a, Stadtbahn Dortmund*, Unveröffentlichtes Gutachten für die Zulassung im Einzelfall, Mai 1989.
5) Maidl, B., Dietrich, J., *Einsatz von Stahlfaserbeton bei Tunnelinnenschalen*, in: Baustoffe – Forschung, Anwendung, Bewährung (Festschrift R. Springenschmid), S. 259 – 267, München, 1990.
6) Norm DIN 1045 06/1988, *Beton und Stahlbeton, Bemessung und Ausführung*, Berlin, Beuth, 1988.
7) Halvorsen, G. T., Kesler, C. E., Paul, S. L., *Fibrous concrete for the extruded liner system*, Tunnels and Tunnelling, Juli 1976, S.42–46.
8) Rao, D. L. N., Rao, S. V., Rao, R. R., *SFRC Columns with and without Conventional Bar Reinforcement under Uniaxial Bending*, in: Fibre Reinforced Concrete, S. 1.911.100, International Symposium, Madras, 1987.
9) Rostásy, F. S., Hartwich, K., *Compressive Strength and Deformation of Steel Fibre Reinforced Concrete under high Rate of Strain*, Cement Composites and Leightweight Concrete, February 1985, S. 21–28.
10) Schmidt–Schleicher, H., Lippert, D., *Stahlfaserbeton im Tunnelbau – Untersuchungen zur Schnittgrössenermittlung und Bemessung*, in: Berichte des Instituts für Konstruktiven Ingenieurbau, Ruhr – Universität Bochum, Heft 37 (1981), S. 13–20.
11) Deutscher Beton – Verein (Hrsg.), *Merkblatt zu den Bemessungsgrundlagen fṟ Stahlfaserbeton – Tunnelbau*, Entwurf, 1991.
12) Dietrich, J., *Zur Qualitätssicherung von Stahlfaserbeton für Tunnelschalen mit Biegezugbeanspruchung (Quality assurance for steel fibre reinforced tunnel shells with tension areas due to bending loading)*, Ruhr-Universität Bochum, Ph. D. Thesis, 1992.
13) Schnütgen, B., *Verhalten von Stahlfaserbeton*, in: Faserbeton, Darmstädter Massivbau-Seminar, Darmstadt, 1990, S. II. 1–12.
14) Schiessl, P., Sasse, H. R., Maidl, B., *Korrosion von Stahlfasern in gerissenem und ungerissenem Stahlfaserbeton – DBV A 03/89*, Forschungsantrag der RWTH Aachen und der Ruhr-Universität Bochum, April 1990.

2002年改訂
鋼繊維補強コンクリート設計施工マニュアル
―トンネル編―（第2版）　　　　　　　定価はカバーに表示してあります

1995年 7月25日　1版1刷発行	ISBN 4-7655-1640-7　C3051
2002年11月25日　2版1刷発行	

　　　　　　　　　　　　編　者　社団法人日本鉄鋼連盟
　　　　　　　　　　　　　　　　鋼繊維補強コンクリート設計施工
　　　　　　　　　　　　　　　　マニュアル[トンネル編]改訂委員会

　　　　　　　　　　　　発行者　長　　　　　祥　　　　　隆

　　　　　　　　　　　　発行所　技報堂出版株式会社

　　　　　　　　　　　　〒102-0075　東京都千代田区三番町8-7
日本書籍出版協会会員　　　　　　　　　　　　（第25興和ビル）
自然科学書協会会員　　　　電　話　営業　(03)(5215)3165
工学書協会会員　　　　　　　　　　編集　(03)(5215)3161
土木・建築書協会会員　　　ＦＡＸ　　　　(03)(5215)3233
　　　　　　　　　　　　　振替口座　　　00140-4-10
Printed in Japan　　　　　http://www.gihodoshuppan.co.jp

© The Japan Iron and　　　装幀　海保　透　　印刷・製本　エイトシステム
　Steel Federation, 2002
落丁・乱丁はお取替えいたします

本書の無断複写は、著作権法上での例外を除き、禁じられています。

● 小社刊行図書のご案内 ●

コンクリート便覧（第二版） 日本コンクリート工学協会編 B5・970頁

セメント・セッコウ・石灰 ハンドブック 無機マテリアル学会編 A5・766頁

コンクリート工学 ─微視構造と材料特性 P.K.Mehtaほか著／田澤榮一ほか監訳 A5・406頁

コンクリート構造物の**応力と変形** ─クリープ・乾燥収縮・ひび割れ A.Ghaliほか著／川上洵ほか訳 A5・446頁

コンクリートの長期耐久性 ─小樽港百年耐久性試験に学ぶ 長瀧重義監修 A5・278頁

コンクリートの高性能化 長瀧重義監修 A5・238頁

ハイパフォーマンスコンクリート 岡村甫ほか著 B5・250頁

鋼繊維補強コンクリート設計施工 マニュアル 道路舗装編 鋼材倶楽部編 A5・96頁

繊維補強セメント／コンクリート複合材料 真嶋光保ほか著 A5・214頁

塩害Ⅰ・Ⅱ［コンクリート構造物の耐久性シリーズ］ 岸谷孝一・西澤紀昭ほか編 A5・各160・182頁

化学的腐食［コンクリート構造物の耐久性シリーズ］ 岸谷孝一・西澤紀昭ほか編 A5・148頁

中性化［コンクリート構造物の耐久性シリーズ］ 岸谷孝一・西澤紀昭ほか編 A5・124頁

コンクリートの水密性とコンクリート構造物の**水密性設計** 村田二郎著 A5・160頁

ダムの基礎グラウチング 飯田隆一著 B5・406頁

コンクリート工学演習（第四版） 村田二郎監修 A5・236頁

コンクリート技士 試験問題と解説 長瀧重義・友澤史紀監修 A5・年度版（毎年7月刊行）

コンクリート主任技士 試験問題と解説 長瀧重義・友澤史紀監修 A5・年度版（毎年7月刊行）

技報堂出版　TEL 編集03(5215)3161 営業03(5215)3165　FAX 03(5215)3233